알고리즘이
지배한다는 착각

수학으로 밝혀낸 빅데이터의 진실

알고리즘이 지배한다는 착각

데이비드 섬프터 지음

전대호 옮김

해나무

60퍼센트의 진실

박상현(칼럼니스트)

넷플릭스에서 큰 인기를 끌었던 드라마 〈오렌지 이즈 더 뉴 블랙〉의 한 에피소드에 주인공이 이런 말을 하는 대목이 있다. "나는 과학을 믿어. 나는 진화를 믿어. 나는 네이트 실버를 믿고, 닐 디그래스 타이슨과 크리토퍼 히친스를 믿어." 통계 전문가의 이름이 대중적으로 큰 인기를 끄는 천문학자(타이슨), 언론인(히친스)과 함께 대중적인 드라마 속 대사에 등장하는 건 흔한 일이 아니다. 물론 이건 2013년의 일이다. 실버가 『신호와 소음』으로 통계학을 일반인에게 소개하면서 스타의 반열에 올라섰던 때다. 하지만 이 책이 8장에서 자세히 설명하듯, 실버의 대중적 인기는 오래가지 못했다. 이제 그의 이름에는 트럼프가 당선된 2016년 대선에서 '결과 예측에 완전히 실패한 통계학자'라는 꼬리표가 따라다닌다.

그해 미국 대선은 스타 통계학자의 명성을 바닥에 떨어뜨린 동시에 다른 한 사람을 스타로 만들어주었다. 트럼프의 온라인 선거운동 담당자 브래드 파스케일이다. 평범한 웹사이트 디자이너, 개발자였던 파스케일은 아주 작은 규모였던 트럼프의 선거운동을 도왔다가 소셜미디어 전략을 담당하게 되었고, '소셜미디어가 트럼프를 당선시켰다'는 대중적인 내러티브 속에서 승리의 주역이 되었다. 언론이 만들어낸 이 내러티브는 아무도 기대하지 않았던 충격적인 트럼프 당선 사건을 해석하고자 동원된 많은 설명 중 하나였다.

트럼프의 당선 원인에 관해 가짜뉴스와 허위정보, 러시아의 공작과 '천재적인 소셜미디어 담당자'와 같은 설명이 언론의 사랑을 받은 이유는 기자들이 이해하기 쉽고 독자들에게 글로 설명하기 쉬웠기 때문이다. 하지만 이해하기 쉬운 설명이 반드시 진실에 가까운 건 아니며, 〈네이처〉나 〈사이언스〉에 발표된 논문이 언론에 소개되었다면 주의를 기울여야 할 실험 결과의 뉘앙스는 다 빠져 있다고 생각해도 과언이 아니다.

응용수학자 데이비드 섬프터가 『알고리즘이 지배한다는 착각』을 통해 전달하려는 게 바로 그 뉘앙스다. '페이스북의 알고리즘이 우리를 파악하고 있다'고 말하면 독자들의 주의를 끌 수 있고, 빅테크의 위험성을 고발하는 데 용이하다. 섬프터는 언론이 깔끔한 내러티브를 동원해 외치고 대중이 분노하는 사이에서 "잠깐만요, 그게 얼마나 사실인가요?"라고 묻는 사람이다. 그리고 네이트 실버가 정말로 실패한 통계학자인지, 필터버블이 진짜로 그렇게 무서운 건지 차근차근 따져본다. 페이스북의 알고리즘이 '파악했다'는 것이 무작위 추측을 간신히 벗어난 60%의 확률이라면 언론이 말하는 내러티브가 맞다고 할 수 있느냐는 합리적인 의심이다.

　물론 대중은 이런 이성적인 접근법에 열광하지 않는다. 미국의 팬데믹 대응을 주도한 앤서니 파우치 박사는 초기에 바이러스 역학조사를 바탕으로 마스크 착용의 필요성 여부를 결정했지만, 많은 미국인들과 정치인들은 '왜 말을 바꾸느냐'고 항의했다. 그는 역학조사 결과가 보여주는 뉘앙스를 전달하려 했지만 분노한 시민들의 귀에 파우치 박사의 설명은 들리지 않았다. 거대 플랫폼이 가진 알고리즘에 대한 사람들의 생각도 다르지 않아서, 빅테크에 분노한 사람들은 알고리즘이 무소불위의 힘을 지니고 있다고 빠르게 결론 내리고 싶어 한다. 이들에게 60% 정확도가 가진 의미를 설명하는 작업은 쉬운 일이 아니다.

　그래서 그런지 이 작업에 뛰어든 데이비드 섬프터가 꿀벌과 개미, 물고기의 행동을 연구한 응용수학자라는 사실은 묘한 신뢰감을 준다. 연구 대상과의 정서적 거리에 익숙한 학자라면 대중적 분노와 무관하게 자신이 발견한 것을 우리에게 알려줄 수 있을 테니까.

　나의 짐작은 맞았고, 이 책을 읽기 전에 내가 가졌던 많은 생각이 바뀌었다.

차례

1부

우리를 분석하는 알고리즘

1장

뱅크시 찾기

2016년 3월, 런던의 과학자 세 명과 텍사스의 범죄학자 한 명이 〈공간 과학 저널*Journal of Spatial Science*〉에 논문을 발표했다. 제시된 기법들은 건조하고 학술적이었지만, 그 논문은 추상적이고 학술적인 연습이 아니었다. 논문의 목표는 다음과 같은 제목에서 명확히 드러났다. "뱅크시Banksy에게 꼬리표 붙이기: 지리적 프로파일링을 활용하여 현대미술의 수수께끼를 탐구함". 세계에서 가장 유명한 그라피티 미술가를 찾아내기 위하여 수학이 활용되고 있었던 것이다.

논문의 저자들은 뱅크시의 웹사이트를 이용하여 그의 길거리 미술작품의 위치를 식별했다. 그런 다음에 GPS 기록 장치를 소지한 채 런던과 그의 고향 브리스틀에 있는 작품들을 각각 체계적으로 방문했다. 데이터가 모이자 그들은 일종의 열 지도를 제작했다. 그 지도에서 열이 높은 구역들은 뱅크시가 살 확률이 높은 곳이었다. 추론의 전제는 그가 자기 집과 가까운 곳에서 그라피티 작품을 만든다는 것이었다.

런던의 지리-프로파일 지도에서 가장 열이 높은 지점은 과거에 뱅크시로 지목된 바 있는 사람의 여자친구가 살던 옛 주소에서 겨우 500m 떨어져 있었다. 브리스틀 지도에서는 그 사람이 살았던 집과 소속 축구팀의 경기장 근처가 가장 열이 높았다. 이 같은 지리-프로파일에 따라서 그 사람은 뱅크시일 확률이 매우 높다고 논문은 결론지었다.

그 논문을 읽었을 때 나의 첫 반응은 동료가 멋진 연구를 할 때 대다수 학자들이 느끼는 관심과 질투의 뒤섞임이었다. 이 주제를 응용 사례로 고른 것은 영리한 선택이었다. 나는 바로 이런 유형의 응용수학을 열망한다. 질 높게 수행되면서도 상상력을 사로잡는 묘미를 지닌 응용수학을 말이다. '내가 했더라면 좋았을 텐데…'라는 탄식이 절로 나왔다.

그러나 논문을 읽어가면서 나는 살짝 짜증이 나기 시작했다. 나는 뱅크시를 좋아한다. 내 소파 옆 탁자 위에는 그의 그림과 도발적인 발언을 담은 책이 놓여 있다. 그의 벽화들을 찾기 위해 나는 여러 도시의 뒷골목을 어슬렁거렸다. 그가 뉴욕시 센트럴파크에 차린 가판대에서 귀중한 미술품이 팔리지 못하는 광경을 담은 비디오를 보면서 나는 웃음을 터뜨렸다. 요르단강 서안지구와 칼레 난민 수

용소에 있는 그의 작품들은 나 자신의 특권적 지위를 돌아보는 불편함을 선사했다. 감정적으로 초연한 학자들이 알고리즘을 이용하여 뱅크시가 누구인지 알아내는 것이 나는 싫다. 뱅크시의 매력은 그가 남몰래 밤에 작업하고 그의 작품이 아침 햇빛 속에서 우리 사회의 위선을 폭로하는 것에 있다.

수학이 미술을 파괴하고 있다. 차가운 논리적 통계학이 후드 점퍼를 입고 런던의 뒷골목을 어슬렁거리는 자유의 투사를 추적하고 있다. 이건 옳지 않다. 진보적인 학자들이 아니라 경찰과 싸구려 언론들이 뱅크시를 찾고 있어야 마땅하다. 이 영리한 멍청이 학자들은 자기들이 누구라고 생각할까?

내가 뱅크시 논문을 읽은 것은 나의 저서 『축구수학Soccermatics』이 출판되기 몇 주 전이었다. 내가 축구를 다루는 책을 쓴 목적은 독자들을 데리고 그 아름다운 게임 속으로 수학적 여행을 떠나는 것이었다. 나는 축구의 바탕에 깔린 구조와 패턴들이 수학으로 가득 차 있다는 사실을 보여주고 싶었다.

책이 나오자 언론이 나의 아이디어에 큰 관심을 보였고, 나는 매일 인터뷰를 요청받았다. 대다수의 기자들은 나와 마찬가지로 수학적 축구에 매료되었지만, 계속 들어오는 불편한 질문이 하나 있었다. 독자들이 대답을 듣고 싶어 할 것이라면서 기자들은 이렇게 물었다. "당신은 숫자들이 축구에서 열정을 앗아간다고 생각하십니까?"

"전혀 그렇지 않습니다!" 나는 분개하며 대답했다. 축구라는 교회의 넉넉한 품 안에는 논리적 사고를 위한 공간과 열정을 위한 공간이 늘 둘 다 있다고 나는 설명했다.

하지만 수학적 폭로가 뱅크시의 미술로부터 약간의 신비를 앗아가지 않았는가? 나 역시 똑같이 냉소적으로 축구를 이용해먹은 것은 아닐까? 어쩌면 나는 공간 통계학자들이 길거리 그라피티 팬에게 하고 있는 것과 똑같은 짓을 축구 팬에게 하고 있는 것일지도 몰랐다.

같은 달에 나는 구글의 런던 본사에 초청되어 『축구수학』에 관한 강연을 했다. 그 책의 홍보를 담당하는 레베카가 주선한 강연이었는데, 우리는 둘 다 구글의 연구 시설을 둘러볼 수 있기를 간절히 바랐다.

구글은 우리를 실망시키지 않았다. 회사의 사무실들은 버킹엄궁전로路의 잘 정비된 건물에 있었다. 건물의 로비에는 건강음료와 슈퍼푸드로 꽉 찬 냉장고들과 커다란 레고 구조물들이 놓여 있었다. 그곳의 직원들은 스스로를 '구글러Googler'라고 불렀는데, 확실히 구글러들은 자기네 환경을 매우 자랑스러워했다.

나는 몇몇 구글러에게 현재 회사가 추진하는 사업이 무엇이냐고 물었다. 나는 자율주행차, 구글 글라스Google Glass와 콘택트렌즈, 드론을 이용한 택배, 인체 내에 나노입자들을 주입하여 병을 탐지하는 기술에 대해서 들은 바 있었다. 그 소문들에 대해서 더 많이 알고 싶었다.

그러나 구글러들은 말을 아꼈다. 허황된 아이디어들이 모여들어 과도한 창의성의 중심지가 되었다는 나쁜 평판이 생긴 후로, 구글은 자기네가 추진하는 사업을 외부 세계에 너무 많이 알리지 않는 쪽으로 정책을 바꿨다. 당시에 구글이 진행한 첨단 기술 프로젝트들의 지휘자 리기나 두건Regina Dugan은 과거 미국 정부의 국방성 고등연구계획국DARPA에서 똑같은 직책을 맡은 바 있었다. 그녀는 정보 공유에 관한 '알 필요need-to-know' 규칙(정보를 공유할 자격을 갖춘 사람에게도 임무 수행에 필요할 경우에만 정보를 제공한다는 규칙—옮긴이)을 구글에 적용했다. 이제 연구 부서는 작은 단위들로 쪼개졌고, 각각의 단위는 고유한 프로젝트에 종사하면서 데이터와 아이디어를 내부에서만 공유했다.[1]

나는 조금 더 질문한 끝에 어떤 구글러로부터 마침내 한 프로젝트에 대한 언급을 받아냈다. "신부전腎不全에 관한 진단들을 딥마인드DeepMind를 써서 살펴보고 있다는 얘기를 들었어요"라고 그는 말했다.

그 계획은 의사들이 놓친 신장병의 패턴들을 기계학습machine learning을 이용하여 찾아내는 것이었다. 딥마인드는 구글의 자회사로, 컴퓨터를 프로그래밍하여 세계 최고의 바둑 선수로 만들고 알고리즘을 훈련시켜 〈스페이스 인베이더Space Invaders〉를 비롯한 옛날 아타리 비디오게임을 숙달하게 한 바 있다. 이제 그 딥마인드가 영국 국민보건서비스NHS 환자 기록을 훑어보며 발병 패턴들을 찾아낼 참이었다. 딥마인드는 의사들을 돕는 영리한 컴퓨터 조수가 될 것이었다.

뱅크시 논문을 처음 읽을 때와 마찬가지로 나는 또다시 질투와 흥분이 섞인 강한 욕망을 느꼈다. 나도 이 구글러들 사이에 있고 싶었다. 나도 알고리즘을 이용하여 병을 발견하고 보건제도를 개선할 기회를 얻고 싶었다. 이런 프로젝트에 필요한 자금과 데이터를 확보하고 수학으로 사람들의 목숨을 구하는 것을 상상해보라.

레베카는 심드렁했다. "나의 모든 의료 데이터를 구글에 주는 게 좋은지 잘 모르겠어요." 그녀는 이어서 이렇게 덧붙였다. "구글이 그 데이터를 다른 개인 데이터와 연결해서 어떻게 써먹을 수 있을지 생각하면 걱정이 되잖아요."

그녀의 반응을 보며 나는 다시 생각했다. 건강과 생활방식에 관한 포괄적인 데이터베이스들이 과거 어느 때보다 더 신속하게 축적되고 있다. 구글은 데이터 보호에 관한 엄격한 규칙들을 지키고 있지만, 잠재적 위험은 여전히 존재한다. 미래 사회는 우리가 누구이고 왜 병드는지를 완벽하게 알아내기 위하여 우리의 검색, 소셜미디어, 건강 데이터를 연결할 것을 우리에게 요구할지도 모른다.

나의 강연이 예정되어 있었으므로 우리는 데이터 주도 의료 연구에 대하여 찬반 토론할 시간이 많지 않았다. 이윽고 축구에 대한 이야기를 시작하자 나는 그 모든 주제를 금세 잊어버렸다. 구글러들은 내 강연에 매혹되었고 많은 질문을 던졌다. 최신 카메라 추적 기술에서 가장 최근에 나온 성과는 무엇인가? 기계학습을 통해 점차 전술을 향상시키는 컴퓨터로 축구 감독을 대체할 수 있을까? 또한 데이터 수집과 로봇 축구에 관한 전문적 질문들도 있었다.

이 모든 데이터가 축구로부터 영혼을 앗아가리라 생각하느냐고 묻는 구글러는 없었다. 짐작하건대 그들은 건강과 영양상태를 24시간 내내 감시하는 장치에 모든 선수들을 연결하여 그들의 컨디션을 완벽하게 알아낼 수 있으면 매우 행복할 것이었다. 데이터가 많을수록, 더 좋으니까.

나는 뱅크시를 추적한 통계학자들에게 공감하는 것과 똑같이 구글러들에게도 공감할 수 있다. 국민보건서비스 환자 데이터베이스를 당신의 컴퓨터에 보유하거나, 공간 통계학을 이용하여 '범죄자'의 위치를 파악해내는 것은 아주 멋진 일이다. 런던과 베를린, 뉴욕과 캘리포니아와 스톡홀름, 상하이와 도쿄에서 우리 같은 수학 괴짜들은 데이터를 수집하고 처리한다. 우리는 얼굴을 인식하고 언어를 이해하고 음악 취향을 학습하는 알고리즘을 설계한다. 우리는 당신의 컴퓨터 수리를 도울 수 있는 개인 비서와 챗봇을 제작한다. 우리는 선거와 스포츠 경기의 결과를 예측한다. 우리는 외로운 사람에게 완벽한 짝을 찾아주거나 가용한 모든 대안들을 섭렵할 수 있게 해준다. 우리는 페이스북과 트위터에서 당신에게 가장 중요한 뉴스를 제공하려 애쓴다. 우리는 당신이 최고의 휴가지와 저렴한 항공권에 대한 정보를 얻게 해준다. 우리의 목표는 데이터와 알고리즘을 선한 힘으로 활용하는 것이다.

하지만 정말 이렇게 간단할까? 수학자들은 세계를 더 나은 곳으로 만들고 있을까? 뱅크시의 정체 폭로에 대한 나의 반응, 나의 축구수학 모형들에 대한 축구 전문 기자들의 반응, 구글의 의료 데이터베이스 활용에 대한 레베카의 반응은 이례적이거나 터무니없지 않다. 이것들은 아주 자연스러운 반응이다. 알고리즘은 우리가 세계를 더 잘 이해하도록 돕기 위하여 어디에서나 사용된다. 하지만 알고리즘의 사용이 우리가 사랑하는 대상들의 해부와 우리의 개인적 진정성의 상실을 의미한다면, 우리는 정말로 세계를 더 잘 이해하고 싶을까? 우리가 개발하는 알고리즘들은 사회가 원하는 일을 하고 있을까, 아니면 단지 소수의 괴짜들과 다국적 회사들의 이익에 기여할 따름일까? 우리가 점점 더 나은 인공지능^{AI}을 개발하면, 알고리즘들이 지배권을 쥐기 시작할 위험도 있을까? 수학이 우리를 대신해서 결정을 내리기 시작할까?

현실 세계와 수학이 상호작용하는 방식은 결코 단순명료하지 않다. 나 자신까지 포함해서 우리 모두는 때때로 수학을 손잡이를 돌려서 결과를 얻는 단순한 활동으로 착각하는 함정에 빠진다. 응용수학자들은 세계를 모형화 사이클을 통해서 보는 훈련을 한다. 그 사이클은 현실 세계의 고객이 해결하고 싶은 문제를 우리에게 제출할 때 시작된다. 고객의 문제는 뱅크시를 찾아내는 것일 수도 있고 온라인 검색엔진을 설계하는 것일 수도 있다. 우리는 우리의 수학적 도구상자를 꺼내고 컴퓨터를 켜고 코드를 프로그래밍하고 더 나은 해답들을 찾을 수 있을지 살펴본다. 우리는 알고리즘을 완성하여 고객에게 제공한다. 고객은 우리에게 피드백을 제공하고, 사이클은 계속 돌아간다.

이 손잡이 돌리기와 모형화 사이클은 수학자들을 초연하게 만든다. 장난감과 실내 놀이터를 갖춘 구글과 페이스북의 사무실은 엄청나게 똑똑한 직원들에게 그들이 다루는 문제를 그들 자신이 완벽하게 통제하고 있다는 환상을 심어준다. 대학교 수학과의 멋진 고립은 우리가 우리의 이론을 현실과 직면시키지 않아도 된다는 사실을 의미한다. 이것은 옳지 않다. 현실 세계는 현실적인 문제들을 지녔고, 우리의 임무는 현실적인 해답들을 찾아내는 것이다. 어떤 문제든지 단지 계산만으로는 해결할 수 없는 엄청난 복잡성을 지녔다.

2016년 5월에 구글을 방문한 후 몇 달 동안, 나는 언론에서 새로운 유형의 수학 이야기들을 접하기 시작했다. 유럽과 미국 전체에 불안이 확산되고 있었다. 구글 검색엔진은 자동완성 기능으로 인종주의적 제안들을 내놓았다. 트위터봇Twitterbot들은 가짜뉴스를 퍼뜨렸다. 스티븐 호킹은 인공지능에 대한 우려를 밝혔다. 극우 집단들은 알고리즘이 창조한 필터버블filter bubble(사람들 각각이 마치 거품방울[버블] 안에 갇힌 것처럼, 살면서 그 거품방울이 선별하여 통과시키는[필터] 뉴스만 접한다는 개념—옮긴이) 안에서 살고 있었다. 페이스북은 우리의 성격을 측정했고, 그 측정 결과는 선거전에 이용되었다. 알고리즘의 위험성에 관한 이야기들이 차곡차곡 쌓여갔다. 브렉시트와 트럼프에 관한 통계 모형들이 둘 다 틀린 것으로 판명되면서 수학자들의 예측 능력마저도 의문시되었다.

축구, 사랑, 결혼, 그라피티 같은 재미있는 주제에 관한 수학 이야기들이 갑자기 사라지고, 성차별, 혐오, 디스토피아, 여론조사 계산에서의 망신스러운 오류에 얽힌 수학 이야기들이 그 자리를 차지했다.

나는 뱅크시에 관한 논문을 더 꼼꼼하게 다시 읽었고, 그의 정체에 관하여 새롭게 제시된 증거는 아주 적다는 사실을 새삼 발견했다. 뱅크시 논문을 쓴 연구자들은 뱅크시의 미술작품 140점의 위치를 정확히 파악했지만 용의자 단 한 명의 주소들만 조사했다. 그 용의자는 이미 8년 전에 〈데일리 메일〉에서 진짜 뱅크시로 지목된 바 있었다.[2] 그 신문은 용의자가 교외의 중산층 출신이며, 흔히 그라피티 미술가의 정체로 기대되는 노동계급의 영웅이 아니라는 사실을 밝혀냈다.

뱅크시 논문의 공동저자 스티브 르콤버Steve Le Comber는 BBC와의 인터뷰에서 〈데일리 메일〉이 지목한 그 용의자에 초점을 맞춘 이유를 숨기지 않았다. 그는 이렇게 말했다. "진지하게 고려할 용의자는 단 한 명이라는 것이 금세 명백해졌죠. 그리고 그 용의자가 누구인지는 누구나 압니다. 구글에서 'Banksy and [용의자의 이름]'을 검색하면 43,500개 정도의 결과가 떠요."[3]

수학자들이 끼어들기 훨씬 전부터 인터넷은 뱅크시의 진짜 정체를 알아냈다고 생각했다. 연구자들이 한 일은 그 앎을 숫자들과 관련지은 것뿐이다. 그러나 그 숫자들이 무엇을 의미하는지는 그리 명확하지 않다. 과학자들은 단지 한 사례에서 한 용의자만을 검사했다. 그들의 논문은 분석 기법들을 제시했지만 그 기법들이 정말로 유효함을 최종적으로 증명한 것은 전혀 아니었다.

언론은 그 연구의 한계에 그다지 관심이 없었다. 〈데일리 메일〉에 실렸던 한 스캔들 기사가 이제 진지한 뉴스 아이템이 되어 있었다. 〈가디언〉과 〈이코노미스트〉, BBC가 그 아이템을 다뤘다. 수학이 소문에 합법성을 부여한 셈이었다. 그리고 그 연구는 '범죄자'를 찾아내는 임무를 알고리즘이 해결할 수 있다는 믿음을 강화했다.

장면을 법정으로 바꿔보자. 뱅크시가 존경스러운 길거리 미술로 우리를 즐겁게 한 것으로 추정되는 인물이 아니라, 친이슬람국가S 선전용 그라피티로 버밍엄의 벽들을 뒤덮은 혐의로 기소된 무슬림 남성이라고 상상해보자. 또한 경찰이 '이슬람 뱅크시'로 지목된 그 피의자가 이슬라마바드에서 버밍엄으로 이주했을 때부터 그 그라피티가 나타나기 시작했다는 사실을 파악했다고 해보자. 그러나 경찰은 이 정황을 법정에서 사용할 수 없다. 왜냐하면 확실한 직접 증거가 전혀 없기 때문이다. 그렇다면 경찰은 무엇을 할까? 어쩌면 그들은 수학자들을 동원할 것이다. 경찰 측의 통계학 전문가들은 자기네 알고리즘을 적용하여 특정한 주택이 이슬람 뱅크시의 소유일 확률이 65.2%라고 예측하고, 테러 대응팀이 투입된다. 일주일 후, 테러방지법에 의거하여 이슬람 뱅크시는 자택 연금에 처해진다.

이 시나리오는 스티브와 그의 동료들이 자신들의 연구 결과에 기초하여 상상하는 것과 그리 멀지 않다. 공동 논문에서 그들은 뱅크시 찾기 연구는 "경미한 테러 관련 행위(예컨대 그라피티)에 대한 분석을 이용하여 더 심각한 사건이 발생하기 전에 테러리스트들의 거점을 알아낼 수 있으리라는 기존 제안들을 뒷받침한다"라고 썼다. 수학의 뒷받침에 힘입어 이슬람 뱅크시가 기소되고 유죄판결을 받는다. 과거에는 약한 정황 증거였던 것이 이제는 통계학적 증명인 것이다.

이것은 시작에 불과하다. 이슬람 뱅크시가 성공적으로 색출된 후, 경찰에 통계학적 조언을 제공하는 계약을 놓고 사기업들이 경쟁하기 시작한다. 첫 계약을 따낸 구글은 경찰 기록 전체를 딥마인드에 입력하여 잠재적 테러리스트들을 찾아낸다. 몇 년 후에 정부는 우리의 인터넷 검색 데이터를 구글의 경찰 기록 데이터베이스와 통합하는 '상식적인' 조치를 대중의 지지를 받으며 도입한다. 그 결과는 '인공지능 경찰관'의 탄생이다. 인공지능 경찰관은 우리의 동기와 미래 행동을 추론하기 위하여 우리의 검색 데이터와 이동 데이터를 이용할 수 있다. 인공지능 경찰관은 잠재적 테러리스트들을 야간에 급습하는 특별 타격대와 팀을 이룬다. 캄캄한 수학적 미래가 섬뜩한 속도로 다가오고 있다.

우리는 아직 많은 이야기를 해야 하며, 수학은 그저 스포일러에 불과하지 않다. 수학은 우리의 개인적 진정성을 허물고, 싸구려 소문들에 합법성을 부여하고, 버밍엄 시민들을 테러 혐의로 기소하고, 무책임한 거대기업들의 내부에서 방대한 데이터를 수집하고, 우리의 행동을 감시할 초지능을 제작하고 있다.

이 사안들은 얼마나 심각하며, 이 시나리오들은 얼마나 현실적일까? 나는 내가 할 줄 아는 유일한 방법으로 대답을 알아내기로 했다. 그 방법은 데이터를 살펴보고 통계를 계산하고 수학을 하는 것이다.

2장

잡음을 만들어라

수학자들이 뱅크시의 정체를 폭로한 사건의 충격이 가라앉은 후, 나는 알고리즘이 우리 사회에서 일으키는 엄청난 변화를 내가 웬일인지 간과해왔다는 점을 깨달았다. 하지만 더 명확하게 말할 필요가 있다. 내가 수학의 발전을 간과해온 것은 결코 아니다. 기계학습, 통계학적 모형, 인공지능은 모두 내가 왕성하게 연구하고 매일 동료들과 대화하는 주제들이다. 나는 최신 논문들을 읽고, 가장 중요한 발전들에 뒤처지지 않도록 나의 지식을 갱신한다. 그러나 나는 과학적 측면만 주목하고 있었다. 알고리즘이 어떻게 작동하는지를 추상적으로만 살펴보고 있었던 것이다. 나는 알고리즘 사용이 무엇으로 귀결되는지를 진지하게 숙고하지 못했다. 나의 기여로 개발되는 도구들이 사회를 어떻게 바꾸고 있는지에 대해서 생각하지 않았다.

내가 이 깨달음을 체험한 유일한 수학자는 아니었다. 뱅크시의 정체가 폭로된 것에 대한 나의 관심이 약간 사소했던 것과 달리, 나의 동료 수학자들 몇몇은 정말로 걱정스러운 문제들을 발견했다. 2016년이 저물 무렵, 수학자 캐시 오닐Cathy O'Neil은 저서 『대량살상 수학무기Weapons of Math Destruction』를 출판하여, 교사 평가와 온라인 대학교 광고부터 사채 사업과 재범 예측까지 온갖 분야에서 알고리즘들이 악용되는 사례를 보고했다.[1] 그녀의 결론은 놀라웠다. 알고리즘이 흔히 수상쩍은 전제들과 부정확한 데이터에 기초하여 우리에 관한 결정을 자의적으로 내리고 있다는 것이었다.

그보다 1년 전에 메릴랜드 대학교의 법학교수 프랭크 파스콸레Frank Pasquale는 저서 『블랙박스 사회The Black Box Society』를 출판했다. 그는 우리의 사적인 삶은—우리가 세세한 생활방식, 열망, 움직임, 사회생활을 온라인에서 공유함에 따라—점점 더 공개되는 반면, 월스트리트와 실리콘밸리의 회사들이 우리의 데이터를 분석하기 위해 사용하는 도구들은 철저히 은폐되어 있다고 주장했다. 그 블랙박스들은 우리가 보는 정보에 영향을 미치고 우리에 관한 결정을 내리고 있었다. 반면에 우리는 그 알고리즘들이 어떻게 작동하는지 알아낼 수 없는 처지였다.

온라인에서 나는 데이터 과학자들이 느슨하게 모여서 이룬 한 집단이 이 문제들에 대처하기 위하여 사회 안에서 알고리즘이 어떻게 사용되고 있는지 분석하고 있는 것을 발견했다.

그 활동가들이 가장 절박하게 느낀 우려의 핵심은 투명성과 잠재적 편견이었다. 당신이 온라인에서 활동하는 동안, 구글은 당신이 방문하는 사이트들에 관한 정보를 수집하고 그 데이터를 이용하여 당신에게 어떤 광고들을 보여줄지 결정한다. 스페인을 검색해보라. 그 후 며칠 동안 당신은 스페인 여행에 관한 광고들을 보게 될 것이다. 축구를 검색하면, 당신의 스크린에 스포츠 복권 사이트들이 더 많이 뜨기 시작할 것이다. 블랙박스 알고리즘의 위험을 다루는 사이트들을 검색하면, 당신은 〈뉴욕 타임스〉를 구독하라는 제안을 받게 될 것이다.

장기적으로 구글은 당신의 관심들을 파악하고 분류한다. 구글 계정에서 "개인정보 보호 및 맞춤설정"을 선택하고 이어서 "광고 설정"을 선택하면, 구글이 당신에 관하여 어떤 것들을 추론했는지 간단히 알아볼 수 있다.[2] 이 방법으로 나는 구글이 나에 관하여 상당히 많은 것을 알고 있다는 사실을 발견했다. 내가 즐기는 것들로 축구, 정치, 온라인 커뮤니티, 야외활동이 모두 옳게 식별되어 있었다. 그러나 다른 몇몇 추정들은 약간 이상했다. 구글은 미식축구와 사이클을 내가 좋아하는 스포츠 종목으로 생각하는데, 나는 그것들에 별로 관심이 없다. 나는 구글의 추정을 바로잡아야 한다고 느꼈다. 광고 설정 화면에서 나의 관심 밖인 스포츠 종목들을 클릭하여 "사용 안함"을 선택하고 "수학"을 목록에 추가했다.

미국 펜실베이니아주 카네기멜런 대학교의 박사과정 학생 아미트 닷타^{Amit Datta}와 동료들은 구글이 우리를 정확히 어떻게 분류하는지 알아내기 위하여 일련의 실험들을 수행했다. 그들은 미리 정한 조건대로 웹페이지들을 방문하는 구글 '사용자'를 자동으로 창조하는 툴을 제작했다. 그 사용자들은 특정 주제를 다루는 사이트들을 방문했고, 연구자들은 그 사용자들에게 제공되는 광고와 그들의 광고 설정에서 일어나는 변화를 관찰했다. 사용자들이 약물 남용을 다루는 사이트들을 검색하면 재활센터 광고가 그들에게 제공되었다. 이와 유사하게, 장애에 관한 사이트들을 검색하는 사용자들은 휠체어 광고를 제공받을 확률이 더 높았다. 하지만 구글은 우리에게 완전히 정직하지는 않다. 구글이 사용자들의 광고 설정을 업데이트함으로써 자기네가 사용자들에 관하여 내린 결론을 알려준 경우는 단 한 번도 없었다. 심지어 우리가 우리 자신의 광고 설정을 바꿔 우리가 보고 싶은 광고와 그렇지 않은 광고를 구글에 알려주더라도, 구글은 우리에게 어떤 광고를 보여줄지를 스스로 결정한다.

구글은 성인 웹사이트를 방문하는 사용자들을 위한 광고를 바꾸지 않았는데, 일부 독자들은 이 사실에 관심이 있을지도 모르겠다. 그렇다면 사용자들이 아무리 많은 성인물을 자유롭게 검색하더라도 부적절한 광고가 갑자기 스크린에 뜰 확률이 높아지지 않는다는 뜻이냐고 내가 아미트에게 묻자, 그는 조심하라고 조언했다. "구글은 우리가 방문하지 않은 다른 웹사이트에서 광고를 바꾸고 있을지도 몰라요. 그러니까 다른 사이트들에서는 부적절한 광고가 뜰 수도 있어요."

모든 대규모 인터넷 서비스들—구글, 야후, 페이스북, 마이크로소프트, 애플 등—은 우리의 관심사를 개인별로 파악하고 그 정보를 이용하여 우리에게 어떤 광고들을 보여줄지 결정한다. 그 서비스들은 어느 정도까지는 투명하다. 즉, 사용자가 자신을 위한 설정들을 검토하는 것을 허용한다. 우리의 관심사를 옳게 파악했는지를 회사들이 우리에게 물어 확인하는 것은 그 회사들에게 이롭다. 그러나 회사들이 자기네가 우리에 관하여 아는 모든 것을 우리에게 말해주는 경우는 절대로 없다.

마케팅 분석 담당 프로그래머로 일하는 앤절라 그러매터스Angela Grammatas는 '재조준retargeting'(온라인 광고 기법을 뜻하는 전문용어로, 사용자의 최근 검색 기록을 이용하여 광고할 상품을 선정한다)이 매우 효율적이라는 점을 나에게 강조했다. 그녀는 나에게 캠벨사의 '수프튜브 SoupTube' 캠페인이 구글 보곤Vogon 시스템을 이용하여 개별 사용자의 관심에 가장 잘 맞는 버전의 광고를 보여주었다는 이야기를 해주었다. 구글에 따르면, 그 캠페인은 55%의 매출 증가를 가져왔다.[3]

앤절라는 이렇게 말했다. "구글은 비교적 해가 적지만, 페이스북의 '좋아요' 버튼이 표적 광고에서 발휘하는 힘은 무시무시합니다. 당신이 누른 '좋아요'는 당신에 대해서 많은 것을 알려주죠." 앤절라가 가장 우려하는 점은 인터넷 서비스 제공자Internet service provider, ISP—당신의 집에 인터넷을 제공하는 통신회사—가 고객의 검색 기록을 저장하고 사용하는 행위를 허용하는 쪽으로 미국이 법을 개정하는 것이다. 구글, 페이스북과 달리 ISP들은 당신에 관하여 수집하는 정보를 거의 혹은 전혀 공개하지 않는다. 그 회사들은 검색 기록을 당신의 주소와 연결하여 제3의 광고업자들과 공유할 수도 있다.

이런 법 개정을 우려한 나머지, 앤절라는 ISP나 기타 사업자들이 고객에 관한 데이터를 수집하는 행위를 막는 웹브라우저 플러그인을 개발했다. 그녀는 그 플러그인을 "노이지Noisy"로 명명했다. 왜냐하면 그 툴의 역할은 말 그대로 잡음을 일으키는 것이기 때문이다. 그녀가 관심 있는 사이트들을 둘러보는 동안, 노이지는 배후에서 작동하면서 검색 순위 40위까지의 뉴스 사이트들을 무작위로 방문한다. 따라서 ISP는 그녀가 어떤 사이트에 관심이 있고 어떤 사이트에 관심이 없는지 알아낼 길이 없다. 노이지를 사용하자 그녀의 브라우저에 뜨는 광고의 변화가 즉각 감지되었다. "갑자기 〈폭스 뉴스〉 광고들이 떴어요… 기존에 나를 둘러쌌던 '진보적 미디어' 버블에 큰 변화가 생긴 거죠"라고 그녀는 말했다. 행복한 기혼자인 앤절라는 아주 많은 웨딩드레스 광고가 뜨는 것도 주목했다. 이제 앤절라의 브라우저는 그녀가 누구인지 몰랐다.

나는 앤절라의 행동이 매우 흥미롭다고 느꼈다. 왜냐하면 그녀는 회사들이 우리 데이터를 이용하는 문제 앞에서 일종의 자기 분열을 겪는 것처럼 보였기 때문이다. 낮에 앤절라가 하는 업무는 효율적인 재조준 광고를 만들어내는 것이었다. 그녀는 그 업무에 매우 유능했으며, 자신이 사람들을 도와 그들 스스로 원하는 제품을 발견하게 해준다고 믿었다. 그러나 여유 시간에는 바로 그 광고 전략을 무력화하는 플러그인을 개발하여 그것을 사용하기를 원하는 모든 사람에게 무료로 공개했다.[4] 그녀는 플러그인을 다운받을 수 있는 웹페이지에 이렇게 썼다. "우리 모두가 노이지를 사용하면, 회사들과 기관들은 우리를 파악하는 능력을 상실할 것입니다." 그녀의 목표는 온라인 광고가 작동하는 방식에 관한 이해와 토론을 증진하는 것이라고 앤절라는 나에게 말했다.

외견상의 모순에도 불구하고 나는 앤절라의 논리를 이해할 수 있을 것 같았다. 노골적인 차별의 사례들이 존재한다는 것은 엄연한 사실이었다. 그런 차별은 찾아내고 중단시킬 필요가 있었다. 단기 대출상품과 미심쩍은 '대학교' 졸업장을 팔기 위한 표적 광고들 중 일부는 확실히 부도덕했다.[5] 또한 우리의 웹브라우저는 때때로 우리에 관하여 약간 이상한 결론들을 내린다. 그러나 일반적으로 재조준 광고의 효과는 그리 해롭지 않으며, 우리 대다수는 우리의 관심을 끌 수도 있는 몇몇 제품의 광고가 스크린에 뜨는 것을 괘념치 않는다. 앤절라는 광고가 오늘날 어떻게 작동하는지를 우리에게 깨우치는 일에 초점을 맞추는데, 이것이 옳은 방향이다. 우리에게 상품을 팔려고 애쓰는 알고리즘을 이해하고 ISP들이 우리의 권리를 존중하게 만드는 것은 우리의 책임이다.

알고리즘이 우리에 관하여 내리는 결론은 차별적일 수 있다. 아미트와 그의 동료들은 젠더 편향을 탐구하기 위하여 500명의 '남성' 사용자들(자신의 젠더를 남성으로 설정한 가상의 사용자들)과 500명의 '여성' 사용자들로 하여금 미리 설정한 각자의 직업과 관련된 웹사이트들을 방문하게 했다.[6] 그런 다음에 그 사용자들에게 제공되는 광고들을 살펴보았다. 웹사이트 방문 기록이 유사함에도 불구하고, 남성들은 직장 변경을 모색하는 사용자를 위한 웹사이트 '커리어체인지닷컴careerchange.com'으로부터 "경영자만을 위한 연봉 20만 달러 이상의 일자리들"에 관한 광고를 제공받을 확률이 더 높았다. 여성들은 일반 구인 사이트들의 광고를 제공받을 확률이 더 높았다. 이런 유형의 차별은 노골적이며, 잠재적 불법이다.

커리어체인지닷컴을 운영하는 회사의 사장 와플스 파이 나투시 Waffles Pi Natusch는 〈피츠버그 포스트-가제트〉와의 인터뷰에서 어째서 그 광고들이 그토록 심하게 남성 편향적으로 제공되었는지 잘 모르겠다고 하면서도, 자기 회사가 선호하는 광고 표적의 조건들 중 일부―경영자급 경험, 나이 45세 이상, 연봉 10만 달러 이상―가 구글의 알고리즘을 그런 방향으로 이끌었을 수도 있다고 인정했다.[7] 하지만 이것은 이상한 설명이었다. 왜냐하면 실험에 동원된 사용자들은 소득이나 나이는 똑같고 젠더만 달랐으니까 말이다. 구글의 광고 알고리즘이 남성과 고위 경영자의 연봉을 직접이나 간접으로 연결했든지, 아니면 커리어체인지닷컴이 뜻하지 않게 어떤 블랙박스를 건드려 자사의 광고가 남성들에게 집중되도록 만들었든지, 둘 중 하나다.[8]

아미트와 동료들은 이 대목에서 연구를 종료했다. 아미트가 나에게 해준 말에 따르면, 그들이 이 연구를 발표했을 때 구글은 그들에게 연락해오지는 않았지만 자사의 인터페이스를 변경하여 실험이 더는 실행될 수 없게 만들었다. 블랙박스는 영원히 닫혔다.

비영리 탐사보도매체 '프로퍼블리카ProPublica'의 줄리아 앵윈Julia Angwin과 동료들은 지난 2년 동안 기계 편향에 관한 연속 기사를 통해 다수의 블랙박스들을 공개했다. 플로리다주의 형사 피고인 7000명 이상으로부터 수집한 데이터를 이용하여 줄리아는 미국 사법 시스템이 널리 사용하는 알고리즘 중 하나가 아프리카계 미국인에게 적대적인 편향을 지녔음을 보여주었다.[9] 범죄 전과, 나이, 젠더, 미래 범죄 가능성이 동등할 때에도 아프리카계 미국인은 그 알고리즘에 의해 범죄 위험이 높은 인물로 예측될 확률이 45% 더 높았다.

이런 유형의 차별은 사법 시스템에 국한되지 않는다. 또 다른 프로퍼블리카 조사에서 줄리아는 페이스북에 뜬 광고 하나가 '최초 구매자들'과 '이사할 확률이 높은' 사람들을 표적으로 삼으면서도 '아프리카계 미국인', '아시아계 미국인', '히스패닉'과 '민족적 친근성'이 있는 사람들은 배제한다는 사실을 발견했다. 그 광고는 미국의 공평주거권리법Fair Housing Act을 위반함에도 불구하고, 페이스북은 광고를 받아들이고 게재했다.[10] 설령 실제 민족이 아니라 '친근성'에 기초한 배제라 하더라도, 특정 집단들을 배제하는 것은 차별이다(페이스북은 사용자가 관여하는 페이지들과 게시물들을 관찰함으로써 그의 '민족적 친근성'을 파악한다).

프로퍼블리카는 이런 문제들을 탐구하는 데이터 전문 언론인들과 과학자들이 일으킨 훨씬 더 큰 운동의 한 부분이다. 메사추세츠 공과대학 미디어랩의 대학원생 조이 부올람위니Joy Buolamwini는 최신 얼굴 인식 소프트웨어가 그녀의 얼굴을 인식하지 못하는 것을 발견했다. 그리하여 조이는 민족적 다양성이 더 높은 얼굴 데이터를 수집하기 시작했다. 그 데이터를 이용하여 미래의 얼굴 인식 시스템을 훈련시키고 향상시키기 위해서였다.[11] 노스캐롤라이나주 소재 일론 대학교의 조너선 올브라이트Jonathan Albright는 구글의 검색엔진이 사용하는 데이터를 탐구했다. 올브라이트의 목적은 왜 그 검색엔진의 자동완성 기능이 인종차별적이고 공격적으로 작동하는 일이 잦은지 알아내는 것이었다.[12] 버클리 대학교의 제나 버릴Jenna Burrell은 '역공학reverse engineering'(인공물을 분해하여 작동 원리 등을 알아내는 작업―옮긴이) 기법으로 자기 이메일의 스팸 차단 기능을 분석하여 그 기능이 나이지리아인들을 명시적으로 차별하는지 조사했다(그리고 차별하지 않는다는 결론에 이르렀다).[13]

이 연구자들은―앤절라 그러매터스, 아미트 닷타, 캐시 오닐을 비롯한 수많은 사람들과 함께―인터넷 거대기업과 보안업계가 창조한 알고리즘을 감시하기로 결심했다. 그들은 온라인 저장소에서 자기네 데이터와 코드를 공개하여 타인들이 그것을 다운받고 그 작동 방식을 알 수 있게 한다. 그들 중 다수는 각자 프로그래머로서, 학자로서, 또는 통계 전문가로서 자신의 솜씨를 활용하여 여가 시간에 연구한다. 연구의 목적은 지금 알고리즘이 세계를 어떻게 변형하고 있는지 알아내는 것이다.

알고리즘을 분석하는 활동은 뱅크시의 미술처럼 대중의 호응을 받지는 못할지도 모른다. 그러나 내가 구글의 런던 본사에서 접한 폐쇄적 미래상이나 비밀스러운 연구팀들과 비교하면, 활동가들이 자발적으로 연구하고 그 결과를 모두에게 제공하는 모습은 나에게 매우 인상적이었다.

이 운동은 성과를 거두고 있었다. 페이스북은 줄리아 앵윈이 지적한 것과 같은 광고들이 게재되지 않게 하는 조치를 취했다. 〈가디언〉에 올브라이트의 기사가 실린 후, 구글은 자동완성 기능을 개선하여 반유대주의적이거나 성차별적이거나 인종주의적인 제안을 더는 하지 않도록 만들었다. 아미트 닷타의 연구에 대한 구글의 반응은 비교적 심드렁했지만, 그는 온라인 구인광고 속의 차별을 찾아내는 일을 도와달라고 마이크로소프트에 요청했다. 적극적 활동이 변화를 일으키고 있었다.

3장

우정의 주성분

어쩌면 나는 전형적인 활동가 유형은 아닐 것이다. 나는 응용수학
교수이며 기성 과학계의 일원이다. 영국인 중산층이며, 중년 남성,
두 아이의 아버지, 조국의 정치적 격동을 피해 조용히 살기 위해
스웨덴으로 이주한 사람이다. 나는 알고리즘 개발에 종사한다. 그
렇기 때문에 내가 구글에서 초청 강연을 한 것이다. 매일 일터에서
나는 우리의 사회적 행동을 더 잘 이해하기 위하여, 우리가 서로
어떻게 상호작용하는지 설명하기 위하여, 그리고 그 상호작용의 귀
결을 알아내기 위하여 수학을 사용한다. 그러나 정치적 사안에 대
해서는 발언을 삼가는 편이다.

　그런 정치적 소극성이 자랑스럽지는 않다. 앤절라 그러매터스

를 비롯한 사람들과 대화하면서 나는 내가 노트북에 머리를 처박고 현실의 문제들을 외면해왔다는 사실을 깨달았다. 알고리즘의 득세는 유럽과 미국에서 불확실성이 증가하는 상황과 동시에 일어나고 있다. 이 변화는 많은 이들에게 숫자에 압도당하는 느낌을 안겨준다. 거의 모든 뉴스—도널드 트럼프가 선거전에서 정치 자문회사 '케임브리지 애널리티카Cambridge Analytica'에 의뢰하여 표적 유권자들을 선정했다는 뉴스부터, 통계 전문가들이 영국의 브렉시트 투표 결과를 예측하지 못했다는 뉴스까지—에서 알고리즘이 언급된다. 이런 주제들에 대해서 내 친구들이 나누는 대화나 트위터 토론을 경청하고 있자면, 제기되는 질문들에 내가 제대로 답할 수 없다는 점을 발견하게 된다. 우리를 평가하고 우리에게 영향을 미치기 위해 사용되는 블랙박스 안에서 어떤 일이 벌어지는지 사람들은 알고 싶어 한다.

'블랙박스'라는 단어는 프랭크 파스콸레의 저서 제목『블랙박스 사회』에도 등장하고 알고리즘을 다룬 프로퍼블리카의 "블랙박스 부수기Breaking the Black Box" 연속 기사와 동영상들에도 등장한다. 그 단어의 이미지는 강력하다. 당신은 모형에 데이터를 입력하고 처리될 때까지 기다린다. 그리고 출력을 받는다. 당신은 모형 내부에서 어떤 일이 벌어지는지 볼 수 없다. 그런 블랙박스가 재범의 위험성을 예측한다. 그런 블랙박스가 페이스북과 구글에 광고들을 띄운다. 뱅크시를 찾는 일도 블랙박스가 수행했다.

블랙박스 이미지는 우리에게 무력감을 안겨줄 수 있다. 알고리즘이 우리의 데이터를 가지고 무엇을 하는지 우리가 이해할 수 없다는 느낌을 말이다. 그러나 그 느낌은 그릇된 대응을 유발할 수 있다. 우리는 알고리즘 내부에서 벌어지는 일을 살펴볼 수 있고 살펴보아야 한다. 바로 이 대목에서 내가 무언가 할 수 있겠다고 느꼈다. 나는 우리 사회에서 사용되는 알고리즘이라는 블랙박스를 들여다보고 그것의 작동 방식을 관찰할 수 있을 것이었다. 활동가 수준에는 못 미치더라도 사람들이 사회의 변화에 관하여 제기하는 질문들 중 일부에 대답할 수 있을 것이었다.

이제 내가 나서서 일할 때였다.

나는 앤절라 그러매터스가 페이스북에 대해서 해준 이야기를 상기했다. 우리에 관해서 가장 많이 아는 사이트는 페이스북이라고 그녀는 말했다. 그 거대한 소셜미디어는 알고리즘들이 우리를 어떻게 분류하는가에 관한 탐구를 시작하기에 가장 적합한 장소였다. 먼저 내가 완벽하게 이해한다고 확신하는 무언가를 살펴볼 필요가 있었다. 그것은 나 자신의 사회적 삶이었다. 내 친구들을 다루는 블랙박스 모형을 제작해보면, 페이스북과 구글에서 일하는 데이터 과학자들이 밟은 단계들을 나도 이해할 수 있을 터였다. 그들이 사용하는 기법들을 내가 직접 경험할 수 있을 것이었다. 나의 모형은 규모가 훨씬 더 작겠지만, 작동 원리는 동일할 터였다.

앤절라의 말이 맞았다. 내 친구들의 페이스북 페이지들은 그들의 삶에 관한 어마어마한 정보를 보유하고 있다. 나는 내 페이스북 뉴스피드를 열고 어느 괴팍한 교수가 올린 항의성 글을 본다. 그가 탄 열차의 운전사가 브레이크를 너무 빨리 밟는다는 얘기다. 나는 25년 전 학교 댄스파티에서 찍은 사진들이 스캔되어 업로드된 것을 본다. 휴가 사진과 퇴근 후 맥주를 마시며 찍은 사진도 있다. 도널드 트럼프에 관한 농담, 보건정책과 주거정책을 개선해야 한다는 공개 주장, 정치적 결정에 대한 분노도 있다. 나는 직장과 부모 노릇에서의 성공을 자랑하는 사람들을 본다. 결혼 사진, 아기의 사진, 수영장에서 즐겁게 노는 아이들의 사진도 있다. 극히 개인적인 것부터 노골적으로 정치적인 것까지, 그야말로 모든 것을 우리의 페이스북 뉴스피드에서 볼 수 있다.

나는 페이스북 친구 32명을 뽑아서 그들의 최신 게시물을 훑어본다.[1] 나는 게시물을 13개의 범주로 분류한다. 그 범주들은 가족/파트너, 야외활동, 직업, 농담/밈meme, 상품/광고, 정치/뉴스, 음악/스포츠/영화, 동물, 친구, 지역 사건, 생각/숙고, 사회개혁activism, 생활방식이다. 이어서 가로세로 32×13개의 칸들로 이루어진 표를 만들고, 각각의 칸에 내 친구들이 해당 범주의 게시물을 몇 번 올렸는지 적는다. 예컨대 나의 대학교 친구 마크에 해당하는 열에서 그의 직업에 관한 게시물은 1개, 가족 휴가에 관한 게시물과 사진은 8개, 브렉시트에 관한 게시물은 3개(파리에 사는 스코틀랜드인 마크는 브렉시트에 반대한다), 뉴욕시 여행에 관한 게시물은 1개, 자신은 2015년 11월 파리 테러의 피해를 당하지 않았다고 알리는 게시물은 1개다. 나의 동료 토르비욘에 해당하는 열에서 가장 흔한 게시물(총 5개)은, 그가 참석했을뿐더러 그 참석 덕분에 스웨덴 텔레비전

방송과 인터뷰까지 한 노벨상 시상식 기념 만찬에 관한 것들이다. 나는 그것들을 직업 범주에 넣는다. 그 범주에는 그의 강연에 관한 게시물 2개도 들어간다. 토르비욘의 가족 게시물은 2개, 나머지 게시물들은 다른 다양한 범주들에 흩어져 있다.

마크와 토르비욘의 직업과 가족 사이 균형을 살펴보기 위해서 나는 그들이 올린 직업 관련 게시물의 개수와 가족/파트너 관련 게시물의 개수를 2차원 그래프 위의 점으로 표현했다. 그림 3.1은 그 결과를 보여준다. 마크는 가족 게시물 8개와 직업 게시물 1개를 올렸기 때문에 그래프 상단 좌측에 위치한다. 토르비욘은 직업 게시물 7개, 가족 게시물 2개로 하단 우측에 위치한다. 다른 점들은 직

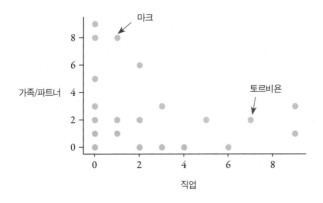

그림 3.1 직업 게시물 개수와 가족/파트너 게시물 개수를 두 개의 차원으로 삼은 그래프에 내 친구들을 점으로 나타냈다. 각각의 점은 해당 친구가 직업 게시물과 가족/파트너 게시물을 몇 개 올렸는지 보여준다.

업 차원과 가족/파트너 차원을 지닌 이 그래프에서 내 친구들이 어디에 위치하는지 보여준다.

내 친구들 중 소수가 주로 직업 게시물을 올리는 사용자로 분류될 수 있는 반면, 다른 대다수의 친구들은 가족 게시물 선호자로 볼 수 있다. 그러나 후자의 일부는 양쪽 주제에 관한 게시물을 모두 올리고, 어느 쪽에 관한 게시물도 거의 올리지 않는 소수의 친구들도 있다. 게시물 범주는 공간의 차원으로 간주될 수 있다. 나는 그런 차원 두 개를 거론했는데, 하나는 '직업' 차원, 다른 하나는 '가족/파트너' 차원이다. 하지만 셋째 차원으로 '야외활동'을 추가하고 넷째 차원으로 '정치/뉴스'를 추가하는 식으로 차원들을 계속 늘려 13차원 공간을 구성할 수도 있다. 나의 친구들 각각은 그 13차원 공간 안의 한 점이다.

문제는 차원들의 개수가 늘어날수록 데이터를 가시화하기가 더 어려워진다는 점이다. 13차원 공간 안의 한 점이 어떤 모습일지 명확히 떠올리기는 불가능하다. 그림 3.1과 같은 2차원 공간은 문젯거리가 아니다. 3차원 공간도 다룰 수 있다. 우리는 정육면체 내부의 점들을 상상할 수 있고, 정육면체를 회전시키면 그 점들의 위치가 어떻게 달라질지도 상상할 수 있다. 그러나 4차원 이상의 세계가 어떤 모습일지 생각하는 것은 단적으로 말해 불가능하다. 우리 뇌의 작동은 2차원이나 3차원에 한정되어 있다. 왜냐하면 우리가 일상생활에서 경험하는 공간은 2차원이나 3차원이기 때문이다.

4차원 이상의 공간에 위치한 점들을 볼 수 없는 우리가 그런 점들에 다가가는 최선의 방법은 2차원 단면 사진을 여러 장 찍는 것이다. 그림 3.1은 '직업'과 '가족/파트너'의 관계를 보여주는 한 장의 단면 사진이다. 이와 유사한 다른 단면 사진들을 살펴보면, 음식과 여행 같은 '생활방식'에 관한 게시물을 올리는 사람이 '정치/뉴스' 게시물도 올리는 경우는 드물다는 사실을 알 수 있다. 이 두 관심사 간에는 음의 상관관계가 성립한다. 자신이 방금 방문한 식당의 사진을 공유하기 좋아하는 친구는 시사에 관한 견해를 밝히지 않는 경향이 있다. 반면의 양의 상관관계가 성립하는 게시물 유형들도 있다. 음악, 영화, 스포츠에 관한 게시물을 많이 올린 친구들은 농담과 밈도 많이 공유하는 경향이 있다.

이런 식으로 두 가지 유형의 데이터를 비교하다 보면, 13차원 데이터 집합의 몇몇 패턴들이 감지되기 시작한다. 그러나 이것은 그다지 체계적인 접근법이 아니다. 임의의 데이터 유형 2개를 선정해서 짝짓는 방식은 총 78가지이므로[2], 내가 2차원 단면 사진에 비유한 2차원 그래프를 78개나 그려야 한다. 이것은 시간이 오래 걸리는 작업이다. 게다가 더 많은 범주들이 관여하는 관계들도 있다. 예컨대 농담과 밈을 공유하고 음악과 영화에 관한 글을 쓰는 사람은 뉴스와 정치는 공유하지만 생활방식에 관한 글은 쓰지 않는 경향이 있다. 나는 이런 관계들의 강도가 얼마나 높은지를 체계적으로 평가하는 방법을 확보하고 싶다. 즉, 어떤 관계들이 가장 중요하고 내 친구들의 차이를 가장 잘 드러내는지를 체계적인 방법으로 알아내고 싶다.

나는 내 친구들의 데이터에 이른바 '주성분 분석principal component analysis', 줄여서 PCA 기법을 적용한다. PCA는 내가 각각의 게시물 범주를 한 차원으로 삼아서 구성한 13차원 데이터 공간을 회전시켜 게시물들 간의 관계 가운데 가장 중요한 것들을 알아내기 위한 통계학적 방법이다. 첫째 주성분, 곧 데이터에서 가장 강한 상관성을 지닌 관계는, 오른쪽에서 '가족/파트너' 차원, '생활방식' 차원, '친구' 차원을 통과하고 왼쪽에서는 '농담/밈' 차원, '정치/뉴스' 차원, '직업' 차원을 통과하는 직선이다. 이것이 내 친구들을 구별 짓는 가장 중요한 관계다. 어떤 친구들은 자신의 사적인 삶에서 어떤 일들이 있었는지에 관한 게시물을 올리기를 좋아하고, 다른 친구들은 세상과 직장에서 일어난 일을 공유하기를 좋아한다.

데이터에서 그다음으로 중요한 관계는 직업을 취미와 관심사로부터 구별한다. 그 관계를 나타내는 직선은 위쪽에서 '직업'과 '생활방식'을 통과하고 아래쪽에서 '음악/스포츠/영화', '정치/뉴스', 기타 문화 관련 게시물들을 통과한다. 수학적으로 말하면, 이 둘째 주성분은 첫째 주성분과 직각을 이루면서 데이터 점들에 가장 가까이 놓인 직선이다. 이렇게 직선들을 긋고 13차원 데이터를 회전하는 작업을 가시화하는 것은 우리에게 벅찬 일이지만, 컴퓨터를 사용하여 그 직선들을 계산하고 필요한 회전들을 수행하는 작업은 쉽고 간단하다.[3] 그림 3.2는 어떻게 13가지 게시물 유형을 2차원 공간에 나타낼 수 있는지 보여준다.

첫째 주성분에 가장 큰 긍정적 기여를 하는 게시물 유형은 '가

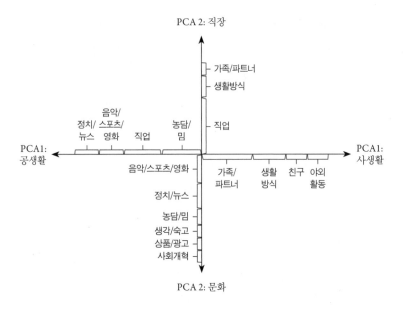

그림 3.2　내 친구들의 게시물을 분석하여 찾아낸 첫째 주성분과 둘째 주성분. 좌우로 뻗은 직선은 내가 '공생활 대 사생활'로 명명한 첫째 주성분이다. 상하로 뻗은 직선은 둘째 주성분인데, 나는 이것을 '문화 대 직장'으로 명명한다. 각 게시물 유형의 (긍정적이거나 부정적인) 기여의 크기는 그 유형에 해당하는 선분의 길이로 표현했다. 예컨대 '가족/파트너'는 첫째 주성분에 가장 큰 긍정적 기여를 하는 항목이다.

족/파트너', 그다음은 '생활방식', 세 번째와 네 번째는 '친구'와 '야외활동'이다(그림 3.2의 오른쪽 부분). 이 게시물들은 모두 사생활과 관련이 있다. 이 게시물들은 우리가 하는 활동들과 거기에 함께 참여하는 사람들을 다룬다. '농담/밈', '직업', '영화/음악/스포츠', '정치/뉴스'는 첫째 주성분에 부정적 기여를 한다(그림 3.2의 왼쪽 부분). 이 게시물 유형들은 모두 공적인 삶과 관련이 있다. 즉, 우리의 직업에 관한 것이거나 뉴스 또는 시사에 관한 논평이다. 나는 이 첫째 주성분을 '공생활 대 사생활'로 명명한다. 왜냐하면 이 성분은 내 친구들이 그들 자신에 관한 게시물을 올리는지 아니면 세상 전반에 관한 논평을 올리는지에 관한 차이들을 보여주기 때문이다.

둘째 주성분에 가장 큰 긍정적 기여를 하는 항목은 '직업', 그다음은 '생활방식'이다(그림 3.2의 위쪽 부분). 내가 페이스북에서 보는 생활방식 게시물 중 다수는 친구들이 직업 때문에 간 여행에 관한 것이다. 이를테면 회의를 마치고 쉬면서 맥주를 마셨다는 이야기나 학회 뒤풀이 자리의 사진이 게시되어 있다. 따라서 이 두 범주를 묶는 것은 일리가 있다. 이 주성분에 부정적으로 기여하는 모든 항목들은 더 큰 범위의 문화적 사건들과 관련이 있다. 스포츠, 뉴스, 농담, 광고, 사회개혁이 그런 항목이다. 따라서 이 둘째 주성분의 가장 적합한 명칭은 '문화 대 직장'이다.

내가 이 주성분들에 '공생활 대 사생활'이라는 명칭과 '문화 대 직장'이라는 명칭을 부여하는 것은 단지 알고리즘에 의해 산출된 범주들에 이름을 붙이는 것일 뿐임을 유의하라. 이 두 주성분이 내 친구들을 서술할 때 기준으로 삼기에 가장 좋은 차원들이라는 판단은 내가 아니라 알고리즘이 내렸다.

이제 그 차원들이 정의되었으므로, 나는 내 친구들을 분류(범주화)할 수 있다. 어떤 친구들이 사생활에 더 관심이 많고, 또 어떤 친구들이 공생활에 더 관심이 많을까? 직업에 더 끌리는 친구는 누구이고 문화에 더 끌리는 친구는 누구일까?

이 질문들에 답하기 위하여 나는 '공생활 대 사생활' 차원과 '문화 대 직장' 차원을 지닌 2차원 공간에 내 친구들을 배치한다(그림 3.3). 친구들의 이름이 스크린에 뜨는 순간, 나는 알고리즘이 알려준 주성분들이 타당함을 즉각 알아챘다.

오른쪽 가장자리에 사각형으로 표시된 사람들 중 대다수(제시카, 마크, 로스 등)는 자식이 있으며 자식에 관한 정보를 공유하기를 좋아한다. 아래 왼쪽에 가위표로 표시된 사람들 중 대다수는 현재 자식이 없으며 시사에 관한 글을 더 많이 올린다. 예컨대 앨머는 문학과 연극에 관한 게시물을, 콘라트는 컴퓨터게임, 리처드는 정치에

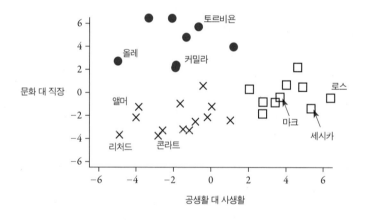

그림 3.3 두 주성분을 기준으로 삼을 때 내 친구들의 분포. 오른쪽에 위치한 친구들(□)은 주로 친구, 가족, 사생활에 관한 게시물을 올린다. 아래 왼쪽에 위치한 친구들(×)은 게시물을 올릴 때 뉴스, 스포츠, 공적 영역에 초점을 맞춘다. 위 왼쪽의 친구들(●)은 주로 직업에 관한 게시물을 올린다.

관한 게시물을 올린다. 위 왼쪽에 동그라미로 표시된 사람들은 전형적인 학자들이다. 그들은 직업과 최신 논문에 관한 게시물을 올린다. 이 집단에 속한 대니얼과 토르비욘은 나의 동료 수리생물학자다. 우리는 나중에 이 책에서 올레를 만나게 될 텐데, 그는 스웨덴 예테보리 출신의 약간 괴짜인 수학자다. 그는 직업과 정치에 대한 관심이 담긴 게시물들을 올린다.

나를 가장 놀라게 하는 것은, 이 분류가 내 친구들의 진정한 유사점과 차이점를 얼마나 잘 드러내는가 하는 점이다. 기억하겠지만, 나는 내가 원하는 분류 방식을 PCA 알고리즘에 알려주지 않았다. 나는 13개의 범주로 분류된 데이터를 제공했고, PCA 알고리즘은 그 범주들을 가장 적절한 두 개의 차원으로 환원했다. 그 차원들은 '공생활 대 사생활'과 '문화 대 직장'이다. 그리고 이 차원들은 타당하다. 무슨 말이냐면, 이 차원들을 기준으로 삼으면 내 친구들 사이의 가장 중요한 차이들이 실제로 잘 드러난다는 것이다.

내 친구들을 서로 다른 세 유형(●, □, ×)으로 분류하는 작업도 알고리즘에 의해 수행되었다. PCA가 산출한 차원들을 기준으로 개인들 간의 거리에 기초하여 그들을 분류하기 위해서 나는 'k-평균 군집화k-means clustering'라는 계산 기법을 실행하는 알고리즘을 사용했다. 그 알고리즘은 세 집단을 만들어냈다. 즉, 사생활에 중점을 두는 페이스북 사용자들(□)의 집단, 직업과 직업 관련 생활방식에 초점을 두는 사람들(●)의 집단, 더 넓은 사회의 사건들에 대해서 논평하려고 페이스북을 사용하는 사람들(×)의 집단을 만들어냈다. 거듭 강조하는데, 나는 알고리즘에 내 친구들을 가장 효율적으로 분류하는 방법을 알아내라고 요구했고, 알고리즘이 이 분류법을 찾아낸 것이다. 주성분 분석 알고리즘은 우리의 선입견에 의지하지 않고 데이터를 이용하여 사람들을 분류한다.

그렇게 분류된 친구들은 대체로 나의 주성분 분석 결과에 동의했다. 내가 직업 중시 인물로 파악한 커밀라는 그 결과가 자신의 페이스북 사용 방식에 부합한다고 말했다. 그녀는 주로 직업에 관한 정보를 얻기 위해 페이스북을 사용하고, 친구와 가족을 위해서는 다른 소셜미디어 사이트를 사용한다. 로스의 페이스북 사용 방식은 정반대다. "자네의 그래프가 말해주듯이, 그저 가족 사진 몇 장 올리려고" 페이스북을 사용한다고 그는 말했다.

토르비욘은 내가 그를 "일만 하고 재미를 모르는 인물"로 파악한 것을 못마땅해했다. 그러나 페이스북에서 그가 넓은 세상보다 자신이 속한 좁은 업계에 더 집중한다는 점은 인정했다.

나의 페이스북 친구들을 분류하는 작업은 재미있었지만, 그들을 두 차원으로 환원하는 것에는 더 심각한 측면도 있었다. 우리의 행동을 분류하기 위해 사용되는 알고리즘은 대부분 주성분 분석과 기타 유사한 수학적 기법들을 바탕으로 삼는다. 그런 알고리즘은 피고인이 설문지에 써넣은 답변들을 그 사람이 또 범죄를 저지를지 여부에 관한 예측으로 변환하는 재범 예측 모형들에서도 사용된다. 트위터는 그런 알고리즘을 사용하여 당신의 수입을 추정하고, 구글은 당신이 선호하는 광고를 추정한다. 물론 현실에서는 분류의 기준으로 기능하는 차원과 관련 데이터가 훨씬 더 많지만, 기본적인 접근법은 내가 채택한 것과 같다. 즉, 알고리즘이 당신을 이해하기 시작할 때까지, 회전하고 환원하는 것이다.

고작 15개의 게시물이 우리의 삶을 보여줄 수 있다는 것은 놀라운 일이다. 페이스북이 수십억 개의 게시물로 무엇을 할 수 있을지 상상해보라.

4장

100차원의 당신

전 세계의 페이스북 사용자는 20억 명에 달한다. 사용자들은 매시
간 수천만 개의 게시물을 올려 우리의 사회생활에 관한 방대한 데
이터를 제공한다. 스탠퍼드 경영대학원의 미할 코진스키Michal Kosinski
교수는 소셜미디어에 올라오는 방대한 데이터에 PCA 기법을 적용
하여 사람들을 분류할 수 있다는 사실을 일찍이 알아챈 인물들 중
하나다. 아직 케임브리지 대학교 박사과정 학생이었을 때 코진스키
는 데이비드 스틸웰David Stillwell과 함께 '마이퍼서낼러티myPersonality(나
의 성격)' 프로젝트에 착수했다. 그들은 놀랄 만큼 많은 데이터를
수집했다. 300만 명이 넘는 사람들이 연구자들에게 자신의 페이스
북 프로필에 접속하고 그 내용을 저장하는 것을 허락했다. 그 후

그 사람들의 다수는 지능, 성격, 행복한 정도를 측정하는 수많은 심리검사를 받고 성적지향, 약물 사용, 기타 생활방식에 관한 질문들에 답변했다. 이를 통해 미할은 우리가 페이스북에서 쓰는 글, 공유하는 게시물, 누르는 '좋아요'와 우리의 행동, 견해, 성격이 어떻게 관련되어 있는지 보여주는 방대한 데이터베이스를 확보했다.

미할은 먼저 이분법적 분류를 가능케 하는 속성들을 살펴보았다. 그런 분류의 예로 공화당 지지자 또는 민주당 지지자, 동성애자 또는 이성애자, 기독교도 또는 무슬림, 여성 또는 남성, 애인이나 배우자가 있는 사람 또는 없는 사람 등이 있다. 미할이 연구 주제로 삼은 질문은, 우리가 누르는 '좋아요'를 이용하여 우리가 누구인지 가늠할 수 있을까 하는 것이었다. 방금 열거한 이분법적 범주들 각각과 가장 연관성이 높은 '좋아요'는 어떤 것들일까?

미할과 동료들은 과학 논문에서 예측 능력을 지닌 '좋아요' 중 일부를 표로 정리했는데, 그 표가 보여주는 취향들의 전형성은 정말 난감할 정도다.[1] 그 연구가 수행된 2010년과 2011년에 남성 동성애자들은 텔레비전 코미디 시리즈 〈글리〉에 나온 수 실베스터(지도자의 면모를 지닌 가상의 여성—옮긴이)와 〈아메리칸 아이돌〉에 나온 애덤 램버트(남성 가수)를 좋아했고, 다양한 인권 캠페인을 지지했다. 이성애 남성들은 풋 라커(스포츠 의류 및 신발 유통업체), 우-탱 클랜(힙합 그룹), 엑스 게임스(매년 열리는 극한 스포츠extreme sports 대회), 이소룡을 좋아했다. 친구가 몇 명밖에 없는 사람들은 컴퓨터게임 〈마인크래프트〉, 하드록 음악, '함께 걷는 친구를 떠밀어 누군가와 부딪히게 만드는 장난'을 좋아했다. 친구가 많은 사람들은 제니퍼 로페즈(2011년에 많은 상을 받은 배우 겸 가수—옮긴이)를 좋아했다. 지능지수가 낮은 사람들은 코미디 영화 〈내셔널 램푼의 휴가〉의 등장인물 클라크 그리스월드(모험을 즐기는 가부장 캐릭터—옮긴이), '엄마 노릇', 할리데이비슨 바이크를 좋아했다. 지능지수가 높은 사람들은 모차르트, 과학, 〈반지의 제왕〉과 〈대부〉를 좋아했다. 아프리카계 미국인들은 헬로키티, 버락 오바마, 래퍼 니키 미나즈를 좋아했지만 캠핑이나 미트 롬니(미국 공화당 정치인—옮긴이)에 대해서는 다른 인종집단보다 선호도가 낮았다.

이 연구 결과가 의미하는 바는, 누군가가 수 실베스터에 대해서 단 한 번 '좋아요'를 누른 사실에 기초하여 그 사람이 동성애자라고 결론 내려야 한다거나 모차르트를 좋아하는 사람들은 모두 똑똑하다고 결론 내려야 한다는 것이 결코 아니다. 이런 식의 추론은 아이들의 놀이터 논리라고 할 만하다. "아하, 넌 〈마인크래프트〉를 좋아하네… 넌 친구가 없구나." 이런 추론은 불쾌할뿐더러 대개는 오류다.

오히려 미할이 발견한 것은, 각각의 '좋아요'가 사용자에 관하여 약간의 정보를 제공하며 많은 '좋아요'를 수집하면 그가 개발한 알고리즘으로 신뢰할 만한 결론들을 도출할 수 있다는 사실이다. 우리의 모든 '좋아요'를 종합하기 위하여 미할과 동료들은 주성분 분석(PCA) 기법을 사용했다. 그는 사람들이 누른 수만 개의 '좋아요'를 PCA 기법으로 분석하여 어떤 '좋아요'들이 해당 주성분에 기여했는지 알아냈다. 예컨대 비틀스, 레드 핫 칠리 페퍼스(1983년에 데

뷔한 록밴드—옮긴이), 텔레비전 드라마 〈하우스〉는 모두 한 차원에 위치했는데, 그 차원을 '중년 록 음악과 영화'로 명명할 수 있을 것이다. '광고된 상품들'로 명명할 만한 또 다른 차원은 디즈니 픽사, 오레오, 유튜브를 포함했다. 이런 식으로 미할은 우리를 정확히 분류하려면 40개에서 100개의 차원이 필요하다는 사실을 발견했다.[2]

미할은 미묘한 관계들을 컴퓨터가 사람보다 더 잘 찾아낸다는 점을 강조한다. "게이 클럽에 가고 게이 잡지를 사는 사람이 게이일 확률이 더 높다는 것은 쉽게 추론할 수 있죠. 하지만 컴퓨터는 이만큼 확연하지는 않은 신호들에 기초해서도 사용자가 게이라는 것을 추론할 수 있어요." 미할이 나에게 말했다. 아닌 게 아니라 그의 알고리즘이 게이로 분류한 사람들 가운데 명시적인 게이 페이스북 페이지에 '좋아요'를 누른 사람은 5%에 불과했다. 미할의 알고리즘은 브리트니 스피어스에 대한 것부터 〈위기의 주부들〉(미국 드라마—옮긴이)에 대한 것까지 온갖 '좋아요'들을 종합하여 사용자의 성적지향을 판정한다.

페이스북 데이터에 대한 미할의 대규모 분석은 새롭지만, 주성분 분석 기법의 사용은 새롭지 않다. 50년 전부터 사회학자들과 심리학자들은 우리의 성격, 사회적 가치관, 정치적 견해, 사회경제적 지위를 분류하기 위하여 PCA 기법을 사용해왔다. 우리는 우리 자신을 고차원 대상으로 생각하기를 좋아한다. 우리는 우리 자신이 다양한 성격적 측면들을 지닌 복잡한 개인이라고 여긴다. 우리가 자부하는 우리 자신은 유일무이하며, 삶에서 일어나는 무수하고 제

각각 유일무이한 사건들에 의해 형성된다. 그러나 PCA 기법은 그 무수한 차원들을 훨씬 더 적은 개수로 줄일 수 있다. 그러면 우리를 분류 상자 속에 집어넣거나, 더 적절한 시각적 비유로 말하자면 우리를 몇 개의 기호로 표현할 수 있게 된다. PCA 기법은 나의 친구들을 ●의 집단, □의 집단, ×의 집단으로 간주하는 것이 어느 정도 타당하다고 말해준다.

이렇게 우리 자신을 기호들의 집단으로 간주함으로써 우리는 심리학에서 '빅파이브The Big Five'라고 부르는 성격 특징들의 목록에 도달한다.

심리학자들의 성격 연구는 친구들과 지인들에 대한 우리의 일상적 이해를 기초로 삼는다. 사교적이고 말이 많으며 타인들과 어울리고 야외로 나가는 것을 좋아하는 사람들이 있다는 사실은 누구나 안다. 우리는 그들을 '외향적인 사람extrovert'이라고 부른다. 또 독서와 컴퓨터 프로그래밍을 좋아하고 혼자 있는 것을 즐기며 타인과 함께 있을 때도 말수가 적은 사람들도 있다. 이런 사람을 우리는 '내향적인 사람introvert'이라고 부른다. 이것들은 그저 자의적인 용어에 불과하지는 않다. 이것들은 사람을 서술하는 방식으로서 옳고 유용하다.

하지만 우리가 타인에 대해서 품는 많은 직관에는 과학적 엄밀성이 없다. 친구와 동료를 서술하기 위해 사용할 수 있는 단어들은 많다. 예컨대 '따지기 좋아하는' '친화성 있는' '유능한' '순응적인' '이상적인' '단호한' '자기 절제에 능한' '우울한' '충동적인' 등의 형용사를 끝없이 열거할 수 있다. 이런 형용사들의 긴 목록을 입수하고, 응답자가 이를테면 '나는 할 일을 곧바로 해치운다'나 '나는 파티에서 많은 사람들과 대화한다' 같은 광범위한 질문의 설문지 조사를 실시하고 나면, 심리학자들은 PCA 기법에 의지하여 우리 성격의 바탕에 깔린 패턴들을 찾아낸다. 그리고 그 결과는 놀랄 만큼 일관적이다. 인간을 서술하는 형용사 각각을 차원으로 삼아 데이터를 회전시키면, 제시된 질문들의 유형과 상관없이 거의 모든 경우에 심리학자들은 똑같은 '빅파이브'를 성격의 성분들로 재발견한다. '빅파이브'란 개방성openness, 성실성conscientiousness, 외향성extroversion, 친화성agreeableness, 신경성neuroticism이다.[3]

이 다섯 가지 특징은 자의적인 선택이 아니라, 오히려 신뢰할 만하며 재현 가능한 측정의 결과다. 이 특징들은 인간이라는 것이 어떤 의미인지를 요약해준다.

미할의 발상은 이것이었다. '빅파이브' 성격 특징들이 신뢰할 만하고 페이스북의 '좋아요'를 지능지수와 정치적 견해의 예측에 사용할 수 있다면, 우리의 페이스북 사용 기록으로부터 성격을 예측하는 것도 가능해야 마땅하다. 실제로 연구해보니, 미할의 발상은 옳았다. 외향적인 사람들은 페이스북에서 춤, 연극, 술자리를 좋아한다. 내향적인 사람들은 애니메이션, 롤플레잉 게임, 테리 프래쳇의 환상소설을 좋아한다. 연구 결과, 신경성이 강한 사람들은 커트 코베인, 이모 음악emo music(감정 표현을 강조하는 록 장르―옮긴이)을 좋아했고 "때때로 나는 나 자신을 증오한다"라고 말했다. 평온한 사람들은 스카이다이빙, 축구, 경영을 좋아한다. 사람들이 누른 '좋아요'는 많은 전형적인 통념들이 옳다는 사실을 입증했지만, 예상 밖의 관련성도 적잖이 나타났다. 나는 비교적 평온한 사람인데, 축구를 엄청나게 좋아하는 반면 낙하산을 메거나 메지 않고서 비행기에서 뛰어내릴 생각은 거의 없다. 우리의 성격은 단일한 클릭이 아니라 다양한 '좋아요'들의 축적에서 드러난다.

우리는 매일 매시간 우리의 성격을 페이스북에 등록한다. 좋아요, 웃는 얼굴, 엄지 척, 찌푸린 얼굴, 하트를 클릭함으로써 말이다. 우리는 우리가 누구이고 무엇을 생각하는지를 페이스북에 알려주며 산다. 일반적으로 우리의 가장 가까운 친구들만 알 만큼 상세한 수준으로, 한 소셜미디어 사이트에 우리 자신에 관한 정보를 제공하며 산다. 그리고 우리의 친구들과 달리—그들은 세부사항을 잊어버리는 경향이 있고 우리에 관하여 너그러운 결론을 내린다—페이스북은 우리의 감정 상태를 체계적으로 수집하고 처리하고 분석한다. 페이스북은 수백 개의 차원들을 축으로 삼아 우리의 성격을 회전시키면서 우리를 바라보는 가장 냉철하고 합리적인 방향을 찾아낸다.

페이스북에서 일하는 연구자들은 우리의 차원들을 줄이는 기술을 숙달했다. 내 친구들을 대상으로 행한 연구에서 나는 32명이 올린 게시물의 차원 13개를 2개로 줄였다. 이 작업은 알고리즘에 의해 수행되었는데, 수행에 걸린 시간은 채 1초도 되지 않았다. 미할은 그와 유사한 알고리즘을 한 시간가량 작동시켜, 수만 명이 누른 차원 5만 5000개의 '좋아요'를, 그들의 성격을 예측하는 데 필요한 40여 개의 차원으로 환원했다. 하지만 페이스북의 작업은 전혀 다른 규모에서 이루어진다. 페이스북이 최신 기법들을 사용하여 10만 명이 누른 '좋아요'의 범주 100만 개를 단 몇백 개의 차원으로 줄이는 데 걸리는 시간은 1초 이내다.[4]

페이스북이 사용하는 기법들은 무작위성randomness을 다루는 수학에 기초를 둔다. 100만 개의 범주로 분류된 '좋아요' 데이터를 100만 번 회전시키려면—나의 연구에서처럼 범주가 15개일 때와 달리—오랜 시간이 걸린다. 따라서 그렇게 회전시키는 대신에, 페이스북 알고리즘은 우리를 서술할 때 기준으로 삼을 차원들의 집합 하나를 무작위로 선택하며 시작한다. 그런 다음에 알고리즘은 그 무작위 차원들이 얼마나 잘 작동하는지 평가하고 더 잘 작동하는 새로운 차원 집합을 찾아낸다. 이 작업을 몇 번만 반복하면, 페이스북은 사용자들을 서술하는 가장 중요한 성분들을 상당히 잘 알게 된다.

페이스북은 수백만 개의 '좋아요'를 몇백 개의 성분으로 환원할 수 있지만, 우리에게는 그 성분들을 가시화하는 것이 중요하다.[5] 우리의 뇌는 수백 차원이 아니라 2차원이나 3차원에서 작동하므로 금세 한계에 도달한다. 따라서 자기네가 우리를 어떻게 바라보는지를 더 쉽게 이해시키기 위하여 페이스북은 자사 알고리즘이 찾아낸 범주들에 이름을 붙였다. 그 회사가 당신의 특징을 어떻게 파악했는지 보려면, 우선 페이스북에 로그인해서 맨 위 오른쪽 구석의 삼각형을 눌러 메뉴를 내리고 "설정"을 클릭하라. 설정 화면에서는 "광고"를 선택하고, 이어서 "광고 설정"을 클릭한 다음에 "내 카테고리"를 클릭하라.

이런 식으로 페이스북의 광고 설정을 확인하는 방법이 〈뉴욕 타임스〉의 한 기사를 통해 널리 알려졌을 때, 그 방법을 실행해본 독자들은 자신에게 온갖 흥미로운 범주들이 할당되어 있는 것을 발견했다. 페이스북은 일부 사람들의 관심사를 "토스트" "예인선曳引船" "목" "오리너구리"로 파악했다.[6]

우스꽝스러운 일이라고 하지 않을 수 없을 텐데, 실제로 이 범주들을 본 사람들은 페이스북이 자신들을 오해한 것에 호쾌한 웃음을 터뜨렸다. 어쩌면 정말로 오해했을지도 모른다. 그러나 이 범주들을 볼 때 우리는 다음과 같은 점을 명심해야 한다. 그 범주들은 페이스북이 사용자들에 대해서 축적한 훨씬 더 깊은 알고리즘적 이해를 단어들로 표현하기 위한 노력의 결과일 따름이다. 우리를 범주화하는 알고리즘은 단어에 의존하지 않는다. 단어는 사람들의 관심사 사이의 통계적 관계를 이해하고자 하는 우리 인간을 도우려고 삽입되어 있을 뿐이다. 사실 그 관계들은 '토스트'나 '오리너구리' 같은 단어들로 표현될 수 없다. 어떤 단어로도 그 관계들을 제대로 표현할 수 없다. 페이스북이 우리에 대해서 축적한 고차원적 이해를 우리가 파악하는 것은 단적으로 말해 불가능하다.

미할은 나와 대화하면서 이 사실을 거듭 지적했다. 사람들은 타인을 고작 몇 차원으로—나이, 인종, 성별, 그리고 비교적 친근한

타인일 경우에는 성격 등에 따라서―생각하는 반면, 알고리즘들은 이미 수십억 개의 데이터 점을 처리하여 수백 차원으로 분류한다고 미할은 강조했다. 페이스북이 우리를 분류하는 방식을 우리가 이해하지 못한다면, 웃음거리가 되어야 할 쪽은 페이스북 알고리즘이 아니라 우리 자신이다. 우리는 우리 자신이 창조한 알고리즘의 출력을 완전히 이해할 능력을 더는 보유하고 있지 않다.

"우리가 어떤 이유에서건 아주 중요하다고 여기는 몇 가지 일들에서는 우리가 컴퓨터보다 더 나아요. 이를테면 걷기에서 우리는 컴퓨터를 능가하죠." 미할은 이렇게 말을 이어갔다. "하지만 컴퓨터는 우리가 절대로 하지 못하는 다른 지능적인 일들을 할 수 있어요." 미할이 보기에 주성분 분석은 인간의 성격에 대한 컴퓨터화된 고차원적 이해의 첫걸음이며, 그 이해는 현재 우리가 우리 자신에 대해서 보유한 이해를 능가할 것이다.

페이스북은 우리에 대한 고차원적 이해를 어떻게 활용할지에 관한 특허를 여러 건 보유하고 있다. 초기에 얻은 특허들 중 하나는 연애 중매에 관한 것이다.[7] 페이스북의 아이디어는, 사용자 친구들의 친구들 중에서 적당한 연애 상대를 물색한다는 것이다. 우리는 둘 다 알지만 그들은 서로 모르는 두 친구가 연애하면 멋진 한 쌍이 될 수도 있겠다는 상상을 자주 하지 않는가. 페이스북의 시스템은 사용자의 프로필에 기초하여 어울리는 연애 상대들을 제안할 수 있을 것이다. 페이스북의 특허 기술은 싱글 사용자들이 자기 친구들의 친구들 중에서 "원하는 특징, 관심사, 경험을 가진 연애 상대"를 검색할 수 있게 해준다. 그런 상대를 발견하면, 사용자는 자신과 그 상대를 모두 아는 친구에게 기꺼이 중매자로 나서주겠느냐고 물을 수 있다.

페이스북이 당신을 위해 연애 상대를 찾아줄 수 있다면 당연히 일자리도 찾아줄 수 있어야 할 것이다. 2012년, 과학자 도널드 클럼퍼Donald Kluemper와 동료들은 대학생 586명(주로 백인 여성)의 페이스북 프로필에 기초한 직업 적성 평가를 통해 그들의 취업 가능성을 신뢰할 만하게 예측할 수 있다는 사실을 발견했다.[8] 이런 식으로 페이스북과 기타 사회연결망 사이트를 활용하여 자동 구인구직 시스템을 구성하는 기술로 현재까지 여러 회사들이 특허를 신청했다.[9] 고용자의 입장에서 페이스북을 활용할 때의 장점은, 당신의 페이스북 프로필은—링크드인LinkedIn 같은 전문적 구인구직 서비스들과 달리—진정한 당신을 보여줄 개연성이 상당히 높다는 것이다.

또한 페이스북은 게시물들에서 당신의 심리상태를 파악하고, 사진들 속 표정에서 감정을 파악하고, 당신이 페이스북 화면과 상호작용하는 속도에서 집중도를 파악하는 방법을 모색하고 있다.[10] 그 기술들이 우리의 심리상태에 대한 통찰을 제공할 수 있다는 점은 학술연구에서 입증되었다. 예컨대 사용자가 컴퓨터로 일상적인 과제를 수행할 때 마우스를 움직이는 속도는 사용자의 확신이 어느 수준인지, 화면 속 대상에 대한 사용자의 감정이 어떠한지 알아내는 데 활용될 수 있다.[11] 주성분 분석 기법은 당신이 핸드폰이나 컴퓨터와 상호작용하는 방식을 분석함으로써 당신이 어떻게 느끼고

있는지를 가늠할 수 있다.[12]

이런 새로운 기술들은 심상치 않은 미래를 제안한다. 그 미래에 서는 페이스북이 우리의 모든 감정을 추적하고, 소비 선택과 인간 관계와 직업 경력과 관련하여 우리를 끊임없이 조작할 것이다.

당신이 페이스북, 인스타그램, 스냅챗, 트위터, 기타 소셜미디어 사이트를 일상적으로 이용한다면, 당신은 숫자에 압도되어 있는 것이다. 당신은 당신의 성격이 수백 차원의 공간 안에 한 점으로 놓이는 상황을 허용하고 있는 것이며, 당신의 감정이 수치화되고 당신의 미래 행동이 모형화되고 예측되는 상황을 허용하고 있는 것이다. 그 모든 일은 효율적으로 이루어질 뿐 아니라 자동으로, 우리 대다수가 거의 이해할 수 없는 방식으로 이루어진다.

5장

케임브리지 애널리티카의 과장 광고

2016년 미국 대통령 선거 직후, '케임브리지 애널리티카'라는 회사가 자사의 데이터 중심 캠페인이 도널드 트럼프의 승리에 결정적으로 기여했다고 선언했다. 그 회사의 웹사이트 첫 페이지에는 CNN, CBSN, 블룸버그, 스카이뉴스의 보도들을 짜깁기한 동영상이 게재되었는데, 어떻게 자기네가 온라인 표적 마케팅과 미시적 투표 데이터를 활용하여 유권자들에게 영향을 미쳤는지 설명하는 동영상이었다. 그 동영상은 정치 여론조사 전문가 프랭크 런츠Frank Luntz의 다음과 같은 발언으로 마무리되었다. "이제 케임브리지 애널리티카 외에는 어떤 전문가도 없습니다. 그 회사가 트럼프와 팀을 이뤄 승리할 길을 찾아냈습니다."

케임브리지 애널리티카는 자사의 홍보 자료에서 빅파이브 성격 모형을 대단히 강조했다. 그 회사는 미국 유권자 대다수에 관한 데이터 점 수억 개를 수집했다고 주장했다. 케임브리지 애널리티카의 주장에 따르면, 그 데이터를 이용하면 성별, 나이, 수입 등을 따지는 전통적 인구통계로는 알 수 없는 유권자의 성격을 파악할 수 있다. 4장에서 페이스북 성격 연구의 수행자로 등장한 미할 코진스키는 나와 대화하면서 자신은 케임브리지 애널리티카와 아무 관련이 없다고 아주 명확하게 밝혔지만, 그 회사가 표적 유권자들을 선정하기 위하여 그의 과학적 연구에서 사용한 것과 유사한 방법을 사용할 수 있다는 점은 인정했다. 만약에 케임브리지 애널리티카가 유권자들의 페이스북 프로필을 입수한다면, 어떤 유형의 광고가 그들에게 가장 큰 효과를 발휘할지 알아낼 수 있을 것이다.

생각만으로도 섬뜩한 일이다. 페이스북의 데이터는 우리의 관심사, 지능지수, 성격을 알아내는 데 쓰일 수 있다. 그런 다음에 적어도 이론상으로는 그 차원들(관심사, 지능지수, 성격)을 이용하여 우리 각자에게 호소력을 발휘할 수 있는 메시지를 선택해서 전송할 수 있다. 예컨대 지능지수가 낮은 개인에게는 힐러리 클린턴의 이메일 계정에 관한 검증 불가능한 음모론을 전송할 수 있을 것이다. 지능지수가 높은 개인에게는 도널드 트럼프가 실용주의적인 사업가라고 말해줄 수 있을 것이다. "아프리카계 미국인 친근성"(페이스북이 사용하는 용어)을 지닌 개인에게는 도심 재생에 관한 공약을 들려줄 수 있을 것이다. 실직한 백인 노동자에게는 이민자들을 막는 장벽의 건설에 대해서 이야기할 수 있을 것이다. "히스패닉 친근성" 을 지닌 유권자에게는 쿠바의 전 국가원수 카스트로가 지배하던 시절의 쿠바에 대한 엄격한 정책을 알릴 수 있을 것이다. 신경성 성격의 소유자들에게는 공포를 조장하는 메시지를 보내고, 친화성 있는 사람들에게는 공감이 담긴 메시지를 전송하며, 외향적인 사람들에게는 웃음을 유발하는 방식으로 메시지를 전달할 수 있을 것이다.

이런 방식의 캠페인에서 후보자는 전통적 미디어를 통한 주요 메시지의 전달에 초점을 맞추는 대신에, 선거를 폭넓게 조망하려 애쓰는 기자들과 언론사들의 평판을 떨어뜨리는 일에 초점을 맞출 수도 있을 것이다. 그렇게 매스미디어가 의문시되는 가운데, 개인 맞춤형 메시지는 개인들에게 직접 전달되어 그들의 기존 세계관에 들어맞는 선전용 정보를 제공할 것이다.

내가 케임브리지 애널리티카에 관심을 기울이기 시작한 2017년 가을에 그 회사는 트럼프의 승리에 자사가 기여한 바를 지금보다 훨씬 더 조심스럽게 이야기했다. 그보다 먼저 영국 일간지 〈가디언〉과 주간지 〈옵저버〉는 미국 대통령 선거와 영국의 브렉시트 투표에서 케임브리지 애널리티카가 데이터를 수집하고 공유한 방식의 여러 측면들을 상세히 다뤘다.[1] 그 결과로 당시에 케임브리지 애널리티카는 자사가 캠페인에 심리학을 이용한다는 사실을 대수롭지 않은 것으로 홍보하기 위하여 갖은 애를 쓰고 있었다. 그 회사는 '청중 분할audience segmentation'(사람들을 정해진 기준에 따라 세부 집단들로 분류하는 작업—옮긴이)을 위해 인공지능을 사용하고 있다고 밝혔으며 '성격'이라는 단어를 더는 사용하지 않았다.

나는 케임브리지 애널리티카의 홍보실과 여러 번 접촉하여 내가 기술 담당자와 대화할 수 있겠느냐고, 그 회사의 알고리즘이 어떻게 작동하는지에 대해서 문의할 수 있겠느냐고 물었다. 대답은 정중했지만, 내가 대화해야 할 상대는 웬일인지 늘 "공휴일이어서 자리에 없"거나 "현재 휴가 중"이었다. 변명을 담은 이메일들이 길게 이어지더니, 케임브리지 애널리티카는 나의 이메일 문의에 답변하기를 그쳤다.

그리하여 나는 정치적 성격에 기초한 선거 승리 전략이 어떻게 유효할 수 있을지를 스스로 알아내기로 결심했다.

미국 유권자들을 100차원 공간의 점들로 나타낸 화면을 우익 정치인들이 살펴보는 모습을 상상하기에 앞서, 컴퓨터 속의 차원들이 우리 인간을 얼마나 정확하게 대표할지에 대해서 생각해볼 필요가 있다.

만약에 내가 컴퓨터의 사고 능력을 유치하게 폄하하려 한다면, 나는 컴퓨터가 이진법으로—0과 1을 통해서—작동한다는 사실을 지적할 수 있을 것이다. 그러나 이것은 수학적 모형들을 서술하기에는 부적절한 방법이다. 사물을 흑백의 이진법으로 보는 주체는 실은 인간일 때가 많다. 우리는 "그 사람은 너무 멍청해서 이해하지 못해" "그분은 전형적인 공화당 지지자야" "그 사람은 모든 것을 트위터에 올려" 같은 말을 거의 반사적으로 내뱉는다. 그럴 때 우리는 그런 말이 정교하지 못하다는 점을 생각하지 않는다. 사람들은 세

계를 이진법으로 본다.[2]

잘 설계된 알고리즘은 사건을 두 범주 중 하나에 속하는 것으로 범주화하는 경우가 거의 없다. 대신에 알고리즘은 순위나 확률을 따진다. 페이스북 성격 모형은 각각의 사용자에게 '외향성/내향성' 순위를 부여하거나, 사용자가 '독신'일 확률이나 '파트너 있음'일 확률을 계산한다. 이런 모형들은 다양한 요인들을 고려하여 단 하나의 숫자를 산출하는데, 그 숫자는 특정 사실이 해당 개인에게 들어맞을 확률에 비례한다.

차원의 개수가 많은 데이터를 확률이나 순위로 변환하기 위해 사용하는 가장 기초적인 방법은 이른바 '회귀regression'다. 통계학자들은 거의 100년 전부터 회귀 모형들을 사용해왔다. 처음에 생물학에서 활용된 회귀 분석법은 경제학, 보험 산업, 정치학, 사회학으로 적용 분야를 넓혔다. 회귀 모형은 한 개인에 관하여 우리가 이미 보유한 데이터를 사용하여 우리가 그 사람에 관하여 모르는 어떤 사항을 예측한다. 그러려면—이 과정을 '모형 맞추기fitting the model'라고 한다—우선 우리가 예측하려 하는 사항이 이미 알려진 사람들의 집단이 필요하다.

예컨대 나이와 브렉시트 지지 사이의 관련성을 생각해보자. 영국의 유럽연합 탈퇴 여부에 관한 투표를 열흘 앞두고 '유고브YouGov'(영국에 본사를 둔 인터넷 기반 시장 조사 및 데이터 분석 회사—옮긴이)는 사람들에게 찬성표를 던질지 여부를 묻는 조사를 실시했다. 응답자들은 나이에 따라 18~24세, 25~49세, 50~64세, 65세 이상

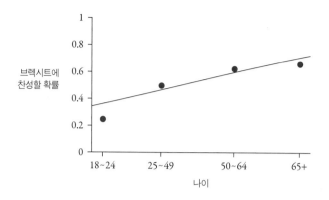

그림 5.1　응답자가 유럽연합 탈퇴에 찬성할 확률을 나이와 관련지어 보여주는 회귀 모형. 점들은 영국이 2016년에 유럽연합을 탈퇴해야 할지에 관한 투표를 코앞에 두고 유고브가 실시한 여론조사의 결과를 나타낸다.[3] 직선은 나이와 찬성 확률 사이의 관계를 보여주는 모형이다.[4]

의 네 집단으로 분류되었다. 그림 5.1은 각 집단의 응답과 내가 회귀 분석으로 찾아낸 모형을 보여준다. 그 모형은 응답자들의 나이와 응답 사이의 관계를 나타낸다. 응답자의 나이가 많을수록 유럽연합 탈퇴에 찬성할 확률이 더 높다.

　데이터 분석 회사들이 예측을 위해서 하는 일은 조사된 집단에 맞춘 모형을 이용하여 다른 집단의 선호를 추론하는 것이다. 한 개인의 나이를 알면, 그가 브렉시트 찬성표를 던질 확률을 그림 5.1에서 가늠할 수 있다. 그 모형에 기초하여 회사들은 '전형적인' 22세 유권자는 약 36%의 확률로 찬성표를 던지는 반면, '전형적인' 60세 유권자는 약 62%의 확률로 그렇게 하리라 추론할 것이다.

　회귀 모형들은 데이터를 완벽하게 대표하지 않는다. 실제 조사에서는 18~24세 응답자의 25%만이 브렉시트에 찬성했다(그림 5.1의 맨 왼쪽 점을 보라). 따라서 나의 회귀 모형은 젊은이들이 브렉시트를 원할 확률을 약간 과대평가한다. 많은 데이터 점들(이 예에서는 사람들의 나이와 투표 성향 사이의 관계를 보여주는 점들)을 단일한 공식으로 대표하려 애쓰는 회귀 모형에서는 이런 유형의 데이터-모형 불일치가 전형적으로 발생한다. 내가 이를 언급하는 것은 심각한 문제 제기를 하기 위해서가 아니라 조심성을 권하기 위해서다. 그런 불일치는 모형이 '잘못되었음'을 의미하지 않고 단지 회귀 분석법의 일반적 한계를 반영할 따름이다. 작은 불일치는 중대한 문제가 아니다. 모든 모형은 어느 정도 잘못되었으며, 이 예에서 그 '잘못되었음'은 용인할 수 있는 수준이다.

나의 브렉시트 모형은 오직 나이만 입력으로 삼기 때문에 예측력이 약하다. 가용한 입력들이 많을수록, 예측은 더 정확해진다. 브렉시트 투표의 경우, 여론조사자들은 비교적 나이가 많고 교육 수준이 낮고 노동자 가정 출신인 사람들이 브렉시트에 찬성한다는 사실을 발견했다.[5] 만약에 어느 홍보회사가 브렉시트 찬성 진영에 고용되어 투표를 독려할 표적 집단을 선정해야 했다면, 바로 그런 사람들에 초점을 맞춰야 했다. 브렉시트 반대 진영은 대학생들이 투표에 참여하는 쪽을 더 선호했을 것이다.

정치학자들은 오래전부터 회귀 분석법을 사용해왔다. 1987년 영국 총선 직후에 수행된 한 연구에서 연구자들은 유권자들의 성별, 나이, 사회적 계급, 인플레이션을 체감하는 정도를 조사하고, 이

요소들이 보수당보다 노동당을 선호할 확률에 어떤 영향을 미치는지 살펴보았다.[6] 연구 결과, 비교적 나이가 많은 남성들은 보수당에 투표할 확률이 더 높은 반면, 높은 인플레이션을 체감하는 노동계급 유권자들은 노동당에 투표할 확률이 더 높은 것으로 드러났다. 그 연구에서 얻은 회귀 모형에 입력들—성별, 나이, 계급, 인플레이션 체감도—을 집어넣으면, 해당 응답자가 노동당에 투표했을 확률이 출력으로 나온다.

케임브리지 애널리티카를 비롯한 오늘날의 데이터 분석 회사들은 1980년대에 쓰인 것들과 대체로 같은 통계학 기법들을 사용한다. 그 시절과 현재 사이의 가장 큰 차이는 회사들이 입수할 수 있는 데이터다. 지금은 우리의 페이스북 '좋아요', 온라인 여론조사 질문들에 대한 답변, 상품 구매 데이터가 회귀 모형에 입력될 수 있다. 단지 나이, 계급, 성별에 의지하여 우리를 규정하는 대신에, 케임브리지 애널리티카는 이 방대한 데이터를 이용하여 우리의 성격과 정치적 성격을 전반적으로 파악하는 것을 추구한다. 과거에 정치학자들은 유권자들의 정당 선호를 연구할 때 주로 사회경제적 배경을 중시했다. 반면에 케임브리지 애널리티카는 "각 개인의 조건화된 행동 패턴을 감안하여 미래 행동을 적절히 예측한다"라고 주장한다.[7]

케임브리지 애널리티카가 대규모 회귀 분석을 통해 우리의 정치적 성격을 파악하려면 방대한 데이터가 필요하다. 2014년, 케임브리지 대학교의 심리학자 알렉스 코건Alex Kogan은 자신의 과학 연구를 위하여 '머캐니컬 터크Mechanical Turk'라는 크라우드소싱 장터(대중의 참여로 기업이 해결책을 얻는 활동인 '크라우드소싱'이 이루어지는 장소—옮긴이)를 통해 데이터를 수집하고 있었다. 알렉스는 나에게 그 장터를 "현금을 대가로 임무를 수행하려는 사람들이 모인 커다란 마당"이라고 소개했다. 과학 연구를 위하여 알렉스는 그 사람들에게 대수롭지 않은 듯한 수고를 요청했다. 즉, 응답자 자신의 소득과 페이스북 사용 시간에 관한 두 개의 질문에 답한 다음에, 버튼을 한 번 눌러서 알렉스와 동료들이 그 응답자의 페이스북 프로필을 보는 것을 허용해달라고 했다.

그 연구는 사람들이 자신과 친구들의 페이스북 데이터를 연구자들에게 얼마나 기꺼이 공개하는지를 극적으로 보여주었다. 또한 당시에는 연구자들이 페이스북 데이터를 입수하기가 놀랄 만큼 쉬웠다. 그 사회연결망 사이트의 허가만 받으면, 응답자들 친구들의 위치와 '좋아요'에 관한 데이터도 입수할 수 있었다. 알렉스의 연구에 자발적으로 참여한 사람들의 80%는 단돈 1달러에 자신의 프로필과 친구들의 위치 데이터를 제공했다. 그들 각자의 페이스북 친구는 평균 353명이었다. 연구 참여자는 857명에 불과했지만, 알렉스와 동료들은 그들의 친구 28만 7739명의 데이터를 입수했다. 이것이 사회연결망의 위력이다. 연구자가 소수의 사람들로부터 데이터를 수집하면 그들의 친구들에 관한 방대한 데이터도 입수할 수 있다.

그 시점부터 알렉스는, 전 세계의 고객에게 정치적·군사적 분석을 제공하는 회사들의 집단 'SCL'의 대표들과 접촉하기 시작했다. 원래 SCL은 알렉스에게 설문지 설계를 맡길 계획이었다. 그러나 머캐니컬 터크에서 엄청난 데이터를 수집할 수 있다는 사실을 SCL 대표들이 깨달으면서 논의의 주제는 방대한 페이스북 성격 데이터를 입수할 가능성으로 옮겨갔다. SCL은 훗날 케임브리지 애널리티카로 구체화된 정치 컨설팅 서비스를 준비하고 있었다. 그 서비스는 유권자들의 성격을 분석하여 고객의 선거 승리를 도울 것이었다. SCL이 필요로 하는 데이터 수집 방법을 바로 알렉스가 보유한 듯했다.

알렉스는 나에게 자신이 순박했다고 인정했다. 버클리 대학교에서 학부를 졸업하고 홍콩에서 박사학위를 받고 현재 케임브리지 대학교에서 연구하기까지, 그는 민간 기업과 일해본 경험이 전혀 없었다. "사업이라는 것이 어떻게 돌아가는지 제대로 알지 못했어요"라고 그는 말했다.

알렉스와 동료들은 SCL과의 협업에 동반된 윤리적 문제들과 위험을 고려하여 그 기업 집단을 위한 데이터 수집과 케임브리지 대학교에서의 연구를 확실히 분리했다. 그런데 그들은 머캐니컬 터크를 통해서는 필요한 규모의 데이터를 신뢰할 만하게 수집할 수 없다는 점을 깨달았다. 그리하여 그들은 명망 있는 온라인 소비자 조사 서비스 '퀄트릭스Qualtrics'를 이용했다. 알렉스가 나에게 해준 말에 따르면, 앞선 연구들에서와 마찬가지로 그들은 응답자들에게 본인의 페이스북 프로필을 제공해줄 것을 요청했으며 당시에 있었던 모든 법규를 준수했다.

그러나 알렉스는 페이스북 데이터 수집에 관한 이야기를 들었을 때 사람들이 어떤 느낌을 받을지 고려하지 않았다. "생각해보면 꽤 역설적이에요"라고 하면서 그는 이렇게 덧붙였다. "내 연구의 많은 부분이 감정에 관한 것이거든요. 만약에 응답자들이 우리의 성격 분석 작업을 기괴하다거나 기분 나쁘다고 느낄 가능성을 고려했더라면, 우린 다른 결정을 내렸을 거예요."

훗날 〈가디언〉이 취재한 바에 따르면, 알렉스가 SCL의 자금으로 세운 회사는 미국 시민 20만 명의 페이스북 데이터와 설문지 답변을 수집했다.[8] 이 숫자는 그들이 직접 조사한 인원수에 불과하다. 조사에 자발적으로 참여한 사람들 친구들의 '좋아요' 데이터에 접근하는 것을 페이스북이 허용했기 때문에, SCL은 총 3000만 명 이상의 데이터를 확보했다. 그 방대한 데이터는 많은 미국인들의 정치적 성격을 포괄적으로 파악할 수 있게 해주었다.

케임브리지 애널리티카의 최고경영자 알렉산더 닉스Alexander Nix는 2016년 '콩코르디아 서밋Concordia Summit'에서 자신의 회사가 수행하는 연구에 관하여 발표했다. 그때 그는 자사가 사람들의 정치적 성격을 예측하는 것을 '기분 나쁘게' 느끼는 이들이 있다는 사실을 그리 신경 쓰지 않는 듯했다.[9] 그 직전에 닉스의 회사는 미국 대통령 후보 테드 크루즈를 도와 공화당 대선 후보 경선에서 그를 무명의 후보에서 선수 후보로 올려놓았다. 닉스는 어떻게 자신의 회사가 인종이나 성별, 사회경제적 배경을 기초로 표적 유권자를 선정하는 대신에 "미국의 모든 성인 각각의 성격을 예측할" 수 있는지에 대해서 연설했다. 신경성과 성실성이 높은 유권자들에게는 "수정 헌법 2조는 안전을 위한 정책이었다"라는 메시지가 전달되었다(미국 수정 헌법 2조는 개인의 총기 휴대를 허용한다—옮긴이). 전통적이고 친화적인 유권자들은 "무기 휴대의 권리가 아버지로부터 아들에게 대물림되는 것이 왜 중요했는가"에 관한 이야기를 들었다. 케임브리지 애널리티카는 "유권자들을 수십만 개의 데이터 점들로 나타냄으로써 어떤 메시지가 어떤 유권자에게 호소력을 발휘할지 정확히 알아낼 수 있다"라고 주장했다.

케임브리지 애널리티카의 기원은 현대적 음모론의 요소들을 모두 갖췄다. 그 회사는 테드 크루즈와 관련이 있을 뿐 아니라, 도널드 트럼프, 데이터 보안, 성격 심리학, 페이스북, 헐값에 자신의 데이터를 넘긴 머캐니컬 터크 사용자들, 빅데이터, 케임브리지 대학교의 학자들, 우익 포퓰리스트 스티브 배넌Steve Bannon(케임브리지 애널리티카의 임원), 최대 주주들 중 하나인 우익 투자자 로버트 머서Robert Mercer, 고문을 맡은 전직 국가안보보좌관 마이클 플린Michael Flynn, (신뢰성이 약간 떨어지는 이야기에 따르면) 러시아의 지원을 받는 자들과 관련이 있다. 나는 케임브리지 애널리티카의 내막을 다루는 영화를 상상할 수 있다. 주인공인 심리학자는 제시 아이젠버그가 연기하는 것이 적합할 듯하다. 그 심리학자는 자신의 회사인 케임브리지 애널리티카가 추구하는 진짜 목표를 점차 깨닫는다. 그것은 정치적 이익을 위해 우리의 모든 감정을 조작하는 것이다.

이런 식으로 보면, 섬뜩한 상황이다. 그러나 투표 패턴을 예측하는 데 쓰이는 모형들을 자세히 살펴보았을 때 나는 중요한 성분 하나가 빠져 있다고 느꼈다. 그것은 알고리즘이다. 나는 닉스의 거창한 주장들이 과연 꼼꼼한 검사를 통과할 수 있는지 여부를 직접 확인하고 싶었다.

나는 알렉스 코건이 수집한 데이터에 접근할 권리가 없지만—그 데이터가 어떻게 처리되었을지에 대해서는 나중에 다시 이야기하겠다—미할 코진스키와 동료들이 심리학과 대학생들을 위해 마련한 교육용 패키지를 이용할 수 있다. 그 패키지는 익명의 페이스북 사용자 2만 명의 데이터에 기초하여 회귀 모형을 만드는 연습에 쓰인다. 나는 패키지를 다운로드하여 컴퓨터에 설치했다. 데이터에서 미국에 사는 페이스북 사용자 1만 9742명 가운데 민주당이나 공화당을 지지한다고 밝힌 인원은 4744명에 불과했다.[10] 그들 중 31%가 공화당 지지자였다. 바꿔 말해 데이터가 수집된 2007년에서 2012년 사이에는 페이스북에서 민주당 지지자가 과반수였다. 나는 그 데이터를 활용하여 페이스북 차원 50개를 입력으로 지닌 회귀 모형을 제작했다. 모형의 출력은 특정 개인이 공화당을 지지할 확률이다.

모형 맞추기, 곧 모형을 데이터에 맞게 조정하는 작업에 이은 다음 단계는 모형의 성능을 검사하는 것이다. 회귀 모형의 정확성을 검사하는 좋은 방법 하나는 민주당 지지자 한 명과 공화당 지지자 한 명을 무작위로 선택한 다음에 그들 중에서 누가 공화당 지지자인지를 그들의 페이스북 프로필에 기초하여 예측하라고 모형에게 요구하는 것이다. 이것은 직관적으로 타당한 정확도 측정법이다. 당신이 그 사람들과 마주친다고 상상해보라. 당신은 그들의 취향과 취미에 관한 질문 몇 개를 던질 수 있다. 그런 다음에 당신은 누가 어느 정당을 지지하는지 판단해야 한다. 당신은 얼마나 높은 확률로 옳은 판단을 내릴까?

페이스북 데이터에 기초한 나의 회귀 모형은 정확도가 매우 높다. 그 모형은 9회의 시도 중 8회에서 페이스북 사용자의 정치적 성격을 옳게 판단한다. 민주당 지지자들의 '좋아요'가 몰리는 주요 구역은 버락 오바마와 미셸 오바마, 미국 공영 라디오, 테드 강연, 해리 포터, '과학이 겁나 좋아I Fucking Love Science' 웹페이지, 그리고 〈콜베어 르포〉와 〈데일리 쇼〉 같은 진보적 시사 프로그램이다. 공화당 지지자들은 조지 W. 부시, 성서, 컨트리 음악, 캠핑을 좋아한다.

민주당 지지자들이 오바마 부부와 〈콜베어 르포〉를 좋아하는 것이나 많은 공화당 지지자들이 조지 W. 부시와 성서를 좋아하는 것은 그리 놀라운 일이 아니다. 그래서 나는 정치적 성격을 명백하게 판단할 수 있게 해주는 일부 '좋아요'들을 제거하고 다시 회귀 분석을 수행하면 모형의 성능이 대폭 떨어지는지 실험해보았다. 놀랍게도 새 모형은 여전히 85%의 정확도를 나타냈다. 성능이 원래 모형보다 약간만 떨어진 것이다. 새 모형은 '좋아요'들의 조합에 기초하여 정치적 성격을 판단했다. 예컨대 레이디 가가, 스타벅스, 컨트리 음악을 좋아하는 사람은 공화당 지지자일 확률이 더 높지만, 레이디 가가의 팬이면서 얼리샤 키스(미국 가수―옮긴이), 해리 포터를 좋아하는 사람은 민주당 지지자일 확률이 더 높다. 수많은 '좋아요'에 기초한 다차원적 모형은 바로 이런 식으로 예상치 못한 유용한 결과들을 산출한다.

이런 유형의 정보는 정당에게 매우 유용할 수 있다. 민주당은 전통적 진보 미디어 사용자들을 향한 캠페인에만 집중하는 대신에 해리 포터 팬들의 표를 얻는 일에 집중할 수 있을 것이다. 공화당은 스타벅스 커피를 마시는 사람들과 캠핑을 즐기는 사람들을 표적으로 삼을 수 있을 것이다. 레이디 가가 팬은 양쪽 정당 모두가 조심스럽게 다뤄야 한다. 물론 직접 비교하기는 어렵지만, 페이스북에 기초한 회귀 모형의 정확도는 전통적인 예측 방법들을 능가하는 듯하다. 예컨대 1987년 영국 총선을 연구한 학자들은 인플레이션 수준이 낮다고 느끼는 중산층 65세 남성 유권자가 노동당보다 마거릿 대처의 보수당을 선호할 확률을 약 79%로 계산했다. 따라서 이 '전형적인 토리당 지지자들'이 정말로 보수당에 투표한다는 전제 아래 제작한 모형은 적어도 21%의 확률로 오류를 범할 것이었다.

여기까지는 알렉산더 닉스와 그의 회사에 대해서 흠잡을 거리가 없다. 그러나 그냥 넘어가지 말고 더 꼼꼼하게 한계들을 살펴보자.

첫째, 회귀 모형 자체에 근본적인 한계가 있다. 알고리즘의 출력은 이진법이 아니라는 사실을 상기하라. 또 그림 5.1에서 보았듯이, 모형은 데이터를 완벽하게 재현하지 않는다. 우리는 모형이 개인의 정치적 성격을 100% 확실하게 알려주리라고 기대할 수 없다. 케임브리지 애널리티카나 기타 회사가 당신의 페이스북 데이터를 들여다보고 확실히 정확하게 결론들을 도출한다는 것은 불가능하다. 물론 당신이 버락 오바마나 테리사 메이(영국 정치인—옮긴이)라면 사정이 다를 수도 있겠지만, 평범한 경우에 분석가들이 할 수 있는 최선은 당신이 특정한 정치적 견해를 지녔을 확률을 회귀 모형을 사용하여 계산하는 것이다.

회귀 모형들은 골수 민주당 지지자와 공화당 지지자에게는 아주 잘 들어맞지만—앞서 언급했듯이, 정확도가 약 85%에 달한다—이 유권자들에 관한 예측은 선거 캠페인에서 그리 유용하지 않다. 이미 알려진 지지자들의 표는 어느 정도 확보된 것으로 간주된다. 그들을 선거 캠페인의 표적으로 삼을 필요는 없다. 게다가 내가 페이스북 데이터에 맞게 제작한 모형은 자신의 정치적 성격을 프로필에 밝히지 않은 76%의 사람들에 대해서는 아무것도 알려주지 못한다. 그 데이터는 민주당 지지자들이 해리 포터를 좋아하는 경향이 있다는 사실을 보여주지만, 다른 해리 포터 팬들도 반드시 민주당을 지지한다고 말해주는 것은 아니다. 이것은 모든 통계 분석에 내재하는 고전적인 문제다. 이 문제의 핵심은 상관성을 인과관계로 착각할 위험성이다.

둘째 한계는 예측에 필요한 '좋아요'의 개수에 관한 것이다. 회귀 모형은 예측 대상인 개인이 50개 이상의 '좋아요'를 눌렀을 때만 유효하고, 정말로 신뢰할 만한 예측을 하려면 몇백 개의 '좋아요'가 필요하다. 그런데 과거의 조사 결과, 50개가 넘는 사이트에 '좋아요'

를 누른 페이스북 사용자들은 전체의 18%에 불과했다. 이 조사 결과를 입수한 페이스북은 표적 광고의 효율을 높이기 위해 사용자들의 '좋아요'를 늘리려고 애썼고 성과를 거뒀다. 그러나 여전히 나 자신을 비롯한 많은 사람들은 페이스북에서 '좋아요'를 그리 자주 누르지 않는다. 내가 누른 '좋아요'의 개수는 전부 다 합쳐서 4개에 불과하다. 나는 나 자신의 『축구수학』 웹페이지, 지역 자연보호구역 웹페이지, 아들의 학교 웹페이지, 유럽연합 연구 페이지에 '좋아요'를 눌렀다. 아무리 좋은 회귀 모형이라도 데이터가 없으면 작동할 수 없다.

셋째 한계는 우리의 성격을 파악하겠다는 닉스의 발상 자체에 있다. 알고리즘이 사람들의 '좋아요'에 기초하여 신경성이 높은 사람들과 친화성이 높은 사람들을 신뢰할 만하게 식별할 수 있을까? 내가 사용한 데이터는 빅파이브 성격 특징들을 측정한 성격 검사 결과도 포함하고 있었다. 나는 그 검사 결과를 이용하여, 임의로 선정한 두 사람 가운데 어느 쪽이 신경성이 더 높은지를 회귀 모형이 판별할 수 있는지 여부를 시험했다. 그 결과는, 판별하지 못한다는 것이었다. 나는 데이터에서 무작위로 두 사람을 선정하여 그들의 신경성 점수를 성격 검사 결과에서 확인했다. 그런 다음에 페이스북 '좋아요'를 기초로 삼은 한 회귀 모형의 예측과 그 점수를 비교했다. 성격 검사 결과와 회귀 모형의 예측이 일치하는 경우는 60%에 불과했다. 만약에 내가 무작위로 예측했다면, 일치 비율은 50%였을 것이다. 요컨대 회귀 모형의 성능은 무작위 예측보다 약간 더 나은 수준에 불과했다.

　개방성에 대한 판정에서는 회귀 모형의 성능이 약간 더 나았다. 시험 결과, 정확도가 약 66%로 나왔다. 그러나 외향성, 성실성, 친화성에 대해서 똑같은 시험을 하자 신경성에 관한 시험에서와 유사한 결과가 나왔다. 즉, 그 모형의 정답률은 무작위 예측보다 약간 더 나은 수준인 60%였다.

　이 시점부터 나는 나의 연구 결과를 앞에 놓고 알렉스 코건과 토론하기 시작했다. 그는 초기에 케임브리지 애널리티카의 데이터 수집을 도운 심리학자다. 처음에 그는 나와 대화하기를 꺼렸다. 왜냐하면 케임브리지 어낼리티카를 다룬 〈가디언〉의 기사와 여러 온라인 블로그에서 자신이 부당하게 묘사되었다고 느꼈기 때문이다.[11] 그러나 페이스북에 기초하여 성격을 예측하는 것에 관한 나의 연구 결과를 알려주자, 그는 마음을 열기 시작했다.

　알렉스도 나와 유사한 연구 결과를 얻은 바 있었다. 그는 케임브리지 애널리티카를 비롯한 회사나 개인이 사람들의 성격을 효과적으로 분류하는 알고리즘을 만들어낼 수 있다고 믿지 않았다. 그는 컴퓨터 시뮬레이션과 트위터를 함께 이용하여 연구하고 있었는데, 연구의 목적은 우리의 디지털 발자국에 기초하여 성격의 특징들을 측정하는 것이 가능하기는 하지만 그 신호가 충분히 강하지 않기 때문에 우리에 관하여 신뢰할 만한 예측을 할 수는 없음을 보여주는 것이었다. 알렉스는 알렉산더 닉스에게 우호적이지 않았다. "닉스는 자기가 하는 말을 거의 이해하지 못해요"라고 그는 나에게 말했다. "그는 [성격 알고리즘을] 홍보하려고 애써요. 왜냐하면 케임브리지 애널리티카가 보유한 비밀병기에 대해서 떠드는 것이 그에게 커다란 금전적 이익이 되기 때문이에요."

이 대목에서 과학적 발견─특정한 페이스북 '좋아요' 집합은 성격 검사 결과와 관련이 있다는 것─과 그 발견에 기초하여 신뢰할 만한 알고리즘을 구현하는 일─당신이 어떤 유형인지 옳게 예측하는 공식을 개발하는 것─을 구별하는 것이 중요하다. 과학적 발견은 참이고 흥미로울 수 있다. 그러나 (성격 예측의 경우에서처럼) 발견된 상관성이 아주 강하지 않다면, 과학적 발견에 기초하여 개인의 행동을 신뢰할 만하게 예측하는 것은 불가능하다.

과학적 연구 결과와 응용 알고리즘 사이의 구별이 흐릿해지는 이유 중 하나는 언론이 이런 연구 결과들을 다루는 방식에 있다. 2015년 1월, 잡지 〈와이어드〉는 "어떻게 당신의 친구들보다 페이스북이 당신을 더 잘 알까"라는 제목의 기사를 게재했다. 영국 신문 〈텔레그래프〉는 한 걸음 더 나아가 "당신의 가족[!]보다 페이스북이 당신을 더 잘 안다"라고 표제를 달았다. 이에 질세라 〈뉴욕 타임스〉는 "다른 누구보다도 페이스북이 당신을 더 잘 안다"라는 표제로 다른 모든 매체를 능가했다.

이 모든 제목에 이은 기사들은 동일한 과학 논문을 다뤘다. 그 논문의 저자들─우 유유$^{Wu\ Youyou}$, 미할 코진스키, 데이비드 스틸웰─은 성격 관련 질문들에 대한 페이스북 사용자의 대답을 그의 '좋아요'들로부터 얼마나 잘 예측할 수 있는지 연구했다. 하지만 나의 연구와 달리 그들의 연구는 '좋아요'에 기초한 회귀 모형의 예측들을 페이스북 사용자의 직장 동료, 친구, 친척, 배우자가 작성한 그의 성격에 관한 설문지 답변 10개와 비교했다. 방금 언급한 매체들이 다양한 표제로 요약하려 애쓴 과학적 연구 결과는 친구들과 가족의 답변보다 연구자들의 통계학적 모형이 페이스북 사용자의 성격 검사 결과와 더 높은 상관성을 나타냈다는 것이었다.

더 높은 상관성은 더 나은 예측을 함축하지만, 다른 누구보다 페이스북이 당신을 더 잘 안다는 것도 함축할까? 당연히 그렇지 않다. 나는 스카버러 소재의 토론토 대학교 경영학과 조교수 브라이언 코널리Brian Connelly에게 그 연구에 대한 의견을 물었다. 코널리는 개인이 직장에서 나타내는 성격을 연구한다. "미할 [코진스키]의 연구는 흥미롭고 도발적입니다. 하지만 나는 언론이 그 연구를 선정적으로 다루고 있다고 생각해요." 이어서 그는 이렇게 덧붙였다. "'잠정적 결과들은 페이스북이 일부 사람들을 그들과 가까운 지인들 못지않게 잘 안다는 사실을 시사한다' 같은 더 적절한 표제는 그다지 화끈하지 않잖아요." 브라이언이 제안한 표제가 정확한 요약이다. 과학은 흥미롭지만, 페이스북이 당신의 정치적 성격을 파악하고 겨냥할 수 있다는 증거는 아직 없다.

케임브리지 애널리티카에 대한 관심은 나를 수많은 블로그와 프라이버시 활동가들의 웹사이트로 이끌었다. 링크들을 따라가다가 어느 젊은 데이터 과학자가 제작한 유튜브 동영상을 발견했다. 그는 현재 케임브리지 애널리티카의 직원인데, 동영상의 내용은 그가 회사에서 인턴으로 일할 때 수행한 연구 프로젝트를 소개하는 것이다. 그는 영화 〈그녀*Her*〉를 언급하는 것으로 운을 뗀다. 그 영화에서 호아킨 피닉스가 연기한 주인공 시어도어는 컴퓨터 운영시스템OS과 사랑에 빠진다. 영화 속에서 컴퓨터는 시어도어의 성격을 깊이 이해하게 되고, 인간과 운영시스템이 서로 사랑에 빠진다. 젊은 데이터 과학자는 이 이야기를 뼈대로 삼아서 "인간보다 컴퓨터가 우리를 더 잘 이해하게 되는 날이 올까?"에 관한 5분짜리 발표를 이어간다.

그 데이터 과학자는 그런 날이 온다고 말한다. 그의 발표는 온라인 활동과 성격에 관한 연구를 차근차근 소개한다. 그는 빅파이브 성격 특징들을 이야기한다. 어떻게 페이스북 프로필이 설문조사를 대체할 수 있는지 간략하게 설명하고, 자신의 회귀 모형에서 얻은 결과가 우리의 성실성과 신경성을 알려준다고 주장한다. 개인을 겨냥해서 적합한 정치적 메시지를 날려보내는 방법을 이야기하고, 다음과 같은 주장으로 발표를 마무리한다. "당신의 페이스북 '좋아요'들과 나이, 성별을 입력하면, 저의 모형은 당신이 얼마나 친화적인지를 당신의 배우자 못지않게 잘 예측할 수 있습니다." 언젠가 우리는 우리의 파트너보다 우리를 더 잘 이해하는 컴퓨터와 사랑에 빠질지도 모른다고 그는 말한다.

나는 동영상 속의 데이터 과학자가 자신의 말을 정말로 믿는지 의심하기 시작했다. 동영상 시청자들이 자신의 말을 믿으리라는 기대를 그가 품고 있는지조차 의심스러웠다. 그가 말하는 '연구'란 데이터 과학자들에게 영감을 주기 위해 마련된 ASI 데이터 과학 프로그램에서 8주짜리 연수를 받으면서 얻은 결과물이다. 설령 이것이 일종의 관례적 발표라 하더라도, 나는 그 동영상이 몹시 거슬린다. 출연자는 최고 수준의 과학 교육을 받은 젊은이다. 그는 케임브리지 대학교에서 이론물리학 박사학위를 받았다. 따라서 내가 품은 것과 똑같은 의심을 그가 조금이라도 품지 않았다면, 그것은 나로서는 이해하기 어려운 일이다. 나는 그에게 묻고 싶다. "당신의 모형을 장기적으로 시험하고 검증해봤나요? '좋아요'들을 통한 신경성 예측이 무작위 예측보다 약간 더 나은 수준에 불과하다는 사실에 대해서 어떻게 생각하세요?"

ASI 프로그램은 그로 하여금 이런 의심들을 제쳐두고 연구 프로젝트를 발표하도록 고무한 모양이다. 이 발표를 통해 그가 개인적으로 얻은 성과는 케임브리지 애널리티카의 고용 제안이었고, 그는 지체 없이 제안을 수락했다.

나는 그 젊은이를 모르지만 그와 유사한 많은 젊은이들을 안다. 나는 그런 젊은이들과 일하고, 박사과정 학생이거나 석사과정 학생이거나 학부 학생인 젊은이들을 가르친다. 내가 그 동영상을 보면서 느낀 것은 나 자신이 실패했다는 뼈아픈 느낌이었다. 케임브리지 애널리티카를 비롯한 회사들은 대학교가 이런 유형의 야심 찬 젊은이를 공급해주기를 바란다. 연구도 할 수 있고 연구 결과를 이해하기 쉽게 발표할 수도 있는 젊은이를 말이다.

우리는 흥미진진한 시대에 살고 있다. 지금 우리는 데이터를 이용하여 더 나은 결정을 내릴 수 있고 사람들 각자에게 중요한 정보를 지속적으로 제공할 수 있다. 하지만 이런 권능은 우리가 할 수 있는 것과 할 수 없는 것을 신중하게 설명할 책임을 동반한다. 나와 동료들이 연구자들을 교육할 때, 우리는 그들의 권능을 이야기하면서 책임까지 함께 이야기해주는 것은 흔히 깜빡한다. 우리는 이 중요한 직업 분야를 경영 컨설턴트들에게 넘겨준 듯하다. 연구로부터 최대한의 효과를 뽑아내는 법을 데이터 과학자들에게 가르치는 경영 컨설턴트들에게 말이다.

동영상 속 젊은이는 숫자에 압도되었든지—즉, 자신이 발표하는 방법의 한계를 보지 못하든지—아니면 그 한계를 언급할 책임을 무시함으로써 시청자를 숫자로 압도하려 하든지, 둘 중 하나다. 신중한 과학자라면 '나의' 알고리즘이 당신을 당신의 파트너에 못지 않게 잘 안다고 주장하는 대신에 이렇게 말할 것이다. "페이스북을 많이 사용하는 개인들을 대상으로 미할 코진스키와 동료들이 수행한 한 연구는 그들의 '좋아요'들을 이용하여 성격 검사 결과를 예측할 수 있음을 보여주었다. 그러나 이 결과가 성격에 기초한 마케팅과 관련해서 어떤 함의를 지녔는지는 아직 불명확하다." 안타깝게도, 브라이언 코널리가 제안한 표제와 마찬가지로 이 장황한 진술은 확 와닿지 않는다. 또한 데이터 과학자를 고용하려고 물색하는 경영자는 미래의 직원이 5분짜리 발표에서 자신의 연구 방법을 설명하면서 이렇게 진술하는 것을 바라지 않는다. 신중한 과학은 정치 컨설팅 업계에서 인기가 없다.

트럼프가 대통령에 취임하고 몇 달 후, 케임브리지 애널리티카는 자사의 웹페이지에서 빅파이브 성격 모형에 대한 언급을 삭제했다. 신뢰할 만한 출처로부터 내가 들은 바에 따르면, 케임브리지 애널리티카가 트럼프 선거 캠프와 협업하기 시작한 시점보다 더 앞서서 페이스북은 이제껏 수집한 모든 '좋아요' 데이터를 삭제하라고 그 회사에 통보했다고 한다. 실제로 통보했다면, 데이터 사용에 관한 법규에 따라서 케임브리지 애널리티카는 페이스북의 요구에 응할 수밖에 없었을 것이다. 따라서 알렉산더 닉스가 콩코르디아 서밋에서 설명한 표적 홍보를 케임브리지 애널리티카가 트럼프의 선거전에서 시도하기라도 했을 개연성은 낮다. 웹페이지에서 성격 모형에 대한 언급을 삭제한 이래로, 그 회사는 알렉스 코건으로부터 입수한 페이스북 데이터를 트럼프 선거전에서 전혀 활용하지 않았을뿐더러 그 선거전 전체에서 성격에 기초한 표적 홍보가 실행되지 않았다고 주장해왔다.

2017년 1월, 뉴욕시 파슨스 디자인 학교의 조교수 데이비드 캐럴David Carroll은 케임브리지 애널리티카에 데이터 보호를 요청했다. 이에 대한 답변으로 그 회사는 자기네가 보유한 캐럴에 관한 정보의 목록을 알려주었다. 케임브리지 애널리티카는 캐럴의 나이, 성별, 주소를 보유하고 있었다. 과거에 캐럴이 어느 선거구에서 투표했는지도 표로 정리해놓았는데, 그 표를 보면 그가 민주당 경선에서 투표한 적도 있다는 사실을 알 수 있었다. 그 회사는 이 데이터를 이용하여 캐럴이 환경, 보건, 국가 부채 등의 다양한 사안들을 얼마나 중시할지 예측했다. 또한 그가 "공화당 지지자일 확률은 아주 낮으며" 투표 참여 성향은 "매우 높다"고 판단했다. 온갖 과장 광고로 호들갑을 떨었지만, 결국 케임브리지 애널리티카는 오래전부터 학교에서 가르치는 회귀 분석법으로 캐럴의 나이와 주소에 기초하여 그의 투표를 예측하고 있었던 것이다. 그 회사가 보유한 데이터와 사용한 기법은 알렉산더 닉스가 자랑한 개인 맞춤형 정치 홍보와는 거리가 한참 멀었다.

케임브리지 애널리티카 이야기는 무엇보다도 먼저 과장 광고에 관한 이야기다.(이 책이 인쇄될 즈음에 케임브리지 애널리티카의 과장 광고가 폭증했다. 더 많은 정보는 주석을 참조하라.[12]) 한 회사가 자신들이 데이터를 가지고 무엇을 할 수 있는지를 과장한 것이 핵심이다. 알렉산더 닉스도 자신이 케임브리지 애널리티카의 활동에 대해서 "어느 정도 과장을 섞어" 이야기해왔음을 인정했다. 그러나 이것은 한 사례에 불과하다. 페이스북과 스포티파이Spotify(스웨덴에 본사를 둔 음악 스트리밍 서비스—옮긴이)부터 여행사와 스포츠 컨설팅 회사까지, 온갖 업체가 우리를 분류하고 우리의 행동을 설명하는 알고리즘을 제공한다고 주장하는 오늘날, 나는 그 알고리즘들의 정확도에 대해서 더 많이 알아볼 필요가 있다. 과연 그 알고리즘들은 우리를 얼마나 잘 알까? 혹시 그것들은 더 위험한 다른 오류들을 범하고 있지 않을까?

6장

편향 없음은 불가능하다

성격 파악 알고리즘을 분석하는 작업은 나의 관점을 예상치 못한 방향으로 바꿔놓았다. 그 알고리즘들이 우리를 위험할 만큼 정확하게 예측하는 상황에 대한 나의 염려는 줄어든 반면, 알고리즘들이 광고되는 방식에 대한 염려는 증가했다. 케임브리지 애널리티카에 관하여 내가 내린 결론들은 뱅크시 논문을 읽고 나서 더 조심스럽게 내린 잠정적 결론들과 유사했다. 그 논문에서 연구자들은 뱅크시를 찾아내기 위하여 먼저 뱅크시가 누구인지 알 필요가 있었다. 알고리즘은 정치 캠페인이나 범죄 수사에서 데이터를 체계화하는 데 유용하다. 그러나 간단히 버튼을 누르면 그라피티 미술가가 발견되거나 신경성이 높은 공화당 지지자들의 명단이 나오는 것은 아니다.

우리는 흔히 우리가 어떤 사람인지에 대한 통찰을 제공하는 알고리즘, 우리가 미래에 어떻게 행동할지 예측하는 알고리즘에 대한 광고를 접한다. 우리가 채용될지, 대출을 승인받을지, 감옥에 수감되어야 할지를 결정하는 데 그런 알고리즘이 사용된다. 나는 알고리즘의 내부에서 무슨 일이 일어나고 알고리즘이 어떤 유형의 오류를 범할 수 있는지에 대해서 더 많이 알아볼 필요를 느꼈다.

미국의 일부 주에서는 형사 피고인의―대개 피고인이 보석을 신청했을 때 실시되는―위험 평가에 '콤파스COMPAS'라는 알고리즘이 사용된다. 몇몇 언론 기사들은 콤파스를 블랙박스로 묘사한다. 콤파스의 내부에서 일어나는 일을 알기가 어렵거나 불가능하다는 뜻이다. 나는 콤파스의 제작자 및 공급사 노스포인트Northpointe의 사장인 팀 브레넌Tim Brennan에게 연락하여, 그 알고리즘이 어떻게 작동하는지 설명해줄 의향이 있느냐고 물었다. 이메일이 몇 번 오간 후, 그는 알고리즘이 출력하는 점수가 어떻게 계산되는지 설명해주는 내부 보고서들을 보내주었다.[1] 그 후 나와 인터뷰할 때도 그는 알고리즘에 대해서 꽤 개방적이었으며 그것을 이해하는 데 필요한 구체적인 공식들을 알려주었다.

피고인의 재범 확률을 예측하기 위하여 팀의 모형은 피고인의 범죄 경력, 초범 당시의 나이, 현재 나이, 교육 수준, 그리고 한 시간 동안의 설문조사 중심 피고인 인터뷰에서 수집한 답변들까지 모두 종합하여 데이터로 사용한다. 이 모든 데이터를 사용하고 기존 피고인들의 재범 현황을 기초로 삼아서 적절한 통계학적 모형을 제작하는 것이다. 법규를 불이행하거나 위반한 경력이 있는 사람은 재범 확률이 더 높다. 교육 수준이 낮거나 마약을 한 사람들도 마찬가지다.[2] 경제적 문제가 있거나 이사가 잦다고 해서 재범률이 더 높지는 않다. 인구 전체에서 나타나는 이 같은 패턴들을 이용하여 그 모형은 개별 피고인의 재범 확률을 예측한다. 콤파스의 내부에서 작동하는 기술은 내가 이제껏 보아온 기술과 유사하다. 우선 주성분분석을 통해 데이터를 회전하고 환원한다. 그다음에 회귀 모형을 사용하고 역사적 사실들에 기초하여 재범 확률을 계산한다. 외부인인 내가 세부사항을 쉽게 이해했다고 주장할 생각은 없다. 내가 받은 기술 보고서들은 수백 쪽에 달했다. 그러나 그 모형에 대한 설명이 완전히 문서화되어 있었으며, 팀은 나에게 어떤 부분들이 가장 중요한지 일러주었다. 케임브리지 애널리티카를 상대해본 적이 있는 나는 노스포인트의 개방성이 매우 인상적이었다.

그러나 알고리즘의 제작자가 그것의 세부사항에 대해서 개방적이라는 사실은 그 알고리즘이 올바로 작동한다는 것까지 의미하지는 않는다. 2015년에 줄리아 앵윈은 한 기사에서 콤파스 알고리즘이 아프리카계 미국인에게 적대적인 편견을 지녔다고 주장했다.[3] 그녀가 속한 비영리 탐사보도매체 프로퍼블리카는 알고리즘이 편견을 지녔는지 여부를 확실히 알아내는 유일한 방법을 사용했다. 즉, 알고리즘의 예측들이 얼마나 우수한지 살펴보았다. 콤파스는 피고인이 미래에 범죄로 체포될 확률을 1에서 10까지 점수로 매긴다. 줄리아와 동료들이 얻은 결론은 명확했다. 재범 확률이 높다는 판정을 받은 흑인 피고인들 중 45%가 과도하게 높은 점수를 받았다는 사실이 발견됐다. 대조적으로 백인 피고인들 중에서 그런 오류판정을 받은 비율은 23%였다. 재범을 저지르지 않은 흑인 피고인이 고위험군으로 잘못 분류되었을 확률이 백인 피고인이 그렇게 분류되었을 확률보다 더 높았다.

줄리아와 동료들이 기사를 발표하자, 팀과 노스포인트는 신속하게 대응했다. 그들은 프로퍼블리카의 분석이 틀렸다고 주장하는 연구 보고서를 썼다.[4] 알고리즘이 오류를 범한다는 것의 의미를 줄리아와 동료들이 오해했으며, 콤파스는 백인 피고인들과 흑인 피고인들에게 "잘 맞게 성능이 조정되어 있다"라고 그들은 주장했다.

노스포인트와 프로퍼블리카가 벌인 논쟁은 편견이라는 문제가 얼마나 복잡한지를 나에게 일깨워주었다. 그들은 영리한 사람들이었고, 그들이 주고받은 논증과 반대 논증은 거의 100쪽에 달했다. 거기에 컴퓨터 코드와 추가적인 통계 분석들까지 보충되었다. 게다가 블로거, 수학자, 언론인들의 논평도 가세했다. 그들 모두가 그 문제에 나름의 관점을 추가했다. 편견을 정의하는 것은 까다로운 수학적 문제였고, 나는 그 문제를 이해하기 위해 자세히 들여다볼 필요가 있었다.

그리하여 나는 프로퍼블리카가 수집한 데이터를 다운받아서 연구에 착수했다.

프로퍼블리카의 논증과 노스포인트의 반대 논증을 이해하기 위하여 나는 콤파스가 백인 피고인들과 흑인 피고인들을 어떻게 분류했는지, 그리고 그들이 미래의 범죄로 체포되었는지를 보여주는 표를 다시 그렸다. 표 6.1은 프로퍼블리카가 플로리다주 브로워드에서 수집한 데이터를 보여준다. 표의 세로 열들은 콤파스가 '고위험군'과 '저위험군'으로 분류한 사람들의 명수를 보여준다. 표의 가로 열들은 실제로 재범을 저지른 사람들과 저지르지 않은 사람들의 명수를 보여준다.

흑인 피고인	고위험군	저위험군	총합
재범을 저지른 사람	1369	532	1901
재범을 저지르지 않은 사람	805	990	1714
총합	2174	1522	3615

백인 피고인	고위험군	저위험군	총합
재범을 저지른 사람	505	461	966
재범을 저지르지 않은 사람	349	1139	1488
총합	854	1600	2454

표 6.1 콤파스 알고리즘의 재범 위험 평가(세로 열들)와 평가 후 2년 내에 실제로 발생한 재범 데이터(가로 열들). '고위험군'과 '저위험군'의 정의를 비롯한 세부사항들은 프로퍼블리카의 분석을 참조하라.[5]

1분 정도 시간을 내어 표를 살펴보고, 콤파스 알고리즘이 편견을 지녔는지 여부를 판단해보라. 우선 고위험군으로 분류된 흑인과 백인이 얼마나 많은지 비교해보라. 총 3615명의 흑인 피고인 가운데 2174명이 고위험군으로 분류되었다. 따라서 흑인 피고인이 고위험군으로 분류될 확률은 2174/3615 = 60%다. 같은 계산을 백인 피고인에 대해서 해보면, 백인 피고인이 고위험군으로 분류될 확률은 34.8%라는 결과가 나온다. 요컨대 백인보다 흑인이 고위험군으로 분류될 확률이 더 높다.

그 자체만 놓고 보면, 이 차이는 알고리즘이 편견을 지녔다는 사실을 의미하지는 않는다. 왜냐하면 백인 피고인과 흑인 피고인의 재범률이 다르기 때문이다. 흑인 피고인의 52.9%는 2년 내에 또 다른 범죄로 체포된 반면, 백인 피고인에서는 그 비율이 37.9%다. 실제로 프로퍼블리카는 흑인 고위험군 비율과 백인 고위험군 비율의 차이를 근거로 콤파스 알고리즘을 비판하지 않았다. 줄리아와 동료들은 흑인 피고인의 재범률이 백인 피고인보다 더 높다는 사실을 인정한 상태에서 그 알고리즘의 문제를 분석했다.

알고리즘을 평가할 때는 흔히 '가짜 양성false positive'과 '가짜 음성 false negative'을 따지는 것이 유용하다. 콤파스 알고리즘에서 가짜 양성이란 재범을 저지르지 않을 사람을 고위험군으로 분류하는 것을 말한다. 즉, 모형의 예측이 양성이면서 오류인 경우가 가짜 양성이다. 가짜 양성 비율은 고위험군이면서 재범을 저지르지 않은 사람들의 수를 재범을 저지르지 않은 사람들의 총수로 나눈 값이다. 흑인 피고인에 대한 가짜 양성 비율은 805/1714, 곧 46.9%다. 반면에 백인 피고인에 대한 가짜 양성 비율은 23.5%다. 백인 피고인보다 흑인 피고인이 가짜 양성 평가를 받을 확률이 훨씬 더 높다.

당신이 경찰에 체포되었고 판사가 알고리즘으로 당신의 재범 가능성을 평가한다면, 당신에게 발생할 수 있는 최악의 일은 가짜 양성 평가를 받는 것이다. 진짜 양성true positive 평가는 정당하다. 실제로도 위험한 당신을 알고리즘이 위험하다고 평가한 경우니까 말이다. 반면에 가짜 양성은 당신의 가석방 신청이 부당하게 기각되거나 당신에게 과도한 형량이 선고되는 것을 의미할 수 있다. 그런 가짜 양성이 백인 피고인보다 흑인 피고인에게 더 자주 발생하고 있었던 것이다. 재범을 저지르지 않은 흑인 피고인들 중에서 거의 절반이 고위험군이었다.

거꾸로 백인 피고인은 가짜 음성 판정을 더 자주 겪는다. 즉, 알고리즘은 저위험군으로 판정했지만 실제로 재범을 저지르는 경우가 백인 피고인에서 더 많다. 백인 피고인에 대한 가짜 음성 비율은 461/966 = 47.7%, 흑인 피고인에 대한 가짜 음성 비율은 532/1901 = 28.0%다. 가짜 음성 비율이 높으면 사회에 해롭다. 왜냐하면 그 비율이 높다는 것은 구금되어야 할 사람이 석방되어 범죄를 저지른 경우가 많다는 사실을 의미하니까 말이다. 재범을 저지른 백인들 가운데 거의 절반이 저위험군이었다. 이렇게 가짜 양성 비율과 가짜 음성 비율을 따져보면, 콤파스 알고리즘은 정말로 아주 나빠 보인다. 흑인들을 필요 이상으로 오래 가둬두고 백인들을 풀어줘 재범을 저지르게 만들기 위해서 콤파스 알고리즘을 사용할 수도 있을 법하다.

이 비판에 맞서서 노스포인트는 콤파스의 예측이 옳았을 확률이 백인과 흑인에서 같았는지 여부를 기준으로 그 알고리즘을 평가해야 한다고 주장했다. 실제로 그 확률은 백인과 흑인에서 거의 같다. 표 6.1의 첫째 세로 열을 보라. 고위험군으로 분류된 흑인 피고인 2174명 가운데 실제로 재범을 저지른 사람은 1369명이다. 따라서 옳은 예측 확률은 63.0%다. 백인 피고인에서는 고위험군 854명 가운데 505명이 재범을 저질렀으므로, 그 확률은 59.1%다. 이처럼 흑인과 백인에서 옳은 예측 확률이 비슷하므로, 콤파스는 백인과 흑인 모두에게 적당하게 보정되어 있는 것이다. 특정 개인에 대한 콤파스의 위험 평가 점수가 판사에게 전달된다면, 인종과 상관없이 점수는 그 개인의 재범 확률을 반영할 것이다.

이처럼 서로 다른 두 가지 방법으로 콤파스의 편견을 판정하면 상반된 결과가 나온다. 가짜 양성과 가짜 음성에 관한 줄리아와 동료들의 논증은 강력하지만, 팀과 노스포인트의 동료들이 제시한 알고리즘 보정에 관한 반대 논증도 탄탄하다. 똑같은 데이터 표를 놓고 전문적인 통계학자들로 이루어진 두 집단이 상반된 결론을 내린 것이다. 어느 쪽도 계산 오류를 범하지 않았다. 과연 어느 쪽의 결론이 옳을까?

스탠퍼드 대학교 박사과정 학생들인 샘 코벳-데이비스Sam Corbett-Davies와 에마 피어슨Emma Pierson이 에비 펠러Avi Feller, 섀러드 고엘Sharad Goel 교수와 협력하여 이 수수께끼를 풀었다.[6] 그들은 콤파스 알고리즘이 인종에 상관없이 동등하게 우수한 예측을 한다는 사실을 표 6.1이 보여준다는 노스포인트 측의 주장을 입증했다. 그리고 수학자들이 좋아하는 방식대로, 더 일반적인 문제를 지적했다. 즉, 알고리즘의 예측이 두 집단에 대해서 동등하게 신뢰할 만하고 한 집단이 다른 집단보다 재범 확률이 높으면, 양쪽 집단에 대한 가짜 양성 비율이 같을 수는 없음을 증명했던 것이다. 흑인 피고인들이 더 자주 재범을 저지른다면, 그들이 가짜 양성 평가를 받을 확률이 더 높다. 이와 다른 결과가 나온다면, 그것은 알고리즘이 양쪽 인종에 대해서 동등하게 보정되어 있지 않다는 사실을, 바꿔 말해 백인과 흑인에 대해서 다른 평가를 내린다는 사실을 의미한다.

이를 더 잘 이해하기 위하여 사고실험을 해보자. 연구팀에서 일할 컴퓨터 프로그래머를 모집하기 위해 내가 페이스북에 구인광고를 올린다고 상상해보자. 그것은 쉬운 일이다. 나는 내 연구팀의 페이스북 페이지에 구인광고 게시물을 올린다. 그런 다음에 "게시물 홍보하기" 버튼을 클릭하여, 내 광고가 나의 표적 사용자들에게 더 잘 전달되게 만든다.[7] "타겟 만들기" 기능을 사용하면, 개에 관심이 있는 사람, 참전용사, 콘솔 게이머, 또는 모터사이클 소유자를 표적으로 정할 수 있다. 또 연기, 춤, 기타 연주 같은 취미를 가진 사람을 표적으로 정할 수도 있다.

페이스북은 남녀를 구별해서 표적으로 삼는 것을 허용하지 않으며, 나도 그런 표적 설정 기능이 있어야 한다고 생각하지 않는다. 그러나 중고등학교와 대학교에서 남성과 여성이 선택하는 과목들이 다르기 때문에, 여성보다 남성이 프로그래머 일자리에 관심이 더 많다는 점을 알고 있다. 논의를 단순화하기 위하여, 여성 1000명으로 이루어진 집단에서 프로그래머 일자리에 관심이 있는 인원은 125명인 반면, 남성 1000명으로 이루어진 집단에서 그 인원은 250명이라고 가정하자.

광고를 올리면서 나는 컴퓨터 프로그래머들에게 인기가 있을 만한 항목 몇 개를 클릭하기로 한다. 롤플레잉 게임, SF 영화, 만화. 틀림없이 효과가 있을 것이다. 나 자신이 컴퓨터과학 전공 대학생이었던 시절을 돌이켜보며 판단하건대, 많은 프로그래머들은 이 항목들을 아주 좋아한다. 이런 식으로 나는 우수한 구직자를 끌어모을 것이다. 이 일자리에 관심이 없는 사람들에게 광고하느라 돈을 낭비하지 않을 것이다.

나는 광고를 올리고, 기다린다.

만 하루 동안, 페이스북은 내 광고를 500명에게 보여주었다. 여성이 100명, 남성이 400명이다.

내가 이 결과를 당신에게 보여주자, 당신은 깜짝 놀라며 말한다. "당신의 광고 설정에 편향성이 있네요. 롤플레잉 게임? SF? 당신이 클릭한 항목들이 컴퓨터 괴짜들에게만 인기가 있는 것은 아니에요. 그것들은 전형적으로 여성보다 남성이 더 좋아하는 항목들이라고요. 당신의 알고리즘은 불공정합니다!"

"무슨 소리예요?" 내가 반발한다. "내가 통계 분석을 해봤어요. 내 알고리즘은 공정하다고요." 나는 당신에게 표 6.2를 보여준다. 내가 구사할 수 있는 가장 권위 있는 어투로 설명한다. "그 알고리즘이 광고를 보여준 여성 100명 가운데 50명이 그 일자리에 관심이 있었습니다. 그들은 구직에 나설 만했죠. 광고를 본 남성은 400명이었는데, 그중 200명이 관심이 있었어요. 그러니까 그 광고를 본 사람들 가운데 관심이 있는 사람의 비율이 남성과 여성에게서 똑같았다고요."[8]

여성	광고를 보았음	광고를 보지 않았음	총합
일자리에 관심 있음	50	75	125
일자리에 관심 없음	50	825	875
총합	100	900	1000

남성	광고를 보았음	광고를 보지 않았음	총합
일자리에 관심 있음	200	50	250
일자리에 관심 없음	200	550	750
총합	400	600	1000

표 6.2　나의 (사고실험) 페이스북 광고를 본 남성들과 여성들의 분포.

"하지만 광고를 본 남자가 네 배나 더 많잖아요!" 당신이 나의 괘씸한 숫자놀음에 분개하여 외친다. "게다가 당신은 그 일자리에 관심이 있는 여성이 최소한 남성의 절반은 된다는 걸 처음부터 알았잖아요. 당신은 사회에 만연한 편향성을 더 심화한 거라고요."

물론 당신도 일리가 있다. 내가 만든 광고가 여성들보다 남성들에게 네 배 많이 전달된 것은 불공정하다. 나는 노스포인트가 자사의 알고리즘을 정당화할 때 사용한 것과 똑같은 논리를 사용했다. 즉, 알고리즘의 성능을 통해 공정성을 정의했다. 특정 개인이 일자리에 관심이 있다는 알고리즘의 예측이 옳을 확률이 남성과 여성에게서 같으므로, 알고리즘은 공정하다고 말이다. 이것은 고위험군으로 분류된 피고인이 재범을 저지른 비율이 흑인과 백인에게서 거의 같다는 팀 브레넌의 논리와 같다. 나의 광고는 조정 편향을 제거하는 것에 중점을 두었다.

당신은 관대하게도 나와의 토론을 이어가기로 한다. 이제 당신이 페이스북 광고 알고리즘에서 몇 번의 추가 클릭으로 설정을 바꾼다. 그리고 우리가 함께 광고를 실행하고 그 결과를 살펴본다(표 6.3 참조). 이번에 그 알고리즘은 일자리에 관심이 있을 성싶은 여성 100명과 남성 200명에게 광고를 전달한다. 100대 200의 비율은, 그 일자리에 관심 있는 여성의 총합과 남성의 총합(125대 250)을 그대로 반영한 것이다. 보다시피 가짜 음성 비율(관심이 있는 사람들 중에서 광고를 보지 못한 사람들의 비율=1/5)이 남성과 여성에게서 동일하다.

주목할 점은 이것이다. 나는 당신의 설정에 따른 이번 광고도 편향성이 있다는 사실을 지적하지 않을 수 없다. 광고를 본 여성 가운데 일자리에 관심이 있는 비율은 1/3인 반면, 광고를 본 남성 가운데에서 그 비율은 1/2이다. 뿐만 아니라 광고를 보지 못한 사람들을 고려하면, 우리 알고리즘은 남성을 차별했다고 할 만하다. 광고를 보지 못한 남성 11명 중 1명은 일자리에 관심이 있다. 반면에 광고를 보지 못한 여성 가운데 일자리에 관심이 있는 사람은 27명 중 1명에 불과하다. 요컨대 우리의 새로운 알고리즘은 여성을 선호하도록 조정되어 있다.

여성	광고를 보았음	광고를 보지 않았음	총합
일자리에 관심 있음	100	25	125
일자리에 관심 없음	200	675	875
총합	300	700	1000

남성	광고를 보았음	광고를 보지 않았음	총합
일자리에 관심 있음	200	50	250
일자리에 관심 없음	200	550	750
총합	400	600	1000

표 6.3   설정을 수정하여 다시 실행한 (사고실험) 페이스북 광고를 본 남성들과 여성들의 분포.

불공정성은 두더지잡기 게임기에서 계속 튀어나오는 두더지와 유사하다. 한 구멍에서 나오는 두더지를 내리치면 다른 구멍에서 다른 두더지가 나온다. 당신이 직접 해보라. 가로와 세로가 각각 두 칸인 표 두 개를 만들고 1000명의 여성(이들 중 125명이 일자리에 관심이 있다)과 1000명의 남성(이들 중 250명이 일자리에 관심이 있다)을 어떤 편향성도 없도록 빈칸들에 배치해보라. 그것은 불가능하다. 양쪽 집단에서의 예측 성공률이 동일하면서 가짜 양성 비율과 가짜 음성 비율도 같은 그런 배치는 불가능하다. 항상 한 집단이 차별당하기 마련이다.

수학의 아름다움은 일반적인 결론을 증명할 수 있다는 사실에 있다. 코넬 대학교의 컴퓨터과학자 존 클라인버그Jon Kleinberg와 마니시 라거번Manish Raghavan은 하버드 대학교의 경제학자 센딜 멀레이너선Sendhil Mullainathan과 함께 표 6.2, 표 6.3과 유사한 2×2 빈도표 한 쌍에 숫자들을 어떤 편향성도 없게 배치하는 것은 불가능함을 증명했다. 나는 특정한 숫자들을 정해서 예로 들었지만, 존, 마니시, 센딜은 조정 편향calibration bias을 없애면서 두 집단에 대한 가짜 양성 비율과 가짜 음성 비율을 똑같게 만드는 것은 불가능함을 일반적으로 보여주었다.[9] 이 결론은 표에 어떤 숫자들을 집어넣든 간에 성립한다. 단 하나 중요한 예외가 있는데, 두 집단의 기본 특징이 동일한 경우다. 그러니까 오직 플로리다주 브로워드에서 흑인 피고인들의 재범률과 백인 피고인들의 재범률이 동일할 때만, 혹은 컴퓨터 프로그래밍을 전공하는 여성이 남성만큼 많을 때만, 우리는 편향성이 전혀 없는 알고리즘을 제작할 희망을 품을 수 있다. 우리가 사는 세계가 가능한 모든 면에서 평등하지 않다면, 우리는 알고리즘이 완벽하게 공정하기를 바랄 수 없다.

공정성의 공식은 존재하지 않는다. 공정성은 인간적인 무언가, 우리가 느끼는 무언가다. 나는 당신이 나의 광고 알고리즘을 수정한 것이 옳다고 느낀다. 나는 본능적으로 표 6.3이 표 6.2보다 더 마음에 든다. 인재를 뽑으려고 광고를 하는데, 여성 구직자보다 남성 구직자가 훨씬 더 많이 몰려오도록 광고를 내보내는 것은 옳지 않다고 느낀다. 또한 우리가 유능한 여성 프로그래머를 더 잘 찾아내는 알고리즘을 제작하기 위해 시간을 투자하는 것이 옳다고 나는 느낀다. 설령 그 알고리즘이 유능한 남성 프로그래머를 찾아내는 과제에서는 성능이 다소 떨어지더라도 말이다.

또한 나는 팀 브레넌을 비롯한 콤파스 알고리즘의 개발자들이 조정 편향의 제거를 강조한 것은 옳지 않다고 느꼈다. 만일 노스포인트가 흑인의 '고위험군' 여부를 더 잘 판별하는 알고리즘을 개발한다면, 설령 그 알고리즘이 백인에 대해서는 성능이 떨어지더라도 나는 그 알고리즘을 인종차별적이라고 여기지 않을 것이다. 그 알고리즘은 중요한 사회적 문제의 해결에 도움이 될 테니까 말이다.

프로퍼블리카의 데이터를 탐구하는 과정에서 나는 가짜 양성 비율이 더 낮은 알고리즘의 개발에 도움이 될지도 모를 흥미로운 단서를 발견했다. 콤파스 알고리즘을 둘러싼 논쟁에서 브로워드의 흑인 피고인들이 백인 피고인들보다 더 자주 재범을 저지르는 주된 이유는 거의 거론되지 않았는데, 실제로 그 이유는 간단하다. 흑인 피고인들은 체포 당시의 나이가 대개 더 어리다.[10] 그리고 일반적으로 젊은이는 재범을 저지를 확률이 더 높다.[11] 그러므로 만일 초범으로 체포되었지만 미래에 재범을 저지를 확률이 낮은 젊은이를 식별하는 더 나은 방법을 노스포인트가 찾아낸다면, 우리 대다수는 그 방법이 좋다고 동의할 것이다. 그런 방법은 의도치 않게 백인과 흑인 사이의 조정 편향을 유발할 것이다. 흑인 피고인들이 백인 피고인들보다 더 젊기 때문에, 젊은이에 대해서 성능이 좋은 모형은 평균적으로 흑인 피고인들에게서 더 나은 성능을 발휘할 것이다.

나는 팀에게 묻고 싶었다. '콤파스 알고리즘의 조정 편향을 없애는 것이 그렇게 중요합니까? 그 대신에—딱 한 번 어리석게 실수를 저질렀을 수도 있는—흑인 젊은이들이 감옥에 갇히지 않게 할 방법들을 궁리할 수도 있지 않을까요?'

나의 분석이 끝나고 며칠 후, 나는 용케 팀과 면담할 기회를 얻어 내 생각에 대한 그의 의견을 물었다. 참을성 있게 경청한 그는 범죄 경력, 약물 사용과 더불어 나이가 재범 예측의 가장 중요한 요소들 중 하나라는 것에 동의했다. 그러나 그는 미국에는 "인종들 간의 평등을 요구하는 헌법적 요건들"이 존재한다고 강조했다. 한 대법원 판례에 따르면, 특정 사안에 대하여 매우 강한 공적 이해관계가 있지 않은 한, 모형들은 모든 집단들에 대해서 동등하게 정확해야(즉, 조정 편향이 없어야) 한다. 따라서 팀과 동료들은 정확성의 향상과 조정 편향의 억제 사이에서 늘 '줄타기'를 하고 있다고 팀은 말했다.

팀은 통계학적 검사들을 통해 자신의 모형이 편향되지 않았다는 사실을 입증했다고 확신한다. 그는 이 주장을 뒷받침하는 독립적인 보고서 여러 건을 거론했다.[12] 프로퍼블리카의 기사는 사람들의 비판적 생각을 북돋기도 했지만, 엄격한 통계학적 방법을 판결에 사용하는 일에 관한 더 중요한 논쟁에 관심이 집중되는 것을 방해하기도 했다고 팀은 말했다. "판결들의 정확도를 따져보면, 콤파스의 위험 평가가 인간의 판단보다 훨씬 더 앞서 있습니다. 특히 흑인 피고인들에게 [백인에 비해 월등히 많은] 피해를 줄 수 있는 가짜 양성 판결에서 그렇습니다."

프로퍼블리카가 형사 판결에서 알고리즘의 역할에 대해 연구하기에 앞서, 버클리 소재 골드먼 공공정책 학교의 제니퍼 스킴Jennifer Skeem 교수는 PCRA라는 판결 알고리즘에 대한 포괄적 평가를 수행했다. 제니퍼는 그 알고리즘이 흑인 피고인과 백인 피고인에 대해서 똑같이 잘 조정되어 있으며, 따라서 편향이 있다고 볼 수 없다는 결론을 내렸다. "편향을 둘러싼 논란은 새롭지 않습니다"라고 그녀는 나에게 말했다. "지금 '편향적인 알고리즘'에 대한 분노가 유행할 따름이에요."

제니퍼는 다음과 같은 가장 중요한 질문이 대개 간과된다고 말했다. "현존하는 제도와 알고리즘의 '편향성'을 비교하면 어떤 결과가 나올까요?" 현재 그녀는 이 질문을 탐구하고 있다.

나는 이 이야기에서 선한 인물과 악한 인물을 지목하기가 얼마나 어려운지 깨닫기 시작했다. 알고리즘의 편향을 제거해야 한다는 나의 주장은 나 자신의 경험과 가치관에 기초한 것이었다. 나의 관점은 도덕적으로는 옳을지 몰라도 수학적으로 따지면 옳지 않았다. 수학이 나에게 보여준 것은 공정을 위한 공식은 존재하지 않는다는 것이 전부였다. 틀림없이 제니퍼와 팀도, 우리가 2장에서 만난 줄리아 앵윈, 캐시 오닐, 아미트 닷타에 못지않게 열정적으로 좋은 의도를 품고 알고리즘을 활용하고 있었다. 다들 옳은 일을 하려 애쓰고 있었다.

우리가 어떻게 행동해야 옳은지 알아내려고 수학에 의지할 때마다, 수학은 다음과 같은 똑같은 대답을 내놓는다. '논리만 가지고 공정을 이뤄낼 수는 없다.' 수학의 역사를 훑어보면, 정의하기 어려운 공정의 문제가 불거진 사례들을 숱하게 발견할 수 있다. 케네스 애로Kenneth Arrow의 '불가능성 정리impossibility theorem'에 따르면, 공직 후보가 세 명 있을 때 모든 유권자들의 선호가 공정하게 반영되도록 당선자를 뽑는 선거 시스템은 존재하지 않는다.[13] 페이턴 영Peyton Young의 책 『공평Equity』은 수학적 게임이론을 이용하여 공평이라는 주제를 다루는데, 저자 본인의 고백에 따르면 그 책은 "공평을 왜 간단하고 보편적인 해법으로 환원할 수 없는지 보여주는 예들로 가득 차 있다."[14] 신시아 드워크Cynthia Dwork와 동료들의 2012년 논문 "알아챔을 통한 공정Fairness through Awareness"은 소수집단 우대정책과 개인에 대한 공정을 조화시키는 최선의 방법을 고찰하는 것으로 만족한다.[15] 존 클라인버그와 동료들이 집필한 편향에 관한 논문에서와 마찬가지로, 이 저자들도 수학을 사용한 결과로 합리적 확실성 대신에 역설들을 발견했다.

나는 한때 구글 직원들이 아주 자랑스럽게 내세우던 구호 "사악해지지 말자Don't be evil"를 떠올렸다. 현재 그 구호는 구글에서 과거만큼 자주 쓰이지 않는다. 구글의 수학자들 중 한 명이 사악함을 확실히 피할 수 있게 해주는 공식은 없다는 사실을 발견한 뒤에, 구글이 마치 공리와도 같았던 그 구호를 버린 것일까?

우리는 최선을 다할 수는 있지만, 우리가 옳은 행동을 하는지 여부를 정말로 확실히 알 길은 결코 없다.

데이터 연금술사들

이제껏 나와 대화를 나눈 많은 연구자들과 활동가들은 알고리즘이 똑똑하며 여전히 빠르게 똑똑해지고 있다는 사실을 당연시했다. 알고리즘은 수백 차원의 공간을 생각하고 방대한 데이터를 처리하면서 우리의 행동을 학습하고 있다고 그들은 강조했다.

상대적으로 유토피아적인 전망을 품은 사람들뿐 아니라, 더 비관적인 전망을 품고 예컨대 케임브리지 애널리티카에 성토하는 글을 블로그에 올리는 사람들도 똑같은 견해를 밝혔다. 전자의 예로는, 미래에 알고리즘이 우리의 중대한 결정을 돕게 될 것이라고 보는 콤파스의 제작자 팀 브레넌을 꼽을 수 있다. 매우 다양한 과제에서 컴퓨터들이 이미 우리를 능가했거나 머지않아 능가하리라는 믿음은 양쪽 진영 모두의 것이었다.

우리가 알고리즘 성능의 엄청난 변화를 체험하고 있다는 인상은 미디어에도 반영되었다. 알고리즘, 케임브리지 애널리티카, 구글과 페이스북 표적 광고의 위력에 관한 기사들은 인공지능의 잠재적 위험성에 관한 언급들로 가득 차 있었다.

그러나 내가 이제껏 발견한 것을 고려하면 다른 생각을 품게 된다. 케임브리지 애널리티카와 그 회사의 정치적 성격 분석 기법을 더 자세히 살펴본 결과, 나는 알고리즘의 정확도에 근본적 한계가 있다는 사실을 발견했다. 그 한계는 내가 인간 행동을 모형화하면서 경험해온 바와 일치했다. 나는 응용수학 분야에서 20년 넘게 일했다. 회귀 모형, 신경망neural network, 기계학습, 주성분 분석, 그 밖에 지금 미디어에서 점점 더 많이 거론되는 많은 기법들을 사용해왔다. 그리고 그 오랜 경험을 통해서, 나는 우리 주변의 세계를 이해하는 것이 과제일 때는 대개 인간이 수학적 모형보다 더 우수하다는 사실을 깨달았다.

나는 수학을 사용하여 세계를 예측하는 일을 하는 사람이므로, 나의 견해가 의아하게 느껴질 법도 하다. 현재 나는 이 책을 쓰고 있을 뿐 아니라 회사를 경영하고 있다. 그 회사는 모형들을 사용하여 축구 경기의 결과를 이해하고 예측한다. 또한 나는 인간, 개미, 물고기, 새, 포유동물의 집단행동을 수학을 사용해서 설명하는 연구팀의 지휘자다. 요컨대 모형들이 유용하다는 생각은 나의 이익을 위해 대단히 중요하다. 따라서 수학의 유용성에 대한 의심을 너무 많이 제기하는 것은 아마도 내 입장에서는 이롭지 않을 것이다.

하지만 정직할 필요가 있다. 축구에 관한 사업을 하면서 나는 최고의 팀들에서 일하는 분석가들과 만난다. 내가 특정 선수의 찬스 만들기chance creation 실적이나 경기 기여도에 관한 수치들을 그들에게 말해주면, 그들은 그런 수치들이 나온 이유를 직관적으로 설명하여 나를 깜짝 놀라게 하곤 한다. 예컨대 나는 "X 선수가 같은 포지션을 맡은 Y 선수보다 위협적인 패스를 34% 더 많이 했어요"라고 말한다.

그러면 분석가는 이렇게 대꾸하곤 한다. "그렇군요. 그럼 수비 기여도를 한번 봅시다. 그쪽에서는 Y 선수가 더 낫죠? 지금 상황에서는 수비를 하라고 감독이 Y에게 지시하고 있어요. 그래서 Y가 찬스를 만들 기회가 줄어드는 거예요." 컴퓨터는 방대한 통계 수치들을 수집하는 일을 아주 잘하는 반면, 인간은 그 수치들의 바탕에 깔린 이유를 식별하는 일을 아주 잘한다.

축구 데이터를 다루는 나의 동료 게리 제레이드Garry Gelade는 최근에 '골 예측expected goals'이라는 핵심적인 축구 분석 모형을 해체하기 시작했다. '골 예측' 모형의 통계학적 기반은 탄탄하다. 그 모형은 일류 축구 경기에서 나온 모든 유효슈팅에 관한 데이터를 수집한다. 페널티박스 안이나 주변의 어느 위치에서 슈팅이 이루어졌는가, 머리로 받은 슛이었는가 아니면 발로 찬 슛이었는가, 순간적인 역습의 결과였는가 아니면 차분하게 쌓아간 공격의 결과였는가, 슈팅 당시에 수비의 압박은 어느 정도였는가 등에 관한 데이터가 수집된다. 그런 다음에 그 데이터를 사용하여 모든 슛에 각각 골 기댓값을 부여한다. 페널티박스 안 중앙, 공격수가 골문을 정면으로 볼 수 있는 위치에서 시도한 슛은 높은 골 기댓값을 부여받는다. 페널티박스 바깥에서 비스듬한 각도로 시도한 슛에는 더 낮은 기댓값이 부여된다. 한 팀이 시도한 모든 각각의 슛에 0(득점 가능성 없음)에서 1(확실한 골)까지의 기댓값이 자동으로 부여된다.[1]

'골 예측' 모형은 골이 거의 나지 않은 경기에서 한 팀이 얼마나 잘했는지 평가할 수 있게 해주기 때문에 유용하다. 경기 결과는 0대 0이더라도, 많은 찬스를 만들어낸 팀은 골 기댓값의 총점을 더 높게 받을 것이다. 그 점수는 예측력을 지녔다. 기존 경기에서 더 높은 골 기댓값을 받은 팀은 향후 경기에서 실제 골을 더 많이 기록하는 경향이 있다.

게리가 2017년 여름에 자신의 모형에 대한 비판적 분석을 시작할 당시, '골 예측' 모형은 주류 미디어에서 인기를 얻고 있었다. 스카이스포츠와 BBC는 최근에 영국 프리미어리그에 합류하거나 팀을 옮긴 선수들의 '골 예측' 데이터를 보도했고, 〈가디언〉〈텔레그래프〉〈타임스〉는 그 모형의 개요를 설명하는 기사들을 실었다. 미국에서는 메이저리그축구MLS와 미국 여자프로축구NWLS의 홈페이지에 '골 예측' 데이터가 크게 게시되었다. '골 예측' 모형은 팀의 경기 실적을 '객관적으로' 측정하는 수단으로서 점점 더 인정받는 중이었다.

게리는 '골 예측' 모형을 득점 찬스의 질을 평가하는 또 다른 방법과 비교했다. 그 방법은 더 인간적이었다. 스포츠 분석 회사 '옵타 Opta'는 이른바 '빅 찬스big chance' 판정법을 사용한다. '빅 찬스'는 훈련된 인간 요원에 의해 판정되는데, 그 요원은 경기를 관람하면서 모든 슛을 꼼꼼히 관찰한다. 슛이 골로 연결될 가망이 높았다고 생각하면, 요원은 그 슛에 "빅 찬스"라는 표찰을 붙인다. 반면에 골로 연결될 가망이 별로 없었다고 생각하면, "빅 찬스 아님"이라는 표찰을 붙인다. 게리는 '빅 찬스'와 '골 예측' 모형을 비교함으로써 골 찬스의 질을 평가하는 인간과 컴퓨터의 능력을 비교할 수 있었다.[2]

'빅 찬스' 판정의 정확도를 평가하는 방법은 두 가지다. 첫째, 골로 연결되지 않았는데도 '빅 찬스'로 판정된 슛의 비율을 살펴볼 수 있다. 그 비율은 우리가 6장에서 살펴본 개념인 가짜 양성 비율이다. 가짜 양성 비율은 골로 연결되지 않은 슛 가운데 요원이 '빅 찬스'로 판정한 슛의 비율이다. 둘째, 골로 연결된 슛 가운데 '빅 찬스'로 판정된 슛의 비율을 살펴볼 수 있다. 이것은 진짜 양성 비율이다. 진짜 양성 사례에서 요원은 옳은 예측을 한 것이다. '빅 찬스' 판정법에서는 가짜 양성 비율이 7%, 진짜 양성 비율이 53%였다.

게리는 '골 예측' 모형이 이런 수준의 정확도에 도달할 수 없다는 사실을 발견했다. 게리가 그 모형을 어떻게 조정하느냐에 따라서, '골 예측' 모형은 '빅 찬스' 판정법보다 더 높은 가짜 양성 비율이나 더 낮은 진짜 양성 비율을 산출했다. '빅 찬스' 판정법과 대등한 예측력을 발휘하도록 모형을 조정할 길은 없었다. '골 예측' 모형은 방대한 데이터를 사용하지만, (아직은) 인간을 능가하지 못한다.

축구 경기에서의 실적을 측정하는 알고리즘이 있다는 이야기는 언뜻 대단하게 들릴 수도 있겠지만, 그 알고리즘은 골 찬스를 식별하는 능력에서 숙련된 축구 팬('빅 찬스' 판정 요원들은 대개 열광적인 축구 팬이다)을 능가하지 못한다.

게리는 이제껏 언급한 분석을 수행한 것은 '골 예측' 모형을 '완벽한' 축구 모형으로 소개하는 기사를 읽고 난 뒤였다고 나에게 말했다. 그런 과장된 호들갑은 단기적으로 그의 사업에 이로울 수 있을지 몰라도 장기적으로는 축구에 대한 통계 분석의 평판을 떨어뜨릴 수 있다. 게리는 첼시, 파리 생제르맹, 레알 마드리드를 비롯한 여러 팀의 고문으로 일해왔다. 적어도 지금은 모형이 인간의 결정을 도울 수는 있어도 인간을 대체할 수는 없다고 그는 믿는다. 게리는 경기 중에 골키퍼를 관찰하는 일과 골키퍼의 위치 선정, 움직임을 훈련시키는 일에 기술이 어떻게 활용될 수 있는지를 예로 들었다. 그는 실용적이고 현실적이다. 경기의 모든 측면 각각에 대해서 여러 방식으로 모형을 활용할 수 있다. 그러나 '완벽한' 축구 모형 따위는 존재하지 않는다.

음악 스트리밍 서비스 '스포티파이'에서 일하는 글렌 맥도널드 Glenn McDonald는 견실한 태도로 자신의 직업에 임하는 또 다른 데이터 전문가다. '타이달'과 '애플 뮤직'을 비롯한 경쟁 서비스가 여럿 있는 상황에서 스포티파이의 목표는 새로운 음악과 재생 목록에 관한 조언을 제공함으로써 경쟁사들을 능가하는 것이다. 이를 위해 스포티파이는 우리의 청취 패턴을 파악한다. "음악 라디오song radio"

부터 "오직 당신을 위한just for you" 재생 목록까지, 스포티파이는 글렌과 동료들이 개발한 음악 장르 시스템을 사용하여 모든 추천 곡을 제공한다.

스포티파이의 장르 시스템은 모든 곡을 각각 13차원 공간상의 한 점으로 표현하고 인근의 점들을 한 장르로 묶는다. 차원들은 '음량', '분당 박자 수BPM' 등의 객관적인 음악적 속성들뿐 아니라 '에너지', '베일런스valence'(슬픈 음악일수록 베일런스가 낮음), '춤추기에 적합함danceability' 등의 더 주관적인 감정적 속성들을 포함한다. 후자의 주관적 측정값들은 청취 모임을 통해 정해지는데, 그 모임에서 인간 피험자들은 두 곡을 듣고 어느 곡이 더 슬픈지 혹은 춤추기에 더 적합한지 판정한다. 알고리즘은 그 차이를 학습하여 다른 곡들을 적절히 분류한다.

글렌은 "모든 소음을 한꺼번에Every Noise at Once"라는 음악 장르 지도를 제작했다. 그 지도는 스포티파이의 음악 장르 1536개(현재는 더 많음—옮긴이)를 2차원 평면에 배치한다. 맨 아래의 '저음 오페라'(현재는 '고풍스러운 클래식 성악'—옮긴이)부터 맨 위의 '레테크노re:techno'(현재는 '라틴 테크 하우스')까지, 맨 왼쪽의 '바이킹 메탈'(현재는 '백색소음')부터 맨 오른쪽의 '아프리카 타악기'(현재는 '하드 미니멀 테크노')까지, 상상할 수 있는 모든 음악 장르들이 배치되어 있으며, 유사한 장르들은 가까이 모여 있다. 전 세계 음악의 아주 많은 부분을 그렇게 간단명료하게 시각화한 것은 대단한 기술적 성취다.

나는 이코노미스트 그룹Economist Group이 출판하는 잡지 〈1843〉

으로부터 청탁받은 기사를 쓰기 위해 글렌에게 처음으로 연락했다. 인터뷰를 앞두고 나는 스포티파이의 추천에 대한 나의 개인적 견해를 밝힐지를 놓고 약간 망설였다. 나는 새로운 음악을 발견하기 위해 가끔 "이번 주의 발견discover weekly" 서비스를 사용해보고 실망한 적이 많았다. 나는 우울한 음악을 좋아하는 편인데, 스포티파이가 추천한 음악들은 내가 가장 좋아하는 슬픈 음악의 느낌을 주지 못했다. 오히려 그 추천 음악들은 몹시 따분한 경향이 있었다. 많은 스포티파이 사용자들이 똑같은 문제를 지적한다. 스포티파이의 추천 음악은 자신이 정말로 좋아하는 음악의 희석된 버전이라고 말이다.

나는 추천 음악들 중 하나가 마음에 들어서 계속 감상하는 경우보다 이 곡 저 곡 옮겨다니는 경우가 훨씬 더 많다고 글렌에게 말했는데, 그가 약간 실망하리라고 예상했다. 그러나 그는 자신의 알고리즘이 지닌 한계를 기꺼이 인정했다. "당신이 개인적으로 음악에 어떤 애착을 가지는지까지 알아내리라 기대할 수는 없어요."

스포티파이 재생 목록은 파티에서 음악을 틀 때 사용하면 효과가 가장 좋다고 글렌은 설명했다. "집단에 알맞아요"라며 그는 말을 이어갔다. "사람들의 모임을 위한 재생 목록은 우리가 아주 잘 만듭니다. 그런 목록을 제안했을 때, 사용자들이 외면하는 곡은 별로 없어요. 하지만 당신 개인에게 새로운 음악을 제안하는 경우에는, 추천 곡 열 개 가운데 하나라도 당신의 마음에 든다면 우리는 만족합니다." 옳은 말이다. 나와 아내는 친구들을 초대하면 통상적인 스포티파이 재생 목록을 틀 때가 많다. 그러면 음악 선택에 관한 갑론을 박을 피할 수 있을뿐더러 흔히 우리 둘 다 스포티파이가 추천하는 음악들을 즐기게 된다.

글렌에 따르면, 추천 곡들을 정하는 과정은 순수과학과 거리가 멀다. "내가 하는 일의 절반은 컴퓨터가 내놓는 대답들 가운데 어떤 것이 말이 되는지 판단하는 일이에요." 당신의 직함을 어떻게 부르면 좋겠느냐고 묻자, 그는 데이터 과학자가 아니라 "데이터 연금술사data alchemist"로 해달라고 요청했다. 글렌이 스스로 보기에 그의 직업은 음악 스타일에 관한 추상적 진실들을 탐구하는 것이 아니라 사람들이 보기에 말이 되는 분류들을 제공하는 것이다. 이 과정은 사람과 컴퓨터의 협업을 요구한다.

'모든 소음을 한꺼번에'의 방대한 규모를 감안할 때, 글렌의 겸양은 퍽 인상적이었다. 내가 대화를 나눠본 많은 데이터 과학자들과 마찬가지로 그는 차원이 아주 많은 공간에서 길을 찾는 것이 자신의 직무라고 여겼다. 그러나 우리 정신의 매우 개인적이고 알 수 없는 차원들을 터놓고 인정한 사람은 그가 처음이었다. 그는 우리가 첫사랑에 빠졌을 때 들었던 음악이나 처음으로 차를 운전하면서 틀었던 음악을 청취할 때의 느낌을 거론했다. 우리 자신의 인생에 관하여 무언가를 깨우쳐준 음악과 동성애나 인종차별에 대한 우리의 태도를 바꿔놓은 음악도 거론했다. 이런 차원들은 자신이 설명하거나 파악할 수 없다고 글렌은 인정했다.

'데이터 연금술'이라는 용어는 오늘날 디지털 마케팅이 작동하는 방식을 아주 정확하게 표현한다. 글렌과 대담한 직후에 나는 '투이 노르딕TUI Nordic'에서 브랜드 및 실적 담당 책임자로 일하는 요한 위드링Johan Ydring과 대화했다. 투이 그룹은 여행사와 온라인 포털 수천 개를 아우르고, 항공사와 호텔 수백 개를 운영하며, 2000만 명의 고객을 응대한다. 요한의 임무는 회사가 수집하는 고객 관련 데이터를 페이스북을 비롯한 소셜미디어 사이트로부터 입수하는 데이터와 조합하여 가장 잘 활용하는 것이다.

요한은 자신의 역할을 "똑똑한 척하기"라고 표현했다. 그의 팀은 특정 집단들을 겨냥한 마케팅 전략을 네다섯 개쯤 고안해서 시험 삼아 적용해본다. 한 전략이 유효한 듯하면, 그 전략을 더 큰 집단에 적용해본다.

가장 단순한 아이디어가 최선일 때가 많다. 어떤 고객이 2년 연속으로 스페인 휴가 여행을 예약했다면, 요한의 팀은 이를테면 그 고객이 다음 휴가 여행을 예약하기 직전에 그의 페이스북 뉴스피드에 그가 가본 적 없는 포르투갈을 여행지로 제안하는 광고를 띄운다. 그러면 고객은 페이스북이 자신의 마음을 읽은 것 같아서 으스스한 느낌이 들 수도 있다. 하지만 며칠 후 고객은 친구와 알가르브 지방(아름다운 경치로 유명한 포르투갈의 한 지역—옮긴이)에 대해서 이야기하다가 문득 스크린에 떠 있는 광고를 본다. 실제로 요한의 팀은 단순한 통계학적 술수의 효과를 경험하고 있다. 그 데이터 연금술사들은 해마다 사람들이 휴가 여행을 예약하는 전형적인 시기를 알아냈고, 스페인 여행과 포르투갈 여행 사이의 관련성도 발견했다.

우리 대다수는 페이스북이나 구글이 마음을 읽었다는 느낌을 받은 적이 있다. 내 아들이 저녁을 먹을 시간이 임박하면, 유튜브는 그 아이가 아주 좋아하지만 건강에는 가장 도움이 안 되는 빵을 보여주는 광고로 도배된다. 최근에 나의 아내는 동네 상점에서 특정 브랜드의 초콜릿을 처음으로 샀는데, 바로 그 브랜드의 광고가 아내의 페이스북 뉴스피드에 갑자기 뜨기 시작했다.

표적 광고를 경험한 나의 가족과 친구들은 어떻게 인터넷이 자신들을 감시하는지에 대해서 이런저런 추측을 할 때가 많다. 그들은 의심하기 시작한다. 왓츠앱(모바일 메신저 앱—옮긴이)이 우리의 사적인 메시지를 팔아넘기거나 아이폰이 우리의 대화를 녹음하고 있는 것은 아닐까?

회사들이 사적인 메시지들을 활용한다는 취지의 음모론은 옳을 개연성이 낮다. 더 그럴싸한 설명은, 데이터 연금술사들이 우리의 행동에서 발견한 통계학적 관련성을 이용하여 우리를 겨냥한다는 것이다. 이를테면 게임 〈마인크래프트Minecraft〉와 〈오버워치Overwatch〉의 플레이 영상을 즐겨 보는 아이들은 저녁에 샌드위치를 먹는다는 식의 관련성이 이용된다.

'으스스한' 표적 광고의 또 다른 주요 원천은 '재조준'이다. 우리는 알가르브 여행을 검색한 다음에 그 사실을 그냥 잊어버리지만, 웹브라우저는 그 사실을 기억하여 투이에 알려준다. 그러면 그 회사는 우리에게 알가르브의 최고급 호텔방을 예약하라고 제안한다.

우리는 엄청나게 많은 광고에 노출되고, 엄청나게 오랫동안 스마트폰이나 컴퓨터 스크린을 들여다본다. 바로 그렇기 때문에 때때로 광고들이 우리의 마음을 읽었다고 느끼는 것이다.

실은 알고리즘이 영리한 것이 아니다. 영리함은 데이터 연금술사들에게서 나온다. 그들은 데이터를 고객에 대한 자기네의 지식과 결합한다. 요한과 동료들의 전략은 영리하다. 왜냐하면 결과들을 산출하고 때로는 매출을 10배나 증가시키니까 말이다. 그러나 그 전략은 잘 정의된 과학적 방법론을 따르지는 않는다. 그들의 전략은 엄밀하지 않다. 요한이 내게 해준 말에 따르면, 고객들에 관한 상세한 모형을 연구한 경력이 10년에 달하는 아주 영리한 데이터 과학자가 어떤 전략을 제안했다고 하더라도, 그 전략에 투자할 가치가 있다고 확신할 수 없다. "우리의 전략은 대규모 인구 집단에서 타당해야 해요. 데이터에만 의지해서 특정한 소집단들을 표적으로 삼는 것은 충분히 신뢰할 만한 방법이 아닙니다."

게리, 글렌, 요한과의 대화를 통하여 나는 사람들을 분류하는 알고리즘은 아직 갈 길이 멀다는 사실을 알 수 있었다. 경험에 바탕을 두고 말하자면, 우리의 행동에 대한 알고리즘의 예측은 타인의 예측만큼 정확한 수준에 전혀 미치지 못한다. 알고리즘의 한계를 잘 아는 사람이 사용할 때, 알고리즘은 최고의 성능을 낸다.

이 결론에 도달하던 시점에 나는 콤파스 알고리즘에 관하여 또 다른 것을 알게 되었다. 나 혼자서는 그것을 결코 알아낼 수 없었을 것이다.

내가 이 책을 쓰느라 한창 바쁠 때, 뉴햄프셔주 다트머스 대학교에서 컴퓨터과학을 전공하는 학부생 줄리아 드레슬Julia Dressel이 주목할 만한 학위논문을 발표하여 최고 성적을 받았다. 드레슬이 살펴본 것도 재범 모형이었는데, 그녀는 다른 관점에서 연구했다. 그녀는 사람들의 예측과 비교할 때 그 알고리즘의 예측이 얼마나 우수한지 알고 싶었다.

사람과 알고리즘을 비교하기 위하여 줄리아는 프로퍼블리카가 플로리다주 브로워드에서 얻은 재범 데이터를 기초로 삼았다. 그녀는 범죄자들의 성별, 나이, 인종, 과거의 비행 및 범죄, 기소 내용을 정리하는 방식으로 범죄자에 관한 서술을 표준화했다. 그 서술은 아래와 같은 형식이었다.

이 범죄자의 인종은 X, 성별은 Y, 나이는 Z세다. 그는 A[기소 내용] 혐의로 기소되었다. A는 B[범죄 등급]로 분류된다. 이 범죄자는 과거 범죄로 유죄판결을 C회 받은 바 있다. 이 범죄자가 청소년 중죄로 기소된 횟수는 D회, 청소년 비행으로 기소된 횟수는 E회다.

이 표준 형식 속의 변수들은 브로워드의 데이터베이스에 기초하여 채워졌다. 이것이 제공된 서술의 전부였다. 범죄자들에 대한 심리학적 검사는 수행되지 않았다. 과거 범죄에 대한 세부적인 통계학적 분석도 수행되지 않았다. 면담도 이루어지지 않았다. 줄리아가 제기한 질문은 이것이었다. 법조인 훈련을 받지 않은 사람들이 이 간략한 서술에 의지하여 해당 범죄자의 재범 가능성을 예측할 수 있을까?

자신의 가설을 검증하기 위하여 줄리아는 알렉스 코건이 연구를 시작할 때와 마찬가지로 '머캐니컬 터크'에 의지했다. 그녀는 그 크라우드소싱 장터에 모인 (모두 미국에 거주하는) 일꾼들에게 1달러를 대가로 내걸면서 범죄자 서술 50건을 읽고 재범 가능성을 평가하는 일을 제안했다. 제안을 수락한 일꾼들은 한 건의 서술을 다 읽을 때마다 이런 질문을 받았다. "이 사람이 향후 2년 안에 재범을 저지르리라고 생각하십니까?" 그들은 '예' 또는 '아니요'로 대답했다. 정답률이 65% 이상이면 보너스로 5달러를 받는다는 것을 일꾼들은 미리 들어서 알고 있었다. 따라서 그들은 정확한 예측을 추구할 동기가 어느 정도 있었다.

전체의 절반에 가까운 일꾼들이 충분히 정확한 예측을 내놓아서 보너스를 받았다. 전체 일꾼들의 정답률은 평균 63%였다. 따라서 절반에 약간 못 미치는 일꾼들이 보너스 5달러를 받았다.

더 중요한 점은 이것이다. 일꾼들의 성적은 콤파스 알고리즘의 성적보다 뚜렷이 나쁘지가 않았다.[3] 인간의 성적과 알고리즘의 성적은 구별할 수 없을 정도로 비슷했다.

이 결과는 판결에 알고리즘을 사용할 것을 주장하는 사람들의 환상을 깨뜨린다. 콤파스 알고리즘의 작동을 위한 온갖 복잡한 조건들—포괄적인 데이터 수집, 범죄자들과의 긴 면담, 주성분 분석과 회귀 모형들, 150쪽에 달하는 사용 설명서, 알고리즘을 사용하는 방법을 판사들에게 가르치는 데 드는 시간—에도 불구하고, 알고리즘이 산출하는 결과는 인터넷에서 무작위로 선발한 한 무리의 사람들이 성취한 결과보다 더 뛰어나지 않다. 그들이 누구이건 간에, 우리는 그들에 관하여 이것 하나만큼은 확실히 안다. 그들은 재범 가능성이 높은 사람을 알아맞히는 놀이에 참가하여 1달러를 버는 것보다 더 나은 방식으로 자신의 시간을 쓸 일이 없는 사람들이다. 아마추어들이 알고리즘을 이겼다.

줄리아는 기술이 억압을 강화하는 다양한 방식에 위협을 느꼈기 때문에 자신의 연구를 수행했다고 나에게 말했다. "사람들은 섣불리 기술이 객관적이고 공정하다고 믿죠. 그렇기 때문에 기술이 공정하지 않은 경우들이 가장 위험해요."

처음에 줄리아를 연구 프로젝트로 이끈 동기는 콤파스 알고리즘의 인종적 편향에 관한 보고들이었다. 그 알고리즘과 마찬가지로 사람들도 똑같은 편향을 나타내는지를 그녀는 확인하고 싶었다. 이 측면에서 보자면, 그녀의 연구 결과는 팀 브레넌의 주장을 뒷받침했다. 자신의 알고리즘은 공정하다는 브레넌의 주장을 말이다. 머캐니컬 터크에서 모집한 일꾼들은 피고인의 인종을 통지받았는지 여부와 상관없이 동일한 판단을 내렸으며, 그 판단은 거의 모든 측면에서 콤파스 알고리즘의 판단과 일치했다. 따라서 콤파스 알고리즘은 일꾼들보다 더 인종주의적이거나 덜 인종주의적이지 않다.

다시 강조하는데, 콤파스 알고리즘은 우리보다 인종주의적이지는 않다. 그러나 그리 효율적이지도 않다. 줄리아는 나를 위해 자신의 주요 연구 결과를 아주 간결하게 요약해주었다. "저의 발견은 이것입니다. 재범 예측에 널리 쓰이는 주요 상용 소프트웨어의 예측은 형사 사법에 관한 전문성이 거의 혹은 전혀 없는, 온라인 조사에 응한 사람들의 예측보다 더 정확하거나 공정하지 않다는 것." 나는 고개를 끄덕였다. 내 연구에서도 단지 나이와 과거 범죄 횟수에만 기초한 어떤 모형의 정확도가 콤파스 알고리즘과 비슷한 수준이라는 사실이 드러났다.[4] 추측하건대 머캐니컬 터크 일꾼들도 나이와 과거 범죄 횟수를 근거로 삼아서 판단을 내렸을 것이다.

나는 인간의 행동과 성격을 측정하는 데 쓰이는 모든 알고리즘을 체계적으로 검사할 수 없다. 기본적으로 그럴 시간이 없다. 그러나 내가 비교적 자세히 탐구한 모형들—축구에서 골이 나올 확률, 음악적 취향, 범죄 확률, 정치적 성격을 예측하는 모형들—에 대해서 말하자면, 나는 다음과 같은 동일한 연구 결과에 도달했다. 알고리즘의 정확도는 기껏해야 인간의 정확도와 대등하다.

그렇다고 해서 알고리즘이 무용한 것은 아니다. 비록 정확도는 인간과 대등하다 하더라도, 알고리즘은 속도의 측면에서 엄청나게 유용할 수 있다. 스포티파이는 수백만 명의 사용자를 보유하는데, 그들 각각의 음악적 취향을 파악하기 위해 인간 직원을 한 명씩 고용한다면 엄두도 못 낼 만큼의 비용이 들 것이다. 투이의 데이터 연금술사들은 우리에게 가장 잘 맞는 여름휴가 상품을 우리의 눈앞에 띄우기 위해 알고리즘을 사용한다.

알고리즘의 성능이 인간과 대등하다면, 컴퓨터가 인간을 이긴다. 왜냐하면 컴퓨터는 인간보다 훨씬 더 빠르게 데이터를 처리할 수 있기 때문이다. 요컨대 모형들은, 전혀 완벽하지 않지만 확실히 매우 유용하다.

데이터 처리 규모의 확대를 옹호하는 이 논증을 피고인들의 재범 성향 측정에 적용할 경우에는, 논증의 타당성이 감소한다. 콤파스 알고리즘의 작동에 필요한 데이터를 수집하는 작업은 복잡하고 비용이 많이 들며, 그 알고리즘이 처리해내는 사례의 수는 비교적 적다. 따라서 인간을 알고리즘으로 대체하는 것을 옹호하는 논증은 설득력이 약해진다. 게다가 알고리즘의 침습성invasiveness과 개인의 프라이버시에 관한 중대한 질문도 있다. 머캐니컬 터크에서 모집한 일꾼들의 도움으로 수행한 연구에서, 일꾼들은 피고인들에 관한 공개된 정보만 제공받았음에도 알고리즘과 대등한 정확도로 판단했다. 강제로 면담과 알고리즘의 평가를 받는 일은 많은 피고인에게 굴욕적일 것이 틀림없다. 그럼에도 재범률 예측에서 그 일이 추가로 제공하는 혜택은 없는 것으로 보인다.

이제껏 거론한 모든 사람들 중에서 나에게 가장 인상 깊은 인물은 줄리아였다. 그녀는 구글, 스포티파이, 투이 같은 다국적 기업을 위해 일하고 있지 않았다. 케임브리지 대학교나 스탠퍼드 대학교 같은 학술기관에 교수로 고용되어 있지도 않았다. 또한 프로퍼블리카나 〈가디언〉 같은 대형 미디어의 지원도 받지 않았다. 그녀는 자신이 속한 세계의 구조에 도전하고 싶은 학부생이었으며 짧은 시간 안에 놀라운 성과를 이뤄냈다. 우리가 숫자에 압도되는 것을 누가 막을 수 있을까? 바로 줄리아 같은 사람들이다.

2부

우리에게 영향을 미치는 알고리즘

네이트 실버와 우리의 대결

새로 고침, 새로 고침, 새로 고침. 2016년 미국 대통령 선거전이 시작되면서 정치 예측 웹사이트 '파이브서티에이트FiveThirtyEight'의 방문 횟수는 시간당 수천만 건에 이르렀다. 미국 유권자들과 전 세계의 시민들은 힐러리 클린턴이나 도널드 트럼프가 차기 미국 대통령이 될 가망이 얼마나 높은지 알기 위해 그 웹사이트를 거듭해서 방문했다. 소수점 아래 한 자리까지 제시된 예측 결과는 오르내렸다. 64.7%, 65.1%, 71.4%. 클린턴이 이길 확률도 날마다 바뀌었다. 그 확률은 1차 후보자 토론회 전에는 겨우 54.6%였지만 3차 토론회가 끝나자 무려 85.3%로 올라갔고 결국 71.8%에 안착했다. 예측값들의 요동은 끝이 났고, 미국인들은 투표소로 향했다.

파이브서티에이트를 방문한 사람들이 선거 예측값들의 소수점 아래 숫자가 어떻게 바뀌었는지 알기 위해 '새로 고침'을 누르면서 무슨 생각을 했는지 나는 확실히 알지 못한다. 나도 그런 사람들 중 하나였는데, 내가 무엇을 원해서 그렇게 했는지조차 확실히 모르겠다. 짐작하건대 모종의 확실성을 원해서 그렇게 했을 것이다.

이튿날 아침, 모든 불확실성은 사라졌다. 트럼프가 이길 확률은 100%, 클린턴이 이길 확률은 0%였다. 소수점 아래 숫자는 제공되지 않았으며 아무도 요구하지 않았다. 예측에서 열세였던 후보자가 이기고 우세였던 후보자가 졌다.

그것은 최초로 예측을 실패한 사례가 아니었으며 가장 극적으로 실패한 사례도 아니었다. 최근에 발생한 최악의 선거 예측 오류는 아마도 2015년 영국 총선에 관한 것일 터다. 투표일을 하루 앞두고 일간지 〈가디언〉의 모형은 보수당과 노동당이 막상막하라고 예측했다. 투표일이 지나고 맞은 아침, 보수당 대표 데이비드 캐머런 David Cameron 조차도 자당이 의회의 다수당이 된 것에 놀란 듯했다.

그다음으로 영국에서 실시된 전국적 투표는 유럽연합 탈퇴에 대한 찬반을 묻는 국민투표였다. 이번에도 여론조사 결과들은 서로 비슷했지만 거의 다 브렉시트 찬성이라는 실제 결과와 어긋났다. 2017년 영국 총선에서는 여론조사자들도 자신들의 예측을 어떻게 제시할지를 놓고 혼란에 빠진 듯했다. 투표일을 열흘 앞두고 여론조사 회사 '유고브'의 모형은 보수당의 득표율이 지난 총선에 비해 크게 감소할 것이라고 예측했다. 다른 주요 여론조사들과 상반된 그 모형은 예측 방법에 관한 비판에 직면한 후 〈타임스〉의 일면에 대서특필되었다. 유고브는 자사의 예측이 틀릴까 봐 애태우고 있다고 인정했다.[1] 그리하여 투표 결과로 절대다수당이 없는 의회가 형성되어 유고브의 예측이 옳았던 것으로 판명되었을 때에도 많은 사람들은 여전히 그 예측이 부분적으로 틀렸다고 여겼다. 모형 제작자들이 선거 결과를 예측할 수 없다는 인상, 예측된 수치들은 무의미하다는 인상이 점점 더 강해지고 있었다.

이 뒷걸음질은 통계학적 선거 모형들이 10년에 걸쳐 점점 더 흔해진 다음에 발생했다. 그 10년 동안에 여론조사를 보도하는 신문들이 밀려나고, 네이트 실버Nate Silver가 운영하는 파이브서티에이트와 〈뉴욕 타임스〉의 '업샷Upshot'과 같은 온라인 정치 사이트의 확률적 결과 예측이 주목받는 방향으로 변화가 일어났다. 우리가 이미 보았듯이, 알고리즘들은 이분법적 결과가 아니라 확률을 중심으로 작동한다. 선거 예측도 예외가 아니다. 합리적인 알고리즘이라면 특정인이 범죄를 저지르거나 다음 여름휴가 여행을 포르투갈로 가리라는 것이 확실하다고 단언하지 않을 터다. 이와 마찬가지로 어떤 알고리즘도 (심지어 〈허핑턴 포스트〉를 위해 설계된 알고리즘조차도) 클린턴의 승리가 100% 확실하다고 단언하지 않을 것이다.

이렇게 여론조사를 기초로 작동하는 모형을 제작하는 사람들이 직면하는 문제 하나는, 우리 인간들이 모형의 확률적 예측을 늘 이분법적 결과로 변환하여 이해한다는 점이다. 이를테면 '예' 또는 '아니요', '브렉시트 찬성' 또는 '브렉시트 반대', '트럼프 당선' 또는 '클린턴 당선'으로 말이다. 우리의 게으른 정신은 확실성을 좋아한다. 2012년 미국 대통령 선거에서 네이트 실버의 모형은 모든 주의 선거 결과를 옳게 예측했다. 그 후 수많은 블로그와 소셜미디어가 실버는 천재라고 단언했다. 〈가디언〉의 표현대로, 그는 "정답을 맞힌 인물"이었다. 몇 년 후 실버는 트럼프가 공화당의 대통령 후보가 될 확률을 5%로 예측했다. 곧이어 트럼프가 대통령 후보로 선출되자 과거에 실버를 그토록 찬양했던 신문들은 그가 "명백한 실수들"을 범했다고 보도했다. 2016년 미국 대통령 선거에서 파이브서티에이트는 클린턴의 승리에 71.8%의 확률을 부여했고, 트럼프가 당선되자 소셜미디어들은 네이트 실버의 예측 방법에 대한 비판으로 도배되었다. 〈뉴욕 타임스〉에 기고한 어느 칼럼니스트는 "통계 전문가들은 뜬눈으로 밤을 새웠다"라고 썼다. 오류를 범한 통계 전문가들 중에서 네이트 실버를 넌지시 지목하는 칼럼이었다.

우리는 영웅과 악당, 천재와 멍청이로 나누는 것을 좋아한다. 세상을 확률로 이루어진 회색 현실로 보지 않고 흑과 백으로 보는 것을 아주 좋아한다. 여론조사의 성패도 예외가 아니다.

본격적인 논의에 앞서 몇 가지 사실을 분명히 해두자. 이제껏 언급한 실패들에도 불구하고, 선거 예측에 사용되는 모형들은 동전 던지기식의 마구잡이 예측보다 훨씬 더 우수한 예측을 내놓는다. 대다수의 모형들은 브렉시트와 트럼프 당선에 50% 미만의 확률을 부여했지만, 이것은 일반적이지 않고 이례적인 사례였다. 대다수의 사례에서 여론조사는—그러니까 여론조사에 기초한 모형은—

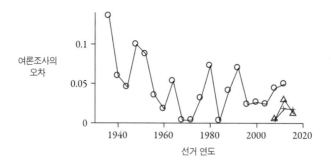

그림 8.1　미국 대통령 선거의 일반 투표popular vote 득표율(다수당 득표수를 기준으로 삼은 비율) 차이에 대한 여론조사 예측과 실제 결과 사이의 오차. ○는 갤럽Gallup 여론조사. △는 리얼클리어 팔러틱스RealClearPolitics의 여론조사, ＋는 파이브서티에이트의 여론조사를 나타낸다.

최종 결과의 개연성을 반영하는 확률을 결과로 내놓는다. 트럼프가 이길 확률 28.2%는 결코 작은 값이 아니다. 내가 정사면체 주사위를 던져서 4가 나왔다면, 확률이 25%인 사건이 일어난 것이다. 이런 사건이 일어났다고 해서 내가 주사위를 던진 행위 전체에 의혹의 시선을 던지는 사람은 없을 것이다. 실제로, 더 자주 실시되는 보다 우수한 여론조사들이 더 정확한 예측을 산출하고 있다는 증거가 있다. 그림 8.1은 지난 80년 동안 실시된 미국 선거 여론조사들의 정확도를 보여준다. 2016년의 오차는 확실히 정확도 퇴보의 신호가 아니었다.

　현대적인 선거 예측 방식의 배후에는 탄탄하며 잘 확립된 방법론이 있다. 여론조사자들은 선거 결과를 종 모양의 곡선으로 생각한다. 그림 8.2가 보여주는 곡선은 이른바 확률분포를 나타낸다. 종 모양에서 가장 높은 점은 확률이 가장 높은 선거 결과를 나타내고, 종 모양의 폭은 그 결과에 대한 우리의 의심을 나타낸다. 폭이 좁으면 확실성이 높은 것이고, 폭이 넓으면 불확실성이 높은 것이다.

예측 작업은 새로운 데이터를 반영하여 종 모양을 끊임없이 업데이트하는 일을 포함한다. 그림 8.2는 그 업데이트 과정을 보여준다. 처음에는 어느 후보가 우세인지에 대해서 약간 확신이 부족한데, 여론조사를 통해 클린턴이 트럼프를 +1 퍼센트 포인트만큼 앞서 있다는 데이터를 얻는다고 상상해보자. 그러면 우리는 그림 8.2a에서처럼 중심이 +1에 놓이고 폭이 적당히 넓은 종 곡선으로 우리의 생각을 표현할 수 있다.

여론조사에서 +1 퍼센트 포인트의 우세란 50.5%의 사람들이 클린턴을 찍겠다고 말하고 49.5%의 사람들이 트럼프를 찍겠다고 말한다는 것을 의미한다. 이 수치들, 곧 50.5와 49.5는 후보들의 승리 확률이 아니다. 승리 확률을 구하려면, 곡선 아래의 면적을 계산하면 된다. 그러면 조사 당일을 기준으로 선거가 치러질 경우에 트럼프나 클린턴이 이길 확률을 얻을 수 있다. 이 경우에 곡선 아래 면적의 42%는 트럼프 쪽에 놓이고 58%는 클린턴 쪽에 놓인다. 따라서 우리는 클린턴이 우세하다고 생각하지만, 트럼프에게도 적절한 승리 확률을 부여한다.

이번에는 트럼프가 전국적으로 +1 퍼센트 포인트 우세하다는 여론조사가 나온다고 상상해보자. 이 여론조사에 대해서 할 수 있는 설명 하나는, 트럼프가 진짜로 앞서 있으며 방금 우리가 거론한

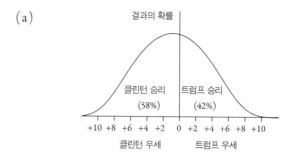

(a)

결과의 확률

클린턴 승리
(58%)

트럼프 승리
(42%)

+10 +8 +6 +4 +2 　0　 +2 +4 +6 +8 +10

클린턴 우세 　　　　　트럼프 우세

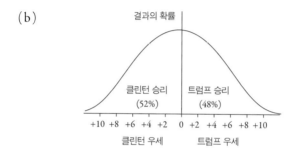

(b)

결과의 확률

클린턴 승리
(52%)

트럼프 승리
(48%)

+10 +8 +6 +4 +2 　0　 +2 +4 +6 +8 +10

클린턴 우세 　　　　　트럼프 우세

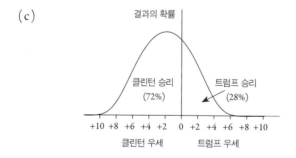

(c)

결과의 확률

클린턴 승리
(72%)

트럼프 승리
(28%)

+10 +8 +6 +4 +2 　0　 +2 +4 +6 +8 +10

클린턴 우세 　　　　　트럼프 우세

그림 8.2a-c 예측된 선거 결과를 보여주는 종 모양 확률분포 곡선의 세 가지 예. 곡선의 높이는 다양한 결과들의 확률(단위는 없음)에 비례한다. 수직축 왼쪽 곡선 아래의 면적은 클린턴이 이길 확률, 오른쪽 곡선 아래의 면적은 트럼프가 이길 확률이다. 단지 예를 들기 위해 그렸을 뿐, 실제 여론조사 데이터에서 도출한 곡선들은 아니다.

종 곡선은 중심의 위치가 틀렸다는 것이다. 또 다른 설명은, 트럼프가 여전히 뒤처져 있지만 우연하게도 불균형적으로 많은 트럼프 지지자들이 여론조사에 참여했다는 것이다. 가장 뛰어난 여론조사도 불확실성을 품고 있다. 이는 여론조사들이 미국 인구의 작은 일부만 조사하기 때문이기도 하고, 일부 유권자는 아직 누구를 찍을지 결정하지 않았기 때문이기도 하다.

이 불확실성을 반영하기 위하여 우리는 종 곡선의 중심을 오른쪽으로(트럼프가 우세하도록) 옮기고 곡선의 폭을 넓힌다(그림 8.2b 처럼). 이와 유사한 일이 파이브서티에이트 모형에서 일어났다. 구체적인 사연은 이렇다. 2016년 9월 26일에 '셀저 앤 컴퍼니Selzer & Company'가 실시한 A⁺등급의 여론조사에서 트럼프가 약간 우세하다는 결과가 나왔다. 당시에 파이브서티에이트는 클린턴에게 58%의 승리 확률을 부여한 상태였지만 그 여론조사를 반영하여 모형을 업데이트했고, 그 결과로 클린턴의 승리 확률은 52%로 낮아졌다.

이어진 몇 주 동안, 대다수의 여론조사들은 클린턴이 약간 앞서 있다는 결과를 내놓았고, 종 곡선은 왼쪽으로 이동하면서 약간 좁아졌다. 그 여론조사들은 클린턴의 승리 확률 예측값을 70%대 중반까지 서서히 밀어올렸다. 그 시점에서 종 곡선은 그림 8.2c와 유사했을 것이다.

확률분포 접근법은 예측에 연루된 모든 불확실성을 세밀히 관리할 것을 요구한다. 실버와 그의 팀은 여론조사 기관의 목록을 포괄적으로 작성하고 각 기관의 능력을 평가하여 A⁺부터 C⁻까지 등급을 매겨놓았다. F 등급도 있는데, 실버와 그의 팀이 판단하기에 데이터를 위조하거나 비윤리적으로 작업하는 기관들에 F 등급이 매겨진다. 이 등급과 여론조사의 최근 수행 횟수에 따라서 여론조사에 가중치가 부여된다. 파이브서티에이트는 여론조사들이 언제까지 유효한지 계산해놓았으며, 전국의 여론조사들이 다양한 주에 어떤 영향을 미칠지를 회귀 모형들을 사용하여 예측한다. 이 모든 데이터를 수집하여 결합시키고 나면, 파이브서티에이트 팀은 온갖 오류 발생 가능성을 감안하면서 선거를 시뮬레이션하고 종 곡선을 업데이트한다.

선거전이 진행되는 동안 수많은 사람들이 거듭 클릭하여 업데이트하고 확인한 최종 예측값은 우세한 후보 쪽 곡선 아래의 면적이다.

이런 접근법의 배후에 놓인 엄밀한 사고와 여론조사들에 가중치를 부여하는 데 소요된 노동의 양을 감안할 때, 2016년 미국 대선이 끝난 뒤에 실버가 자기네 예측에 관한 부정적 보도에 관심을 기울인 것은 납득할 만한 일이었다. 파이브서티에이트 웹사이트에 올린 연속 기사에서 실버는 그 반격으로 미디어를 비판했다. 실버의 분노가 집중된 매체 하나는 〈뉴욕 타임스〉였다. 선거일을 앞둔 몇 주 동안 그 신문은 선거단 제도의 미묘함 때문에 클린턴이 아주 조금만 앞서 있다는 사실을 이해하지 못했다. 〈뉴욕 타임스〉의 한 기자는 여론조사에서 나타난 몇 퍼센트 포인트의 손실은 "민주당의 압승 가능성을 부정하겠지만, 클린턴에게 압도적이지는 않아도 결정적인 승리를 가져다줄 개연성이 높다"라고 썼다.[2] 그 기자가 보기에 클린턴의 승리는 다소 확실했다. 문제는 얼마나 크게 이길 것인가뿐이었다.

기자의 추론은 엉터리였다. 그림 8.2의 모든 확률분포에서 가능한 최종 시나리오들은 넓은 범위에 퍼져 있다. 한 후보가 클린턴이 우세했던 만큼―승리 확률이 72%가 될 만큼―우세하더라도, 클린턴의 압승과 트럼프의 승리를 비롯한 온갖 결과들이 나올 수 있다. 바탕에 깔린 확률들을 논하지 않고, 한 결과나 다른 결과를 강조하는 것은 무의미하다.

클린턴의 승리가 실현되지 않았을 때, 〈뉴욕 타임스〉는 "선거 발표에서 데이터는 우리를 어떻게 실망시켰나"라는 표제의 기사를 실었다. 그 기사는 통계 전문가들이 뜬눈으로 밤을 새웠다고 선언했다.[3] 또한 그들의 모형(그들의 '업샷' 모형은 클린턴의 승리 확률을 91%로 예측했다)이 가진 문제점과 네이트 실버와 파이브서티에이트가 채택한 접근법이 가진 문제점을 추정하여 열거했다. 〈뉴욕 타임스〉는 불확실성을 감안하지 못한 자신의 무능함을 통계 전문가들의 탓으로 돌리고 있었다. 실버가 보기에 이것은 미디어가 확률론적 추론에 기초하여 합리적인 기사를 쓴다는 것이 정말 얼마나 어려운 일인지 보여주는 수많은 사례들 중 하나일 따름이었다.[4]

파이브서티에이트가 지난 10년에 걸쳐 진화해온 과정을 살펴보던 나는 그 사이트가 수학적 모형의 한계에 관한 설득력 있는 사례 연구를 제공한다는 점에 깊은 인상을 받았다. 네이트 실버는 권위자의 지위에 오른 인물이었다. 그는 재정적 자원을 축적한 덕분에 (파이브서티에이트의 소유주는 미국 스포츠 전문 채널 ESPN이다) 신뢰할 만한 다량의 데이터에 기초하여 정교한 모형들을 구축할 수 있었다. 나는 실버의 저서 『신호와 소음 The Signal and the Noise』을 읽고 그가 지적이고 신중한 사람이라는 점을 알 수 있었다. 실버는 예측이 어떻게 작동하는지를 깊이 있게 숙고했다. 그는 수학을 알고 데이터와 실제 세계 사이의 관계를 이해한다. 우수한 선거 모형을 제작할 수 있는 사람이 있다면, 그 사람은 단연 실버였다.

우리의 행동을 분석하는 능력에 관한 한, 우리가 이제껏 살펴본 알고리즘들은 기껏해야 인간들과 대등하다. 줄리아 드레슬의 연구에 참여한 머캐니컬 터커의 일꾼들은 훨씬 적은 데이터만 사용하면서도 최신 알고리즘과 유사한 정확도로 재범 확률을 예측해냈다. '좋아요'에 기초한 성격 모형들은 여전히 개인들로서의 '우리를 아는' 수준에 한참 못 미친다. 스포티파이는 친구들만큼 우수하게 우리에게 음악을 추천하는 방법을 찾아내려 애쓰고 있다.

나는 파이브서티에이트 모형도 이런 한계들을 지녔는지 여부가 궁금했다. 실버가 활용할 수 있는 자원을 감안할 때, 파이브서티에이트 모형은 알고리즘 예측의 세계에서 이론의 여지가 없는 헤비급 챔피언이다. 나는 궁금했다. 인간이 그 모형과 대등하게 겨룰 수 있을까? 우리 인간들이 실버의 모형과 막상막하거나 심지어 그보다 더 우수할 수 있을까?

미국 대통령 후보 경선 기간에, 미국에 본사를 둔 잡지 〈카페

CAFE〉는 정치 기자 경력 '30년'의 칼 디글러Carl Diggler라는 전문가를 고용하여 미국 각 주의 경선 결과를 예측하게 했다. 디글러가 사용한 것은 그의 '좋은 감각과 경험'이 전부였다. 그는 확실히 유능했다. 슈퍼 화요일(미국 대통령 선거에서 선거권을 가진 대의원이 가장 많이 선출되는 날—옮긴이)에 경선을 치른 주 22곳 가운데 20곳의 결과를 옳게 예측했다.[5] 그는 예측을 진행하면서 실버에게 정면승부를 요구했다. 실버는 대응하지 않았지만, 디글러는 아랑곳없이 도발을 이어갔다. 경선이 완료되었을 때, 디글러의 예측은 정확도에서 파이브서티에이트의 예측과 대등하게 89%를 기록했다. 게다가 그는 파이브서티에이트보다 두 배 많은 경선의 결과를 예측했다. 미국 대통령 후보 경선 결과 예측의 챔피언은 칼 디글러였다.

칼 디글러의 예측은 실재였지만, 칼 디글러는 실재가 아니었다. 그는 허구의 인물이다. 필릭스 비더맨Felix Biederman과 버질 텍사스Virgil Texas라는 두 언론인이 그들 자신의 직관을 사용하여 예측한 결과를 칼 디글러라는 가명으로 칼럼에 썼던 것이다. 필릭스와 버질의 원래 의도는 젠체하며 호언장담하는 정치 전문가들을 그들의 닮은꼴 디글러를 내세워 조롱하는 것이었지만, 자신들의 예측이 들어맞기 시작하자 실버에게 도전장을 내밀었다. 경선이 끝난 후 버질은 〈워싱턴 포스트〉에 의견 기사를 발표하여 파이브서티에이트가 오해를 유발한다는 점을 비판했다. 버질은 실버가 내놓는 예측들은 "반증불가능하다"라고 비난했다. 파이브서티에이트가 특유의 방법으로 확률을 이용하여 실패 위험을 줄이는 것을 감안하면, 그 예측들은 검증될 수도 없고 비판될 수도 없다고 버질은 지적했다.

버질이 디글러의 성공을 기초로 삼아 실버의 방법을 비판하는 것은 부적절하다. 실버의 모형이 반증 불가능하다는 주장은 한마디로 거짓이다. 그 모형은 검증될 수 있고, 나는 앞으로 몇 쪽에 걸쳐 그 검증을 해내 보일 것이다. 따지고 보면, 버질의 글이 〈워싱턴 포스트〉에 실린 주된 요인은 심리학자들이 '선택 편향selection bias'이라고 부르고, 금융 분야의 구루 나심 탈레브Nassim Taleb가 "무작위성에 속기fooled by randomness"라고 부르는 것이었다. 즉, 디글러의 예측들은 잘 들어맞았고 다른 (실재이거나 허구인) 전문가들의 부정확한 예측은 잊혔기 때문에, 버질의 글이 신문에 실렸던 것이다. 디글러가 옳은 예측을 그렇게 많이 했다는 사실은 물론 흥미롭지만, 풍자의 세계를 벗어나는 순간, 그 예측들은 모든 타당성을 잃는다.

이른바 전문가들과 미디어에 자주 등장하는 평론가들의 예측은 이미 방대하게 연구되어 단순한 통계학적 모형들과 비교되었다. 펜실베이니아 대학교 와튼 스쿨(경영대학원)의 심리학 교수 필립 테틀록Philip Tetlock은 1990년대와 2000년대를 걸쳐 전문가 예측의 정확성을 연구했다. 테틀록은 그 오랜 연구의 가장 충격적인 결과를 단 하나의 문장으로 요약했다. "평균적으로 전문가의 정확성은 다트를 던지는 침팬지의 정확성과 대충 같다."[6] 칼 디글러처럼 느낌에 의지해서 예측하는 사람들은 장기적으로 동전 던지기에 의지하는 예측보다 더 나은 실적을 내지 못한다. 데이터를 신중히 검토한 다음에 예측하는 (어쩌면 버질 텍사스를 포함한) 사람들은 '최신 변화율을 따르기'나 '현재 상황을 유지하기' 같은 단순한 지침을 준수하는 알고리즘과 대등한 실적을 내는 경향이 있다.

요컨대 칼이나 버질은 파이브서티에이트의 알고리즘을 위협하는 진정한 도전자로 간주될 수 없다.

'전문가'들이 대개 예측에 실패한다는 결론은 필립 테틀록이 수행한 연구의 종착점이 아니었다. 추가 연구로 그는 정치, 경제, 사회 분야의 사건들을 웬만큼 정확하게 예측할 수 있는 사람들로 구성된 소규모 집단을 살펴보았다. 테틀록은 그들을 "슈퍼 예측자 superforecaster"로 명명했고 점점 더 많은 슈퍼 예측자들을 발견했다. 그 사람들은 삶의 현장 곳곳에서 튀어나왔는데, 한 가지 공통점이 있었다. 그들은 미래 사건의 확률에 대한 자신의 추정을 점차 향상시키는 방식으로 정보를 수집하고 가중치를 부여했다. 이 슈퍼 예측자들은 새로운 정보에 반응하여 자신의 예측을 신중하게 조정하는 경향이 있었다. 그들은 확률론적 추론을 활용하고 머릿속에 종 곡선을 그리는 사람들이었다.

그 슈퍼 예측자들은 2016년 미국 대통령 선거를 앞두고도 활동했으며 집단으로서 파이브서티에이트와 대등하게 정확했다. 모든 슈퍼 예측자들의 예측을 평균하면, 트럼프의 승리 확률은 24%였다.[7] 파이브서티에이트가 예측한 28%와 그리 다르지 않은 예측이었다. 클린턴이 100% 이긴다는 식으로 예측한 칼 디글러와 달리 네이트 실버와 슈퍼 예측자들은 오류 위험을 줄였고, 그것은 옳은 행동이었다.

슈퍼 예측자들은 다양한 주들 각각에 대한 예측을 내놓지 않았기 때문에, 그들의 예측을 파이브서티에이트의 예측과 엄밀히 비교하기는 어렵다. 그래서 나는 나의 연구팀에 속한 알렉스 소르코브스키Alex Szorkovszky와 함께 인간이 미국의 주 50개 전체를 대상으로 수행한 또 다른 예측의 성적을 살펴보기로 했다.

'프리딕팃PredictIt'은 뉴질랜드 웰링턴 소재의 빅토리아 대학교가 운영하는 온라인 시장이다. 이 웹사이트의 회원들은 정치적 사건들의 결과에 소액을 걸고 내기를 할 수 있다. 예컨대 '2016년 미국 대통령 선거에서 어느 후보가 오하이오주에서 승리할까?' 또는 '7월 6일 정오부터 7월 13일 정오까지 트위터 계정 @realDonaldTrump(진짜 도널드 트럼프)에서 CNN이 얼마나 많이 언급될까?' 같은 질문에 대답하면서 돈을 걸 수 있다. 판돈과 배당금은 사용자들 사이에서 직접 오가고, 사건의 확률에 따라 내기의 비용이 결정된다. 만일 '그 주에 트럼프가 트위터에서 CNN을 다섯 번 넘게 언급한다'에 내기를 거는 비용이 40센트인데 내가 그 사건이 일어날 확률이 41% 이상이라고 믿는다면, 나는 40센트를 내고 내기에 참여할 수 있다. 만일 트럼프가 실제로 트위터에서 다섯 번 넘게 CNN을 언급하면, 나는 1달러를 받는다. 반대로 다섯 번 이하로 언급하면, 나는 투자한 40센트를 잃는다.

프리딕팃 시장의 사용자들은 확률을 따져가며 거래할 수 있다. 모든 사용자들이 슈퍼 예측자들처럼 똑똑하다는 보장은 없지만, 신중하게 확률을 고려하지 않는 사용자들은 금세 돈을 잃을 것이다.

금전적 이득을 위해 사업하는 도박업자들과 달리, 그 웹사이트는 돈을 잃은 회원들을 격려하여 더 많은 내기를 하게 만들거나 돈을 딴 회원들을 배제하려 애쓰지 않는다. 그 웹사이트의 목표는 최고의 예측자들이 서로 경쟁하게 만드는 것이다. 프리딕팃의 알고리즘은 우수한 예측을 하는 사람들에게 상을 주고 열등한 예측을 하는 사람들에게 벌을 준다. 이것은 우리의 집단적 지혜를 모으는 멋지고 단순한 방법이다.

〈워싱턴 포스트〉에 발표한 기사에서 버질 텍사스는 파이브서티에이트가 반증 불가능한 예측들을 내놓는다고 비난했다. 그는 확률적 예측—이를테면 클린턴이 민주당 경선에서 이길 확률이 95%라는 예측—을 "검증 불가능한 주장"으로 칭했다. 임의의 단일한 선거에 대한 예측을 놓고 한 말이라면, 버질 텍사스의 말은 참이다. 2016년 브렉시트 투표나 미국 대통령 선거를 똑같은 방식으로 재현할 길은 없다. 그러나 파이브서티에이트가 미국 주들을 대상으로 내놓은 예측처럼, 오랜 세월에 걸쳐 다양한 선거에 대하여 많은 예측들이 이루어진다면, 버질 텍사스의 말은 참이 아니다. 만일 파이브서티에이트가 10건의 사건에 대하여 그것들이 95% 확률로 일어나리라 선언했는데 그중 4건 이하만 일어난다면, 우리가 그 기관의 예측 방법을 의심하는 것은 당연하다. 만일 그 사건들 중 9건이나 10건이 일어난다면, 우리가 그 방법의 타당성을 인정할 개연성은 더 높아질 것이다.

예측의 우수함을 가시화하는 좋은 방법 하나는, 얼마나 '과감한가'에 따라서 예측들을 분류한 후에 그것들을 예측된 결과가 발생하는 빈도와 비교하는 것이다. 그림 8.3은 내가 파이브서티에이트와 예측 시장 '인트레이드Intrade' 및 '프리딕팃'이 내놓은 예측들

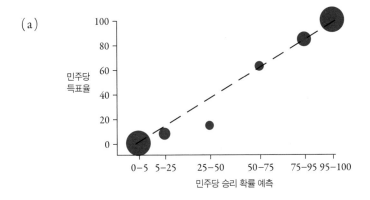

(a)

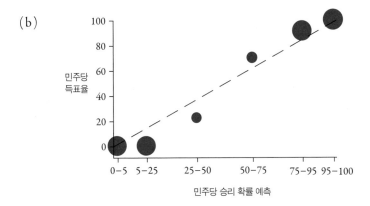

(b)

그림 8.3 파이브서티에이트(a)와 예측 시장 인트레이드/프리딕팃(b)이 2008년, 2012년, 2016년 미국 대선에서 내놓은 모든 주에서의 선거 결과 예측과 실제 결과를 비교한 그림. 원의 반지름은 예측의 개수에 비례한다.

의 우수함을 평가한 결과다.[8] 과감한 예측들은 그림의 왼쪽 가장자리와 오른쪽 가장자리에 위치한 것들이다. 그것들은 민주당 후보가 특정 주에서 이기거나 질 확률이 95% 이상이라는 예측에 해당한다. 파이브서티에이트와 예측 시장 모두에서 그 과감한 예측들은 모두 옳은 것으로 판명되었다. 즉, 승리할 확률이 매우 높다고 예측된 후보가 해당 주에서 승리했다.

더 소심한 예측들, 곧 예측의 확실성이 5%에서 95% 사이인 예측들은 그림 8.3a와 8.3b의 가운데 부분에 놓여 있다. 이 예측들의 우수함은 점선으로부터 떨어진 거리를 기준으로 평가할 수 있다. 점선 위쪽의 원들은 예측들이 민주당의 승리 확률을 과소평가했다는 사실을 의미한다. 반면에 점선 아래쪽의 원들은 민주당의 승리 확률이 과대평가되었다는 사실을 의미한다. 2016년에는 예측 시장들과 파이브서티에이트가 모두 공화당이 승리한 주들에서 민주당의 승리 확률을 아주 약간 과대평가한 경향이 있었다. 하지만 이 경향은 통계학적으로 유의미하지 않으며 합리적인 관점에서 우연의 탓으로 돌릴 수 있다.

예측의 우수함은 '소심한' 예측과 '과감한' 예측의 개수를 통해서도 평가할 수 있다. 만약에 내가 제2차 세계대전 이후의 모든 미국 대통령 선거에 대해서 민주당의 승리 확률이 50%라고 예측했다면, 나의 예측들은 대체로 정확했을 것이다. 왜냐하면 제2차 세계대전 이후의 미국 대통령들은 대략 절반이 민주당이었으니까 말이다. 그러나 내가 모든 대선의 승산을 동전 던지기와 마찬가지로 50대

50으로 예측했다고 해서 나를 천재라고 부를 사람은 없을 것이다.

그림 8.3에 있는 원들의 크기는 예측의 개수에 비례한다. 따라서 파이브서티에이트 그림 8.3a에서 맨 위와 맨 아래에 놓인 큰 원들은 그 예측 사이트가 중간에 놓인 '소심한' 예측들보다 '과감한' 예측들을 훨씬 더 많이 한다는 것을 보여준다. 예측 시장들은 약간 덜 '과감하다.' 특히 우세나 열세가 심한 경우에 그러한데, 이는 아마도 도박판에서 '모험 편향longshot bias'이라고 부르는 성향 때문일 것이다. 모험 편향이란 가망이 없는 쪽에 돈을 거는 성향을 뜻하는데, 발생 확률이 5%인 사건에 모험적으로 돈을 거는 사람은 늘 있기 마련이다.[9] 그런 사람은 거의 늘(20판 중에 19판에서) 돈을 잃을 것이다.

알렉스와 나는 '브라이어 점수Brier score'[10]라는 값을 계산함으로써 2008년, 2012년, 2016년 대선에서 파이브서티에이트 모형과 예측 시장들에 참여한 군중의 주별 선거 결과 예측의 성적이 거의 다르지 않음을 발견했다. 2012년에는 파이브서티에이트가 예측 시장들보다 약간 더 나았다. 그해에 파이브서티에이트는 오바마가 명확히 우세하다는 매우 과감한 예측을 내놓았다. 프리딕팃에 참여한 지혜로운 군중과 파이브서티에이트의 모형은 2016년 대선 결과의 예측에서 동등하게 우수했다. 양쪽의 견해는 대다수의 주에서 유사했고, 많은 미디어들이 준 인상보다 양쪽 다 트럼프를 덜 열세로 평가했다.

칼 디글러와 그의 좋은 감각에 의지한 예측들은 3위를 했지만,

내가 생각한 것만큼 많이 뒤처지지는 않았다. 2016년 미국 대선의 주별 결과 예측에서 칼 디글러의 브라이어 점수는 0.084였다. 참고로 파이브서티에이트는 0.070, 프리딕팃은 0.075였다(브라이어 점수가 낮을수록 더 우수한 예측이다). 버질 텍사스의 공로도 어느 정도 인정해야 한다. 그는 필립 테틀록이 연구한, 다트 던지는 침팬지와 비슷할 정도로 나쁜 '전문가'는 아니었다.

하지만 프리딕팃과 파이브서티에이트를 비교하는 것은 문제가 있다. 왜냐하면 양쪽 모두 합당한 예측을 하는 것은 맞지만, 양쪽이 서로 독립적이지는 않기 때문이다.

양쪽의 예측이 시간적으로 어떻게 변화했는지 살펴보면, 두 예측이 서로 매우 유사하다는 사실을 알 수 있다(그림 8.4). 이는 부분

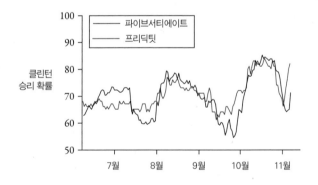

그림 8.4 2016년 미국 대선을 앞둔 몇 달 동안, 클린턴의 승리 확률에 대한 파이브서티에이트의 예측과 프리딕팃의 예측이 어떻게 변화했는지 알려주는 그림.

적으로 프리딕팃 사용자들이 파이브서티에이트를 참조했기 때문이라고 설명할 수 있다. 실제로 슈퍼 예측자들의 토론장에서 가장 많이 언급된 정보 출처는 네이트 실버의 웹사이트 파이브서티에이트였다. 그러나 예측 시장의 역할은 다양한 정보를 모으고 그 우수함에 따라 가중치를 부여하는 것이다. 따라서 파이브서티에이트가 질 높은 정보 출처로 간주되기는 했겠지만, 그 웹사이트가 프리딕팃 시장의 유일한 정보 출처였을 개연성은 낮다. 또한 프리딕팃의 예측들이 파이브서티에이트의 예측들에서 나타나는 상승과 하강을 약간의 시차를 두고 뒤따랐다는 증거도 전혀 없다.

파이브서티에이트는 도박 시장 데이터를 명시적으로는 자사의 모형에 사용하지 않는다. 그러나 전직 프로 도박사인 실버는 어떤 사건이 일어날 확률을 여론조사보다 예측 시장들과 도박업자들이 더 잘 반영한다는 점을 아주 잘 안다. 그는 예측 시장들이 클린턴의 승리를 확신하지 않는다는 사실을 알 수 있었다. 순전히 여론조사에 기초한 〈뉴욕 타임스〉의 모형과 〈허핑턴 포스트〉의 모형은 민주당 후보의 승리 확률을 91%와 99%로 예측하고 있었다. 파이브서티에이트는 선거 결과의 불확실성을 반영하기 위하여 여론조사 데이터를 적당히 조정함으로써 자사의 예측을 시장의 예측에 더 접근시켰다.

결국 선거 결과를 경쟁자들보다 더 잘 예측했으므로, 이 조정은 정당했던 것으로 판명되었다. 그러나 이 미세 조정은 실버가 채택한 접근법의 토대에 대해서 의문을 품게 만든다. 과거에 파이브서티에이트에서 작가로 일한 모나 찰라비Mona Chalabi가 나에게 해준 말에 따르면, 보도국 내부에서 실버의 팀은 자기네 모형이 클린턴의 승리를 너무 강하게 예측하면 안 된다는 공통의 견해를 표현하기 위하여 "아무튼 더 조심해야 해"와 같은 문구들을 사용하곤 했다. 그들은 선거가 끝나면 자신들이 흑백논리로 평가받으리라는 것을 잘 알았다. 인간들은 늘 예측을 흑백논리로, 즉 맞았거나 틀렸거나 둘 중 하나로 평가하니까 말이다.

현재 〈가디언 US〉에서 데이터 편집자로 일하는 모나는 나에게 이렇게 말했다. "여론조사의 모든 한계를 극복하는 방법이 있다는 믿음이야말로 파이브서티에이트와 모든 선거 예측의 궁극적 결함이에요. 그런 방법은 없거든요." 학문적 연구에서 드러났듯이, 일반적으로 여론조사는 예측 시장보다 덜 정확하다.[11] 결론적으로 파이브서티에이트는 자사의 예측들을 개선할 길을 찾아내야 한다. 그 개선을 위한 엄밀한 통계학적 방법은 존재하지 않는다. 그 개선은 선거에서 어떤 요소들이 더 중요할 개연성이 높은가를 이해하는 모형 제작자 개인의 솜씨에 훨씬 더 많이 의존한다. 이것이 데이터 연금술이다. 여론조사에서 나온 통계 데이터를 선거전에서 벌어지고 있는 일에 대한 직관과 결합하는 연금술.

내가 모나와 대화를 나누었을 때, 그녀는 위의 논점을 매우 강조했다. "여론조사는 예측을 위한 필수 요소예요. 그런데 늘 틀려요. 그래서 여론조사를 버린다면, 어떻게 선거를 정확히 예측한단 말이죠?"

파이브서티에이트는 거의 완전히 백인들로 구성된 보도국이다. 직원들은 모두 미국인이고 민주당 지지자이며 대부분 남성이다. 그들은 똑같은 통계학 교육을 받았고 똑같은 세계관을 공유했다. 이런 배경과 교육은 그들이 유권자의 마음을 꿰뚫어보는 능력을 거의 갖추지 못했다는 사실을 의미한다. 파이브서티에이트 직원들은 사람들의 느낌과 감정을 가늠하기 위해 사람들과 직접 대화하지 않는다. 오히려 그런 직접 대화를 주관적인 접근법으로 간주할 것이다. 모나의 설명에 따르면, 직접 대화하는 대신에 직원들은 그들의 문화 속에서 서로의 수학적 기법이 얼마나 발전했는가를 평가했다. 통계학적 결론이 우수할수록 그 결론을 사람들에게 설명하기가 더 어렵다고 그들은 믿었다.

파이브서티에이트가 여론조사에 관한 순수한 통계학적 모형을 내놓는다면, 거기에 소속된 통계학자들의 사회경제적 배경은 중요하지 않을 것이다. 그러나 그 회사는 순수한 통계학적 모형을 내놓지 않는다. 그런 모형은 클린턴의 승리를 강하게 예측했을 것이다. 오히려 그 회사는 직원들의 예측 솜씨와 기반에 놓인 수치들을 조합해서 사용한다. 똑같은 배경과 생각을 가진 사람들로 구성된 노동 환경은 일반적으로 학문적 연구나 성공적인 경영과 같은 어려운 과제에서 좋은 성과를 낼 개연성이 낮다.[12] 배경이 똑같은 한 무리의 사람들이 미래 예측과 관련된 복잡한 요소들을 모조리 식별해내기는 어렵다.

장기적으로 보았을 때 실버와 그의 팀이 프리딕텃이라는 효율적인 시장을 어떻게 이길 수 있을지 나는 잘 모르겠다. 나는 선거 결과 예측을 직접 시도해본 적은 없지만 축구 도박은 (당연히 오직 과학적 연구를 위하여) 조금 해봤다. 어느 수학 천재에 관한 전설이 있다. 어쩌면 도박판의 네이트 실버라고 불러도 좋을 것이다. 그 천재는 도박업자들을 이기기 위한 공식을 개발했다. 전설에 따르면, 마법의 공식을 개발한 그 천재가 제공할 수 있는 조언들을 당신이 발견할 수만 있다면, 당신은 가장 터무니없는 꿈속에서보다 더 큰 부자가 될 수 있다.

이 전설은 아무 근거도 없는 신화다. 스포츠 경기의 결과를 예측하는 공식은 존재하지 않는다. 축구 도박에서 돈을 따는 유일한 길은 도박업자들이 제공하는 배당률을 당신의 수학적 모형에 포함시키는 것이다. 바로 이것이 내가 전작 『축구수학』에서 한 일이다. 그 저서에서 나는 도박 모형을 만들어냈다. 배당률이 따르는 통계학적 패턴을 분석하여 배당률 설정 방식에 깃든 작지만 유의미한 편향을 찾아냈고, 그 편향을 이용하여 돈을 벌었다. 축구의 모형화 과정에 관여하는 수학이 있기는 하지만, 도박하는 군중이 이미 보유한 지혜를 받아들이지 않고도 시장을 이길 수 있다고 생각하는 도박사는 결국 돈을 잃게 된다.[13]

'도박업자들의 게임을 하지 않으면서 그들을 이길 길은 없다'는 이와 같은 원리는 실버의 작업에도 적용된다. 그는 자신의 스포츠 모형들이 도박업자들을 이기지 못한다고 인정한다. 도박업자들은 파이브서티에이트의 예측과 기타 유의미한 정보를 통합하여 시장

가격에 반영한다. 개인이 아무리 영리하더라도, 그들은 한 개인보다 항상 유리하기 마련이다.

모나는 파이브서티에이트에서의 경험으로부터 많은 것을 배웠지만, 그 배움은 처음에 상상한 것과 달랐다. 그녀는 데이터 저널리즘 분야의 전문성을 연마하기를 바라며 그곳에 취직했지만, 파이브서티에이트가 제공하는 정확성은 환상이라는 점을 이해하고서 그곳에서 나왔다. 파이브서티에이트의 예측값에 등장하는 숫자들을 주목하라고 나에게 일러준 사람이 바로 모나였다. 그때까지 나는 그 숫자들을 대수롭지 않게 여겼다. 나는 이를테면 71.8%와 같은 확률을 그저 하나의 수로만 보았을 뿐, 그 확률이 또한 정확도를 암시한다는 점을 간과했다. 학교 과학 수업에서 우리는 '유효숫자'를 배운다. 유효숫자들의 개수는 우리가 측정할 수 있는 양의 정확도를 반영한다. 예컨대 모래 10자루의 무게가 12.6kg에서 13.3kg 사이라는 것을 안다면, 우리는 모래 1자루의 무게는 1.3kg이며 이때 유효숫자는 두 개라고 말할 수 있다. 모든 여론조사는 최소 3퍼센트포인트의 오차를 지녔으며 대개는 그보다 더 큰 오차가 나는데, 이것은 최고의 선거 예측에서도 유효숫자가 한 개만 있는 수치(이를테면 70%)로 확률 예측값을 발표해야 마땅하다는 것을 의미한다. 0이 아닌 숫자가 두 개 이상 들어 있는 예측값은 오해를 유발한다.

온갖 고급 수학으로 무장했음에도 불구하고 파이브서티에이트는 웬만한 학생도 저지르지 않는 반올림 오류를 범하고 있는 것이다. 당신이나 파이브서티에이트 관계자들이 보충 수업을 원한다면,

나는 웹사이트 'BBC 바이트사이즈BBC Bitesize'(영국 학생들을 위한 무료 온라인 학습 지원 사이트—옮긴이)를 강력 추천하겠다.

모나는 파이브서티에이트에서 나온 후 〈가디언 US〉 소속의 데이터 편집자로 일하면서 과거 경험의 교훈을 활용해왔다. 그녀는 데이터를 제시할 때 몇 개의 범주를 사용하여 측정값들의 불확실성을 강조한다. 그저 수치들에 의존하는 대신에 데이터를 정리하는 일에 집중하며, 소수점 아래 숫자들은 절대로 사용하지 않는다. 대화 중에 그녀가 그린 그림들 가운데 가장 인상적인 것은 주차공간과 그녀 혼자 사용하는 감옥 같은 방을 나란히 배치해놓고 두 면적을 비교하는 그림이었다. 나는 그 면적들 각각이 얼마나 컸는지 잊어버렸지만, 그녀의 방이 주차공간보다 훨씬 더 좁았다.

모나에게 대화를 요청하기 전, 파이브서티에이트를 평가하는 작업을 내가 일종의 게임으로 여기고 있었다고 실토해야겠다. 그 회사의 모형들과 예측 시장들을 비교하여 누가 우월한지 알아보는 작업은 재미있는 일이라고 생각했다. 그러나 그때 나는 실버가 빠진 것과 똑같은 함정에 빠지는 중이었다. 즉, 미국 대통령 선거의 결과가 수많은 사람들의 삶에 결정적으로 중요하다는 점을 망각하는 중이었다. 정말로 위험한 것이 무엇인지에 대하여 모나는 이렇게 말했다. "파이브서티에이트는 유권자들의 행동에 영향을 미칠 수 있습니다. 선거 당일에 그 사이트를 방문하는 수백만 명의 사람들은 실버의 모형이 어떻게 작동하는지 꿰뚫어보지 못해요. 그들은 클린턴의 승리 확률과 트럼프의 승리 확률만 보고서 클린턴이 이길

거라고 결론을 내리죠."

　네이트 실버를 비롯한 통계 전문가들은 우리를 숫자로 압도하고, 우리는 압도된다. 왜냐하면 그들의 대답이 우리의 대답보다 더 낫다고 믿기 때문이다. 실은 그렇지 않다. 그들은 다트를 던지는 침팬지보다 우월하고 칼 디글러와 같은 (자칭) 전문가보다 약간 더 나을지 몰라도, 우리의 집단적 지혜를 이기지 못한다.

　당신이 모형 제작에 관한 복잡한 사항들에 관심이 있다면, 나는 파이브서티에이트의 웹페이지를 (반올림 오류는 빼고) 강력 추천하겠다. 만일 다음 선거의 예측값만 훑어볼 생각이라면, 당신은 시간을 낭비하는 것이다. 차라리 도박업자들이 정한 배당률을 살펴보라.

　예측 결과들을 몇 개의 범주로 분류할 것을 강조하는 모나의 뜻을 이어서 나는 모든 모형 예측 발표에 경고문을 덧붙이는 것을 의무로 정하자고 제안한다. 경고문은 누구나 이해할 수 있게 작성되어야 하며, 예측의 정확도를 알려주는 범주에 따라 이를테면 아래와 같이 세분될 수 있을 것이다.

- 무작위 예측: 이 예측들은 다트를 던지는 침팬지를 능가하지 못함.
- 정확도가 낮은 예측: 이 예측들은 머캐니컬 터커에서 활동하는 저임금 일꾼들을 능가하지 못함.
- 정확도가 중간인 예측: 이 예측들은 도박업자들을 능가하지 못함.

인간이 관여하는 사건들, 곧 스포츠, 정치, 유명인의 사생활, (며칠, 몇 주, 몇 달에 걸친) 금융시장의 동향 등을 예측하는 거의 모든 수학적 모형의 성능은 위의 세 범주들 중 하나에 속한다. 혹시 당신이 이 일반적 규칙의 신뢰할 만한 예외를 안다면, 나에게 알려주길 바란다… 그러면 나는 곧바로 도박업자들과 의논하면서 나의 모형을 보완할 것이다.

9장

추천 알고리즘과
'좋아요 추가' 모형

파이브서티에이트 알고리즘과 프리딕팃 알고리즘은 내가 그때까지 살펴본 알고리즘과 달랐다. 두 알고리즘은 단지 우리를 분류하는 것에서 그치지 않았다. 그것들은 우리와 상호작용했다. 파이브서티에이트 모형은 우리에게 영향을 미쳤다. 모나 찰라비가 의심하는 대로 그 모형이 사람들의 투표 여부에 영향을 미쳤는지 확인하기는 어렵지만, 확실히 그 모형은 다가오는 선거에 대한 미국인들의 느낌에 영향을 미쳤다.

우리는 컴퓨터나 스마트폰을 켜는 순간부터 알고리즘과 상호작용한다. 구글은 다른 사람들의 선택과 웹페이지들 간 링크의 개수를 이용하여 우리에게 어떤 검색 결과를 보여줄지 결정한다. 페이스북은 친구들의 추천에 기초하여 우리가 볼 뉴스를 결정한다. 레딧Reddit(소셜 뉴스 웹사이트—옮긴이)은 유명인 가십 기사에 대해서 우리가 '업보트upvote'('좋아요'와 같음—옮긴이)나 '다운보트downvote'('싫어요'와 같음—옮긴이)를 클릭하여 그 기사의 순위를 조정하는 것을 허용한다. 링크드인은 우리가 직업 세계에서 만나야 할 사람들을 제안한다. 넷플릭스와 스포티파이는 사용자들에게 영화와 음악을 추천하기 위하여 그들의 취향을 철저히 탐구한다. 이 모든 알고리즘들의 기반은, 타인들의 추천과 결정을 따름으로써 우리가 무언가 유익한 것을 배울 수 있다는 생각이다.

이 생각은 정말 옳을까? 우리가 온라인에서 상호작용하는 알고리즘들은 과연 우리에게 가장 좋은 정보를 제공할까?

온라인 쇼핑몰 아마존의 창업자 제프 베이조스Jeff Bezos는 우리가 상품을 둘러볼 때 소수의 중요한 선택지들만 보기를 원한다는 점을 최초로 깨달은 인물이다. 그의 회사는 우리가 원하는 상품을 발견하는 것을 돕기 위하여 "당신이 검색한 상품과 관련 있는 상품들" "이 상품을 구매한 소비자들은 아래 상품들도 구매했습니다"와 같은 목록을 도입했다. 아마존은 수백만 개의 선택지 중에서 소수의 선택지를 선별하여 우리에게 제공한다. 『괴짜 경제학』을 읽으셨나요? 『경제학 콘서트』나 『생각에 관한 생각』도 읽어보세요.' '조너선 프랜즌의 최신 소설을 검색하셨나요? 대다수의 소비자들은 이어서 한야 야나기하라의 『리틀 라이프』를 구매했습니다.' '케이트 앳킨슨, 시배스천 폭스, 윌리엄 보이드는 흔히 함께 구매됩니다.' '『축구

수학』을 검색하셨나요?『지금껏 축구는 왜 오류투성이일까?』와『더 믹서』도 한번 보세요.' 이런 제안들은 선택권이 당신에게 있다는 착각을 심어주지만, 책들을 분류한 당사자는 아마존의 알고리즘이다.

이 알고리즘이 매우 효과적인 이유는 그것이 우리를 이해하기 때문이다. 내가 좋아하는 저자들의 작품이라고 추천된 책들을 보면, 추천의 정확도를 인정하게 된다. 추천된 책은 내가 이미 갖고 있거나 아니면 입수하고 싶은 것이다. 나는 단지 아마존의 알고리즘을 '연구하기' 위하여 그 웹사이트에서 두 시간을 보냈는데, 그동안 7개의 상품을 장바구니에 집어넣고야 말았다. 알고리즘은 나뿐 아니라 아내와 친척들도 이해했다. 나는 크리스마스 선물 쇼핑을 앉은자리에서 다 해버렸다. 심지어 그 알고리즘은 십대 청소년인 딸을 나보다 더 잘 이해한다. 내가 도디 클라크의 책『강박, 고백, 인생 교훈*Obsessions, Confessions and Life Lessons*』을 살펴보자, 알고리즘은 내 딸 엘리스가 존 그린의『거북이는 언제나 거기에 있어』도 좋아할 가능성이 있다고 제안했다. 나는 엘리스가 그 책도 좋아할 것이라고 확신한다.

소설을 읽을 때 나는 타인의 말을 나 자신의 목소리로 듣는다. 그것은 매우 개인적인 경험, 나와 저자 사이의 특별한 연결이다. 때때로 좋은 소설에 깊이 빠져들면, 이 저자처럼 나에게 말을 걸어올 사람은 아무도 없다는 믿음을 품게 된다.

그러나 아마존 사이트에서 몇 시간 머물다 보면, 그 믿음은 완전히 깨진다. 아마존의 추천 알고리즘은 내가 좋아하는 책을 선호하는 타인들이 선택한 상품을 나도 선택할 가능성이 있다는 점을 이용한다. 취급하는 상품 1000만 종을 분류하기 위하여 아마존은 소비자들이 함께 구매한 품목들을 링크로 묶는다. 이 링크들은 나중에 아마존이 우리에게 건네는 제안의 기초로 기능한다. 이 추천 방법은 간단하지만 효과적이다. 아마존의 소비자 데이터베이스 안에는 나와 유사한 사람들, 내 자식들과 유사한 사람들, 내 친구들과 유사한 사람들이 많다. 아마존은 캘리포니아에서 일하는 소수의 연구자들이 개발한 알고리즘을 작동시켜서, 내가 귀 기울일 새롭고 특별한 목소리를 간단히 찾아내 나에게 무료로 전달할 수 있다. 오늘 주문하면 내일 상품을 받을 수 있다는 메시지와 함께.

나는 아마존의 알고리즘이 어떻게 구성되어 있는지에 관한 정확한 세부사항에 접근할 수 없다. 그 비밀은 아마존의 자회사 A9닷컴의 내부에만 머무른다. 아마존의 알고리즘은 시간이 흐름에 따라 변화할뿐더러, 다양한 상품들에 적합하게 다양한 버전들로 존재한다. 따라서 단일한 '아마존 알고리즘'은 이제 더는 존재하지 않는다. 그러나 아마존 알고리즘의 배후에, 또한 우리가 그 알고리즘과 상호작용하는 방식의 배후에 놓인 기본 원리들은 존재하며, 우리는 이 원리들을 수학적 모형으로 표현할 수 있다.

아마존에 경의를 표하기 위하여 나는 그 모형을 '좋아요 추가also liked'로 명명하려 한다. 이제부터 '좋아요 추가' 모형을 제작하는 과정의 단계들을 살펴보자.[1] 나의 모형에서는 저자들의 수가 정해져 있다. 나는 과학과 수학을 대중적으로 다룬 책들의 저자 25명을 선택할 것이다. 유명한 이름을 사용하면 재미있기 때문이지만, 이름은 모형의 결과에 영향을 미치지 않는다. 처음에는 아직 한 건의 구매도 이루어지지 않았다고 전제하자. 첫째 소비자가 무작위로 책 두 권을 산다. 이때는 어느 저자나 동등한 확률로 선택된다.

그다음부터 소비자들이 한 번에 한 명씩 책을 사러 온다. 각각의 소비자는 과거에 함께 팔린 두 저자의 책들을 같이 구매할 개연성이 높다. 처음에는 이 효과가 미미하다. 일반적인 규칙은, 한 저자의 책이 팔릴 확률은 과거의 판매 횟수 더하기 1에 비례한다는 것이다.[2] '더하기 1'의 역할은 어떤 책이든지 0보다 큰 확률로 팔리게 만드는 것이다. 예컨대 첫째 소비자가 브라이언 콕스의 책과 알렉스 벨로스의 책을 샀다고 해보자. 그러면 새로운 소비자가 콕스의 책이나 벨로스의 책을 살 확률은 각각 27분의 2, 다른 저자의 책을 살 확률은 27분의 1이다.

그림 9.1a는 '좋아요 추가' 모형으로 제작한 한 시뮬레이션에서 최초 구매 20건을 보여준다. 두 저자를 이은 선은 소비자가 한 저자의 책과 다른 저자의 책을 함께 구매했다는 것을 나타낸다. 첫 소비자가 무작위로 콕스를 선택한 결과로 콕스가 다른 저자와 함께 선택된 사례가 추가로 4건 발생했다. 이언 스튜어트는 4회 판매되었다. 리처드 도킨스와 필립 볼은 각각 3회 판매되었다. 이 단계에서는 어느 저자가 가장 많은 인기를 누리는지가 불분명하다.

500건의 구매가 이루어진 뒤의 그림은 사뭇 다르다. 그림 9.1b는 스티븐 핑커가 탁월한 최고 인기 저자이며 역시 잘 팔리는 대니

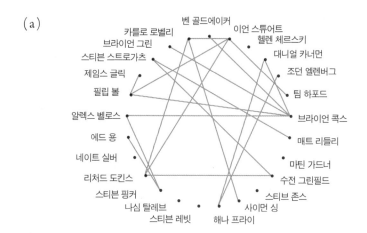

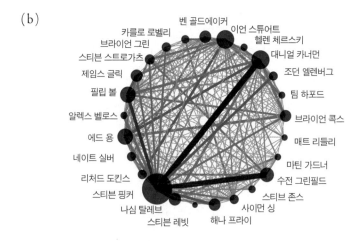

그림 9.1 '좋아요 추가' 모형으로 제작한 시뮬레이션이 보여주는 책 판매 연결망. (a)는 20건의 구매가 이루어진 뒤의 모습, (b)는 500건이 이루어진 뒤의 모습이다. 연결선들은 동일한 소비자가 두 저자의 책을 모두 구입한 횟수를 나타낸다. 선이 굵고 진할수록, 그런 연결 구매가 더 많은 것이다. 원의 반지름은 해당 저자의 총 판매 부수에 비례한다.

얼 카너먼, 수전 그린필드, 필립 볼과 강하게 연결되어 있음을 보여 준다. 리처드 도킨스와 브라이언 콕스는 뒤로 처졌고, 다른 좋은 저 자 여러 명은 아예 인기를 얻지 못했다.

이 시뮬레이션에서 일부 저자들은 인기가 크게 오르면서 점점 더 많은 연결선들을 얻고, 다른 저자들은 무명無名의 어둠 속으로 가라앉는다. 상위 5명의 총 판매 부수는 나머지 20명의 총 판매 부수와 대략 같다.

저자들의 입장에서는 바로 여기가 '좋아요 추가' 알고리즘의 잠재적 위험성이 도사리는 지점이다. 나의 모형에서 소비자들은 책이 얼마나 좋은가를 고려하지 않는다. 그들은 알고리즘이 제공하는 링크에 기초하여 책을 구매한다. 따라서 똑같이 훌륭한 두 저자의 판매 부수가 종국에는 극단적으로 엇갈려 한 명은 베스트셀러 저자가 되고 다른 한 명은 훨씬 더 적은 판매 부수를 기록할 수 있다. 모든 책들의 우수성이 정확히 같다고 하더라도, 일부 책들은 베스트셀러가 되고, 다른 책들은 실패작으로 주저앉는다.

서던 캘리포니아 대학교 정보과학센터의 연구원 크리스티나 러먼Kristina Lerman이 나에게 해준 말에 따르면, 우리의 뇌는 '좋아요 추가'를 아주 좋아한다. 그녀는 우리의 온라인 행동을 모형화할 때 한 가지 어림규칙을 사용한다. 그녀는 이렇게 말했다. "기본적으로 사람들은 게으르다고 전제하세요. 그러면 사람들의 행동을 거의 다 예측할 수 있습니다."

크리스티나는 매우 다양한 웹사이트를 연구한 끝에 그 결론에 도달했다. 어떤 웹사이트냐면, 페이스북과 트위터를 비롯한 사회연결망들, '스택 익스체인지Stack Exchange'를 비롯한 프로그래밍 사이트들, 야후 온라인 쇼핑, 학술 문헌 검색엔진 '구글 스칼러Google Scholar', 온라인 뉴스 사이트들이었다. 뉴스 기사들의 목록을 제공받으면 우리는 목록의 꼭대기에 위치한 기사들을 읽을 개연성이 매우 높다.[3] 프로그래밍 관련 문답 사이트인 '스택 익스체인지'에 대한 연구에서, 크리스티나는 사용자들이 답변을 받아들일 때 답변의 질에 대한 평가에 기초해서가 아니라 그 답변이 웹페이지에서 얼마나 높은 곳에 있는지, 또 (얼마나 많은 단어들로 이루어졌는지가 아니라) 얼마나 큰 공간을 차지하는지에 기초해서 받아들이는 경향이 있음을 발견했다.[4] 그녀는 나에게 이렇게 말했다. "이런 사이트에서 선택지들을 더 많이 보여줄수록, 사람들은 더 적은 선택지들을 주목하게 돼요." 우리에게 너무 많은 정보가 제공되면, 우리의 뇌는 그 정보를 그냥 무시하는 것이 최선이라고 판단한다.

크리스티나에 따르면, '좋아요 추가'는 "대안 세계들"을 만들어낸다. 그 세계들에서 온라인상의 인기는, 자신의 선택을 그리 열심히 숙고하지 않고 타인들의 질 낮은 선택을 강화하는 수많은 사람들에 의해 결정된다. 이 대안 세계들을 더 잘 이해하기 위하여 나는 나의 '좋아요 추가' 모형으로 새로운 시뮬레이션을 제작했다. 앞선 시뮬레이션에 등장했던 저자 25명이 그대로 등장하는 시뮬레이션이었다. 그 알고리즘은 확률적이기 때문에, 두 개의 시뮬레이션 결과가 똑같은 경우는 결코 없다. 그림 9.2가 보여주는 새로운 결과

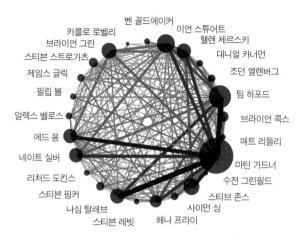

그림 9.2 '좋아요 추가' 모형으로 제작한 새로운 시뮬레이션의 책 판매 상황(500건의 구매가 이루어진 뒤). 연결선들은 동일한 소비자가 두 저자의 책을 모두 구입한 횟수를 나타낸다. 선이 굵고 진할수록, 그런 연결 구매가 더 많은 것이다. 원의 반지름은 해당 저자의 총 판매 부수에 비례한다.

에서는 마틴 가드너가 일찍부터 주목받기 시작하여 국제적인 베스트셀러 저자가 된다. 시뮬레이션이 수행될 때마다 매번 유일무이한 베스트셀러 목록이 산출된다. 각각의 시뮬레이션 세계에서 초기 구매들이 강화되고 대중과학 출판계의 새로운 성공작이 탄생한다. '좋아요 추가' 모형은 무작위로 성공작을 만들어낸다.

현실의 책 시장에서 성공이 어느 정도로 초기 행운에 의존하고 어느 정도로 책의 질에 의존하는지 알아보기 위해 현실을 과거로 되돌려 다시 진행시켜볼 수는 없다. 일단 특정 저자들이 확고히 자리 잡고 나면, 그들을 역사에서 제거하는 것은 불가능하다. 내가 생각하기에, 만약 아마존이 책 판매에 관한 '대안 세계들' 이론을 실험으로 검증하기 위하여 벤 골드에이커와 카를로 로벨리 같은 성공한 대중과학 저자들의 기존 판매 부수를 0으로 재설정하겠다고 제안하면 그 저자들은 그다지 기뻐하지 않을 것이다. 또 비욘세, 레이디 가가, 아델은 아이튠즈와 스포티파이가 대중음악에 관한 '대안 세계들' 이론을 검증하기 위해 인기 음원 목록을 재설정하기를 바라지 않을 것이다.

우리가 우리 자신의 음악적 세계를 원점으로 되돌려 다시 형성하는 것은 불가능하지만, 더 작은 인공 세계들을 창조하는 것은 가능하다. 사회학자 매슈 샐거닉Matthew Salganik과 수학자 덩컨 와츠Duncan Watts는 한 실험에서 각각 별개인 온라인 '음악 세계' 16개를 창조했다. 그 세계들에서 사용자는 무명의 밴드들이 연주한 노래를 듣고 다운로드할 수 있었다.[5] 노래들은 어느 세계에서나 똑같았지만, 각각의 세계에는 각기 고유한 인기 차트가 있었다. 그 차트는 사용자가 속한 세계의 다른 구성원들이 노래를 다운로드한 횟수를 보여주었고, 다른 세계들에서의 다운로드 횟수는 보여주지 않았다. 매슈와 덩컨은 차트 상위권 노래들이 중위권 노래들보다 약 10배 더 인기 있다는 사실을 발견했다. 또한 세계가 다르면 차트도 달랐다. 한 세계에서 차트의 꼭대기에 오른 노래들이 다른 세계들에서는 차트의 중간에서 헤맸다.

그 연구자들은 노래들이 실제로 얼마나 좋은지도 측정했다. 이 측정은 차트 정보를 받지 않은 청취자들이 노래를 어떻게 평가했는지를 기준으로 이루어졌다. 그 독립적인 청취자들이 좋아한 노래는 그들이 싫어한 노래보다 차트에서 더 높은 자리를 차지했다. 그러나 어떤 노래가 차트 상위권에 오를지 예측하기는 여전히 어려웠다. 정말 나쁜 노래들은 절대로 상위권에 오르지 않았지만, 좋은 노래들과 괜찮은 노래들은 상위권에 오를 개연성이 동등했다. 나쁜 노래는 들으면 누구나 알지만, 꼭 예외적으로 뛰어난 뮤지션만 성공하는 것은 아닌 듯하다.

'좋아요'를 받는 것은 개인, 기업, 미디어에 큰 가치가 있다. 매사추세츠 공과대학 슬론 경영대학의 사이넌 어랄Sinan Aral은 '좋아요'의 효과를 정량화하는 연구를 시작했다. 그와 동료들은 어느 대중적인 뉴스 수집 사이트와 협력하여, 게시물의 '좋아요' 개수를 증가시키거나 감소시키면 어떤 일이 일어나는지 연구했다.[6] 게시물이 올라온 직후에 '좋아요'를 단 한 개만 추가해도, 다른 사용자들의 '좋아요'가 유발되었다. 최초로 추가된 '좋아요'의 효과를 최종 결과에서 확인할 수 있었다. 그 최초 '좋아요'는 해당 게시물이 받은 '좋아요'의 개수를 평균 0.5개 상승시켰다. 이것은 작은 효과지만 투표 조작이 통한다는 것을 보여준다.

사이넌의 연구는 프리딕팃 알고리즘과 '좋아요' 알고리즘 사이의 핵심적인 차이를 드러냈다. 프리딕팃에서는 지배적 견해에 반발하는 사용자들이 항상 우대받는다. 즉, 그런 사용자들이 금전적 이익을 챙길 수 있다. 반면에 뉴스 수집 사이트 사용자들은 타인의 긍정적 평가에 반발하기는커녕 본인도 '좋아요'를 누르는 쪽으로 더 많이 기운다. 대조적으로, 게시물에 '싫어요'를 다는 조작을 가하면 다른 사용자들이 금세 '좋아요'로 맞받아쳤다. 이 경우에 조작된 '싫어요'는 최종 평가 전반에 영향을 미치지 못했다. 우리는 부정적 평가는 규제하지만 긍정적 평가는 무비판적으로 승인한다. 우리의 뇌가 게으른 탓일 수도 있겠지만, 아무튼 우리의 뇌는 부정보다 긍정을 더 선호하는 경향이 있다.

사이넌은 어떤 뉴스 수집 사이트와 협력했는지 밝히지 않기로 약속했다. 하지만 현재 가장 앞서가는 뉴스 수집 사이트는 '레딧'이다. 사이넌의 연구가 발표될 당시, 레딧의 총괄 책임자였던 에릭 마틴Erik Martin은 레딧을 체계적으로 조작하려고 시도한 업자를 여럿 적발했다고 잡지 〈파퓰러 머캐닉스Popular Mechanics〉 측에 보고했다.[7] 레딧은 자사의 페이지들을 감시하면서 인간 같지 않은 방식으로 게시물을 올리는 가짜 계정들을 적발하는 알고리즘 봇을 보유하고 있다. 에릭은 이렇게 말했다. "우리에겐 대항 수단들이 있습니다. 또 그런 게시물을 적극적으로 찾아내는 사람들이 있고, 그런 조작을 관용하지 않는 공동체가 있죠."

레딧은 잘 작동한다. 왜냐하면 그 사이트에서 가장 많이 읽힌 게시물을 면밀히 감시하는 사람들이 있기 때문이다. 그러나 인터넷의 모든 구석구석을 인간들이 감시하고 통제하는 것은 불가능하다. 그렇기 때문에 인터넷에서 '좋아요 추가'가 악용될 가능성은 열려 있다. 나는 그 가능성에 대해서 더 많은 얘기를 들려줄 수 있는 옛 친구와 접촉했다. 그는 실명 대신에 온라인상의 가명 "CCTV 사이먼"

으로 불리기를 바랐다. 정보학 석사학위를 받은 후, 사이먼은 동료 졸업생들을 따라 구글을 비롯한 기술 회사에 취직하고 싶은 충동을 억누르고 집에서 살림하는 아빠가 되었다. 아기의 기저귀를 갈아주며 짬짬이 여유 시간을 냈던 그는 그 시간을 활용하여 돈을 벌 방법을 궁리했고, 그러다가 '블랙 햇 월드Black Hat World'를 발견했다.

　새 카메라를 구매하려 한다면, 당신은 아마도 구매에 앞서 온라인 리뷰를 몇 개 읽어볼 것이다. 그리하여 필요한 것을 모두 알게 되면, 그제야 아마존이나 기타 온라인 쇼핑몰에 가서 카메라를 살 것이다. 흔히 당신은 리뷰와 정보를 보유한 사이트들이 제공하는 링크나 광고를 클릭하다가 아마존에 도달한다. '게이트웨이gateway'로 불리는 그 중간 사이트들은 아마존의 제휴회사 지위를 신청할 수 있다. 특정 게이트웨이에서 기원한 구매가 이루어질 때마다 아마존은 그 제휴회사에 소액의 수수료를 지불한다. 확고히 자리 잡은 대형 웹사이트에게 이것은 짭짤한 광고 수익 원천이다. '블랙 햇 월드'는, 돈을 벌고는 싶지만 정말로 유용하거나 흥미로운 콘텐츠를 보유한 웹사이트를 공들여 창조할 의사는 없는 제휴회사들을 위한 토론장이다.

　'블랙 햇'이라는 용어는 원래 사적인 이익을 위해 컴퓨터 시스템에 침입하여 그것을 조작하는 해커를 가리켰다. 그러나 '블랙 햇 월드'에 모이는 블랙 햇 제휴회사들은 구글에 침입하지 않는다. 대신에 그 회사들은 구글의 검색 알고리즘을 악용하여 돈을 벌기 위해 가능한 모든 수단을 동원한다. CCTV 사이먼은, 만일 구글의 검색 결과 가운데 제휴 웹사이트를 맨 위에 뜨게 만들 수 있다면 많은 트래픽이 아마존으로 향하는 도중에 그 사이트를 거칠 것이라는 사실을 깨달았다. 크리스티나 러먼이 보여주었듯이, 우리의 게으른 뇌는 검색 결과의 맨 윗부분에 관심을 기울인다. '블랙 햇 월드'에 올라온 게시물들의 도움으로 사이먼은 한 전략을 개발했다. 그는 CCTV 카메라에 집중하기로 했다. 왜냐하면 영국에서 CCTV 시장은 한창 성장 중이며 수수료로 돈을 벌기에 충분할 만큼 크기 때문이다. 그는 '구글 애드워즈Google AdWords'(현재는 '구글 애즈Google Ads')를 연구한 끝에 자신의 페이지에 집어넣을 핵심 검색 문구 몇 개를 고안했다. 그는 한 페이지의 제목을 "CCTV 카메라를 살 때 범할 수 있는 최고의 실수 10가지"로 정함으로써 시장의 틈새를 선점했다. 그 검색 문구를 사용한 블랙 햇 제휴회사는 그때까지 없었다.

다음 단계는 구글 알고리즘을 속여서 사람들이 자신의 제휴 사이트에 정말로 관심이 있다고 믿게 만드는 것이다. 사이먼은 이 단계를 "링크 주스link juice 창조하기"라고 부른다. 구글의 원조 알고리즘인 '페이지랭크PageRank'에서 한 사이트의 순위는 그 사이트를 통과하는 클릭들의 흐름을 기준으로 매겨졌고, 그 흐름은 사이트를 오가는 하이퍼링크의 개수에 의존했다. 구글 알고리즘의 기본적인 원리는 '좋아요 추가' 모형과 똑같다. 인기 있는 페이지일수록 검색 결과에 뜰 확률이 더 높다.[8] 한 페이지의 순위가 상승하면, 그 페이지로 향하는 트래픽이 증가하고, 순위는 더욱 상승한다.

특정 페이지의 순위를 올리고자 할 때 블랙 햇 제휴회사들은 그 페이지로 향하는 링크들을 만들어낸다. 그러면 구글의 알고리즘은 그 페이지가 연결망에서 핵심적이라고 생각하면서 검색 결과에서 순위를 높인다. 일단 링크 주스가 흐르고 특정 사이트가 검색 결과의 상위로 올라가기 시작하면, 진짜 사용자들의 클릭이 유발되면서 더 많은 링크 주스가 생산된다. 이때부터 블랙 햇 제휴회사들은 돈을 벌기 시작하는데, 그 돈은 구글이 아니라 수수료를 지불하는 아마존과 기타 제휴 사이트에 입력되는 클릭으로부터 나온다.

구글이 가짜 링크를 식별하는 방법을 차츰 개발함에 따라, 구글의 알고리즘을 속이기 위한 블랙 햇의 수법은 더 복잡해졌다. 현재 인기 있는 방법은 '사설 블로그 연결망private blog network, PBN'을 창조하는 것이다. 그 연결망 안에서 한 개인은 예컨대 와이드스크린 TV에 관한 사이트 10개를 개설하고, 유령 저자들을 동원하여 그 주제를 다루는 다소 무의미한 글로 사이트들을 채운다. 그런 다음에 10개의 사이트를 한 제휴 사이트와 연결하여 그 제휴 사이트가 최신 TV를 다루는 가장 권위 있는 사이트인 것처럼 보이게 만든다. 외톨이 블랙 햇—페이스북 '좋아요'들과 트위터 공유까지 완비한—이 온라인 커뮤니티 전체를 창조하고 있다. 단지 구글의 알고리즘을 속이기 위해서 말이다.

사설 블로그 연결망이나 블랙 햇 아마존 제휴 사이트가 성공하려면 일부는 진짜 문서 콘텐츠를 보유해야 한다. 구글은 단지 다른 사이트들을 베낄 뿐인 사이트를 차단하기 위해 표절 알고리즘을 사용하며, 게재된 글이 기초적인 문법 규칙을 따르는지 여부를 자동

언어분석을 통해 확인한다. 사이먼이 내게 해준 말에 따르면, 그는 처음에 CCTV 카메라를 구입하고 진짜 리뷰를 썼다. 그러나 머지않아 무언가를 깨달았다. "내가 카메라를 사건 말건, 구글은 사이트의 순위를 바꾸지 않아요. 구글의 알고리즘이 하는 일은 키워드를 점검하는 것, 독창적인 내용을 찾아내는 것, 내 사이트에 그림이 있는지 보는 것, 주스의 양을 측정하는 것이 전부죠." 사이먼은 대학교에서 공부한 덕분에 그 알고리즘이 어떻게 작동하는지 알고 있었지만, 트래픽에 대한 구글의 접근법이 정말 얼마나 단순하고 엉성한지 실감하고는 깜짝 놀랐다. 그의 사이트는 금세 수십만 건의 방문을 유발하고 있었다.

제휴 사이트들은 천차만별이다. 사이먼은 자신의 사이트를 '화이트 햇white hat' 제휴 사이트들과 대비했다. 화이트 햇 제휴 사이트의 운영자들은 "자신이 소개하는 제품에 정말로 관심이 있고 나름의 소신도 있으며 매우 진실하고 사적인 미국 가정주부"라고 사이먼은 설명했다. 또한 '핫유케이딜스HotUKDeals' 같은 사이트들이 속한 회색 구역도 존재한다. 이 사이트는 회원들이 주요 소매상에 관한 정보를 공유하도록 독려하기 때문에, 최저가 구매를 추구하는 사람들의 커뮤니티라는 인상을 풍긴다. 그 사이트가 진짜 사용자들을 다수 보유한 것은 사실이지만, 나는 핫유케이딜스에 게시물을 올리는 사람들이 '블랙 햇 월드'에도 고용되어 특정 제휴 사이트들을 위한 게시물을 올리는 것을 발견했다. 대다수의 사용자는 핫유케이딜스의 진짜 목적을 알아채지 못하고 있다고 사이먼은 믿었다. 핫유케이딜스에서 나가는 모든 링크는 각각 그 사이트의 제휴 사이트들로 향한다. 따라서 핫유케이딜스에 게시된 모든 정보는 제휴 사이트 소유자들을 위한 금전적 이익을 창출한다.

수입이 가장 좋았던 시절에 사이먼은 가짜 리뷰와 무의미한 정보를 보유한 웹사이트 하나에서 매달 1000파운드(한화로 160만 원)를 벌었다. 그 사이트를 방문한 나는 사이먼이 숙달한 글쓰기 방식에 깊은 인상을 받았다. CCTV를 다루는 그의 글들은 〈탑 기어*Top Gear*〉(영국 BBC 방송의 자동차 관련 프로그램―옮긴이) 리뷰와 유사했으며 실질적인 내용은 전혀 없었다. 사이먼의 사이트는 "저렴한 실내용 IP 카메라를 원하세요?"나 "아기를 돌보면서도 집안일은 해야죠"와 같은 문구로 대답과 숙고를 독자에게 떠넘긴다. 그 사이트는 몇몇 전문용어를 '설명하고' 장황한 리뷰들을 제공하는데, 리뷰들은 사이트에서 활동하는 누군가가 실제로 그 카메라를 사용해보았는지 여부에 대한 언급은 피한다.

사이먼의 CCTV 사이트는 지금도 매달 몇백 파운드의 수입을 창출하지만, 그는 사이트를 관리하고 업데이트하는 일을 그만두었다. 솔직히 그는 자금을 투자하여 더 많은 제휴 사이트를 만드는 것을 고려했지만, '그러면 내가 밤에 아이들을 잠자리에 눕히면서 오늘 아빠는 좋은 일을 했다고 정직하게 말할 수 있을까?'라는 생각이 들었다. 사이먼의 대답은 '그럴 수 없다'는 것이었고, 노동 시장으로 복귀한 그는 제대로 된 일자리를 구했다.

내가 구글에서 '가정용 CCTV 카메라'를 검색해보니, 맨 위에 뜨는 다섯 개의 페이지가 모두 아마존으로 연결된 링크들을 포함하고 있었다. 그 어떤 '리뷰'들에서도 저자가 실제로 해당 제품을 사용했다고 짐작하게 하는 문구를 찾을 수 없었다. 검색 순위에서 7위에 오른 잡지 〈휘치?*Which?*〉는 진짜 리뷰들을 보유했다고 주장하고 있었지만, 그 리뷰들을 읽으려면 돈을 내야 했다. 20위에 오른 〈인디펜던트〉에는 양질의 리뷰가 몇 편 있었으며, 제조사로 향하는 링크들도 비교적 눈에 거슬리지 않았다.

상업적 이해관계가 끼어들 경우, 아마존과 구글의 집단적 신뢰성은 극적으로 추락할 수 있다. '좋아요 추가'가 양의 피드백positive feedback을 창출하고 구글이 트래픽을 중시한다는 사실은, 실제로 모든 와이드스크린 TV나 CCTV 카메라를 체계적으로 검토하는 진짜 화이트 햇 제휴 사이트가 그저 주스를 뿜어낼 뿐인 온갖 블랙 햇 사이트들 사이에서 금세 사라진다는 것을 의미한다. 사용자들이 더 우수한 예측을 하도록 독려하는 프리딕팃 알고리즘의 금전적 보상과 달리, 온라인 쇼핑을 둘러싼 금전적 보상의 메커니즘은 소비자들의 불확실성을 증가시키는 방향으로 작동한다.

온라인 쇼핑을 뒤덮은 온갖 왜곡을 보면서 나는 나 자신의 개인적 성공에 대해서 잠깐 생각하지 않을 수 없었다. 이 책이 출판되면 잘 팔릴까? 나는 수많은 봇들을 만들어서 아마존 링크를 클릭하게 하거나, 사람들로 공동체를 꾸려 이 책을 추천하는 글을 웹사이트 '굿리즈Goodreads'에 올리게 할 생각이 없다. 내 책이 베스트셀러가 될 가망이 조금이라도 있을까?

나는 나의 '좋아요 추가' 시뮬레이션 결과들을 사회학자 마르크 코이슈니그Marc Keuschnigg에게 보여주었다. 그는 베스트셀러를 만드는 비법을 알아내기 위하여 책 판매를 상세히 연구해왔다. 책의 성공 여부에서 큰 부분이 아마존에서 '좋아요 추가'를 얼마나 많이 받는 가에 달려 있다는 나의 견해에 마르크는 동의했다. 그러나 모든 책과 저자가 동등하지는 않다.

"확고히 자리 잡은 저자와 신인은 많이 달라요. 신인들이 또래 효과peer effect에 가장 많이 종속되죠"라고 그는 말했다. "어떤 책을 사야 할지에 관한 정보가 없을 때 사람들은 또래들이 무엇을 샀는지 살펴봐요."

마르크는 2001년부터 2006년까지 서점에서 팔린 독일 소설을 연구했다. 그 시기는 아마존이 책 시장을 지배하기 직전인데, 당시에 신인이 베스트셀러 목록에 오르면 그다음 주에 그 작가의 책 판매가 73% 증가한다는 것을 마르크가 발견했다. 베스트셀러 목록의 20위 안에 들면, 책 판매는 더욱더 증가했다.

베스트셀러 목록에 오르는 것은 여러 요인들 중 하나에 불과했다. 신인들을 돕는 또 다른 요인은 언론의 부정적 리뷰였다. 어쩌면 뜻밖이겠지만, 실제로 그러했다. 긍정적 리뷰가 아니라 부정적 리뷰가 도움이 되었다. 신문이나 잡지에 실린 부정적 리뷰 한 건은 신인 소설가의 책 판매를 23% 증가시켰다. 반면에 긍정적 리뷰들은 아무런 효과도 없었다. 마르크는 이렇게 말했다. "베스트셀러 목록은 대부분 평균적이고 질이 낮은 책들로 채워질 위험이 매우 높습니다."

이 상당히 강한 주장을 뒷받침하기 위하여 마르크는 판매량과 온라인 리뷰 사이의 관계에 대한 자신의 분석 결과를 나에게 보여주었다. 더 많이 팔린 책일수록, 아마존에서 받은 별점이 더 적었다. 필시 실망한 독자들이 별점으로 복수했기 때문일 것이다.[9] 그들은 어떤 책이 베스트셀러 순위에서 상승하거나 또래들이 좋아한 책들의 목록에 오른 것을 보고 그 책을 사기로 결정한다. 그런데 막상 읽어보니 재미가 없을 경우, 그들은 아마존에서 그 책에 낮은 평점을 부여함으로써 실망을 표출한다. 하지만 독자들은 그런 경험에서 교훈을 얻지 못하는 듯하다. 우리는 언론의 리뷰들을 무시하고 군중과 함께 움직인다. 군중이 문제에 봉착하고 부정적 피드백이 들어온 다음에야 비로소 판매량이 책의 질을 반영하기 시작한다.

약소하게 성공한 저자인 나의 관점에서 말하자면, '좋아요 추가'가 책의 질에 대한 판단을 왜곡한다는 점은 성공을 달콤쌉쌀하게 만든다. 나는 전작인 『축구수학』이 그런 대로 잘 팔렸을 때 기뻐했다. 그러나 나도 아마존에서 별점 하나를 매긴 리뷰를 받았고, 그 리뷰는 나로 하여금 마르크의 연구를 상기하게 했다. 그 독자는 어느 도박 토론 사이트에서 『축구수학』이 도박업자에게서 돈을 따기 위한 매뉴얼이라는 설명을 읽고서 책을 샀다. 물론 나의 의도는 그런 매뉴얼을 쓰는 것이 전혀 아니었지만, 그 서평자는 몹시 실망했다. 그는(아마도 남성일 것이다) 이렇게 썼다. "여기에 있는 리뷰의 99%는 가짜다. 내가 읽어보았는데 아주아주 빈약한 책이다. 이 책을 사서 읽는 것은 시간 낭비, 돈 낭비다. 당신이 도박에서 이길 확률은 전혀 향상되지 않을뿐더러 이 인간의 주머니만 두둑해질 것이다."

우리가 많은 대안 세계들 중 하나에서 살고 있다는 사실을 알면, 실제 세계에서의 성공은 매우 공허하게 느껴질 수 있다.

인기 경쟁

2017년 여름에 내 아들이 나를 위한답시고 정말 끔찍한 노래를 틀어주었다. 〈그건 일상적인 친구It's Everyday Bro〉라는 랩이었다. 캘리포니아 힙합 리듬을 반주로 삼은 노래의 첫 가사 "그건 일상적인 친구, 디즈니 채널은 흐르고"를 들었을 때 나는 몸에 병이 든 것 같은 느낌이 들었다. 유튜브에서 거느린 팔로워의 수에 관한 자랑이 이어진 후, 노래하는 아티스트 제이크 폴Jake Paul은 자신이 주도하는 '팀 10' 패거리에게 주도권을 넘겨주는데, 그 패거리는 이를테면 이런 가사를 읊으며 춤춘다. "내 이름은 닉 크럼프턴… 그래, 나 랩할 줄 알아. 하지만 난 콤프턴 출신이 아냐."

내 아들이 확인해주었듯이, 그 노래가 어느 정도 고의로 무의미하게 만들어졌다는 점을 나는 안다. 그러나 제이크 폴은 인기라는 것이 어느 정도까지 뒤틀린 형태의 '좋아요 추가'가 되었는지를 여실히 보여준다. 제이크는 동영상 사이트 '바인Vine'을 통해 유명해졌고, 디즈니 채널에서 배우로 등장한 후 자신의 유튜브 채널을 개설했다. 그곳에서 우리는 그가 자신의 "람보"를 몰고 모교를 지나치는 모습을 지켜볼 수 있다. 베벌리힐스에 있는 그의 호화저택 내부를 구경할 수 있고, 그가 이탈리아 호텔방에서 창밖으로 고함을 지르는 것을 볼 수 있다. 그는 소셜미디어에 동영상, 노래, 글을 올리는 족족 팔로워들에게 '좋아요'를 누르라고 독려하며 자신의 모든 행동을 공유한다.

제이크 폴이 누리는 폭발적 인기의 독창적인 측면은 그가 유튜브의 '좋아요' 못지않게 '싫어요'를 이용하는 법을 발견했다는 점이다. 〈그건 일상적인 친구〉 동영상이 많이 팔린 독특한 요인 하나는 무려 200만 개의 '싫어요'를 받은 것에 있다. 그 동영상은 이제껏 유튜브에 업로드된 모든 동영상을 통틀어 가장 많은 '싫어요'를 받았다. 제이크 폴 본인의 말마따나, 그것은 "과거에 아무도 이뤄내지 못한" 업적이다. 아이들은 단지 '싫어요'를 누르기 위해 동영상과 그 앞의 10초짜리 광고를 시청한다. 제이크 폴은 너무나 평범하고, 너무나 자기탐닉적이며, 너무나 뻔뻔하게 인기를 갈망하기 때문에 인기가 있다.

2017년 하반기에 많은 유튜버들은—당시까지 그들의 주요 온라인 활동은 컴퓨터게임을 하거나 친구들에게 장난치는 모습을 찍

어서 업로드하는 것이었는데—다른 유튜버들에 관한 '디스 트랙^{diss}
track'(타인을 공격하는 것이 주요 목적인 노래—옮긴이) 제작을 도울 음
악 프로듀서와 래퍼를 고용하기 시작했다. 이 흐름을 선도하는 '스
타'는 '라이스검^{RiceGum}'이다. 그의 특기는 남들이 업로드하는 동영
상들을 조롱하는 것이다. 흔히 랩의 형태로 그렇게 하는데, 라이스
검이 바라는 바는 그들이 그에게 '싫어요'를 되돌려주는 것, 그렇게
그의 채널에 더 많은 트래픽을 보내는 것이다. 디스(비방)와 역디스
(역비방)의 많은 내용은 남들이 얼마나 많은 '좋아요'를 받고 얼마나
돈이 많은지를 노골적으로 언급한다. 라이스검이 제이크 폴의 저
택 구경 동영상을 디스했을 때, 제이크는 라이스검의 람보르기니가
"빌린 것"이며 라이스검은 "하루에 고작 6만 달러를 번다"는 내용의
장황한 투덜거림으로 응수했다. 놀랍게도 이 유튜버들이 부유함과
'좋아요'를 더 많이 언급할수록, 더 많은 아이들이 그들을 팔로우하
고 그들의 채널을 구독하고 끝없는 광고를 시청하며 그들의 '상품'
을 구매한다.

　제이크 폴이나 라이스검에게 딱히 독창적이거나 특별한 면은
없다. 그들은 모든 유튜브 필수 시청 목록의 최상위에 자리 잡을 만
큼 '운'이 좋은 젊은이일 따름이다. 더 많은 '좋아요'와 '싫어요'를
받고 더 많은 광고 수입과 아이튠즈 판매량을 획득함에 따라, 그들
은 더 많은 관심을 끌고 더 많이 성공한다. 그들은 관심 추구와 '충
격 가치^{shock value}'(이미지, 글 등이 역겨움과 충격 같은 부정적 감정을 일으
키는 힘—옮긴이)에 보상을 주는 알고리즘이 낳은 산물이다.

성공과 접근을 축적함으로써 얻는 인기, 보상, 유리함은 늘 우리 삶의 일부였다. 사회학자들은 오래전부터 '부익부' 현상을 알고 있었다. CCTV 사이먼과 마찬가지로 제이크 폴과 라이스검은 클릭 주스와 '좋아요 추가'의 중요성을 잘 안다. 그들은 무수한 팬들에게 동참할 것을 노골적으로 독려한다. 유튜브의 "다음 동영상" 자동재생 기능은 이 효과를 증폭한다. 그들의 팬들이 실천하는 모든 시청, 청취, 구매는 각각 타인의 선택에 관한 정보를 약간씩 동반한다. 십대 초반의 소녀 소년들과 청소년들은 클릭과 댓글을 통해 슈퍼스타의 세계를 창조한다. 슈퍼스타들의 성공은 부분적으로 그들이 이룩한 업적의 우수함을 반영하지만, 그와 동시에 외면당하지 않으려는 필사적 욕구도 반영한다. 제이크 폴은 비교적 무명이었던 지위에서 겨우 6개월 만에 세계를 지배하는 스타로 상승했다. 약간의 재능이 있는 사람이라면 누구에게나 일어날 수 있는 일이다. 그러나 그런 일이 많은 사람에게 일어나지는 않는다.

유튜브 구독자 순위의 정상에 오르는 것과 맞먹는 학계에서의 성취는 구글 스칼러 서비스에서 인용 순위의 정상에 오르는 것이다. 유튜브와 마찬가지로 구글 스칼러도 단순한 서비스 하나만 제공한다. 즉, 입력된 검색어와 관련 있는 논문들로 향하는 링크 목록만 제공한다. 논문이 제시되는 순서는 다른 논문들이 해당 논문을 인용한 횟수에 의해 결정된다.

인용은 학문 연구에 필수적이다. 인용은 토론을 유발하기 때문이다. 논문에 포함된 참고문헌과 인용 출처 목록은 해당 논문이 그 주제에 대한 공통의 이해에 어떻게 기여하는지 보여준다. 논문의 인용 횟수는 해당 분야에서 논문의 중요성을 평가하기 위한 매우 좋은 척도다. 더 많이 인용된 논문일수록, 과학자들의 생각을 더 잘 반영한다.

인용 횟수를 기준으로 논문들의 순서를 정하는 것은 합리적이다. 그러나 구글 스칼러의 방침은 예상치 못한 부수효과를 낸다. 2004년에 구글 스칼러 웹사이트가 처음 개설되었을 때, 과학 저널 〈네이처〉는 신경과학자 토머스 므르식-플로걸Thomas Mrsic-Flogel을 인터뷰했다. 그는 이렇게 말했다. "인용 출처를 따라가면, 내가 예상하지 못한 논문들에 도달한다."[1] 도서관에 가거나 심지어 과학 저널 웹사이트를 방문하지 않고도 그는 논문들 사이의 인용 링크만 이용하여 새로운 아이디어들을 발견했다. 내 아들이 링크를 따라 계속 이동하며 유튜버들과 만나는 것과 마찬가지로, 토머스는 링크를 따라 과학자들을 만나고 있었다.

나는 옳거나 그르다는 판단을 내리려는 것이 아니다. 당시에 나는 토머스와 똑같은 행동을 하고 있었으며 지금도 여전히 그렇게 한다. 나는 검색 목록의 상위에 노출된 결과들을 클릭하면서 논문들을 훑어본다. 그런 식으로 나의 연구 분야에서 무슨 일이 벌어지고 있으며 누가 최고의 논문을 발표하고 있는지 파악하려 한다. 그리고 나의 동료들도 모두 그렇게 한다. 구글 스칼러가 등장한 직후부터 우리는 모두 그것에 중독되었다.

구글 스칼러의 공동 제작자 겸 운영자인 기술자 아누라그 아차리아Anurag Acharya는 "전 세계 연구자들의 효율성을 10% 향상시키는 것"이 원래 목표였다고 말했다.[2] 이것은 대단히 야심 찬 목표였지만 이미 초과 달성되었다. 나는 이 책을 집필하는 동안에 구글 스칼러에서 매일 20~50건의 검색을 한다. 그 검색은 엄청난 시간과 노력을 절약하게 해준다. 구글 스칼러가 없다면, 이 책의 집필과 연구는 불가능할 것이다.

구글 스칼러를 제작할 당시에는 몰랐겠지만, 아누라그가 창조한 것은 학계를 위한 '좋아요 추가' 알고리즘이었다. 한 논문이 더 많이 인용되면, 그 논문은 검색된 논문들의 목록에서 더 상위에 올라 다른 과학자들의 눈에 띌 개연성이 더 높아진다. 바꿔 말해, 인기 논문들은 더 많이 읽히고 인용되며 양의 피드백을 창출한다. 그리하여 특정 논문들은 인용 순위가 상승하고 다른 논문들은 하강한다. 책, 음악, 유튜브 동영상에서와 마찬가지로, 과학 논문 인용 순위의 상승과 하강 현상은 논문의 참된 우수함보다 최초 인기에서의 미세한 차이와 더 많이 관련되어 있을 수 있다.

'좋아요 추가'를 받을 수 있는 후보들이 아주 많은 상황—예컨대 한 분야의 과학 논문이 수십만 건인 상황—에서 인기는 흔히 '멱 법칙power law'이라는 수학적 관계식을 따른다. 멱 법칙을 이해하기 위하여, 특정 횟수보다 더 많이 인용된 논문들의 비율을 보여주는 그래프를 생각해보자. 우리에게 가장 익숙한 그래프는 좌표들이 선형으로 증가하는 그래프, 즉 1, 2, 3, 4… 나 10%, 20%, 30%… 의 좌표가 똑같은 간격으로 매겨져 있는 그래프다. 그러나 멱 법칙은

'이중 로그 눈금double logarithmic scale'으로 그린 그래프에서 뚜렷하게 드러난다. 그런 그래프에서는 1, 2, 3 대신에 특정한 수의 거듭제곱이 좌표로 등장한다. 예컨대 10의 양의 정수(엄밀히 말하면, 음이 아닌) 거듭제곱은 1, 10, 100, 1000, 10000 등이다. 이와 유사하게 10의 음의 정수 거듭제곱은 0.1, 0.01, 0.001 등으로, 점점 더 작아진다. 우리가 살펴보려는 이중 로그 눈금 그래프에서 *x*좌표는 논문이 인용된 횟수, *y*좌표는 그 횟수 이상으로 인용된 논문들의 비율이다.

그림 10.1은 2008년에 발표된 과학 논문들을 데이터로 삼아서 이중 로그 눈금 그래프를 그린 결과다. 보다시피, 논문들의 비율과 인용 횟수 사이에(10회 이상 인용된 논문들에서) 선형 관계가 성립한다. 그 선형 관계가 바로 멱 법칙이다.[3]

멱 법칙이 보여주는 것은 엄청난 불평등이다. 2008년에 발표된

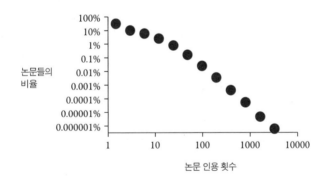

그림 10.1 2008년에 발표된 과학 논문들의 인용 횟수와 그 횟수 이상으로 인용된 논문들의 비율 사이의 관계를 보여주는 그래프. 데이터 수집자는 엄영호Young-Ho Eom와 산토 포르투나토Santo Fortunato이다.[4]

과학 논문들 가운데 73%는 1회 이하로 인용되었다. 여러 달 동안 애써서 논문을 쓴 저자에게는 매우 우울한 성적이다. 스펙트럼의 반대쪽 극단을 보면, 10만 편의 논문 중 한 편은 2000회 이상 인용되었다. 아무도 읽지 않는 실패작들은 많고, 매우 성공적인 논문은 매우 드물다. 유튜버들의 인기에서도 똑같은 관계가 성립한다. 구독자가 수천만에 달하는 채널들—이를테면 제이크 폴의 채널, 본인이 컴퓨터게임을 하는 모습을 보여주는 퓨디파이PewDiePie의 채널, 농구 묘기와 카드 놀이와 기타 스포츠 장비를 이용한 놀이를 보여주는 듀드 퍼펙트Dude Perfect의 채널—이 20여 개 있다. 반면에 수십만 개의 채널은 구독자가 한 줌에 불과하다.

이론물리학자 엄영호와 산토 포르투나토는 인용 데이터의 이중 로그 그래프들과 모형을 비교함으로써 '좋아요 추가'(이미 많이 인용된 논문들을 인용하기)의 상대적 중요성이 시간에 따라 어떻게 변화했는지 살펴보았다. 2008년 데이터가 보여주는 선형 먹 법칙은 '좋아요 추가' 모형에 의해 가장 잘 설명된다. 반면에 더 이른 시기의 데이터에서 나타나는 더 낮은 수준의 불평등은 과학자들이 독립적으로 판단하는 경향이 더 강했음을 보여준다. 지난 몇십 년 동안 과학적 인기 경쟁이 격화된 것이다. 그 경쟁에서 '좋아요 추가'를 받는 논문들은 날아오르고 그러지 않은 논문들은 외면당한다. 불평등은 꾸준히 심화되어왔다. 2015년에는 최고 수준의 저널들에 발표된 논문 중 단 1%가 해당 저널의 인용 횟수에서 17%를 차지했다.

과학적 인기 경쟁이 '좋아요 추가'에 휘둘릴 위험에 대한 불안을 가라앉히기 위해서 우리는 우리의 사회가 인용을 매우 신중하게 해석해왔다고 상상할 수도 있을 것이다. 하지만 바로 여기가 전체 이야기에서 가장 반어적인 대목이다. 나의 개인적인 경험을 말하자면, 시작은 2005년에 재미 삼아 이루어졌다. 나의 친구이자 동료인 스티븐 프랫Stephen Pratt이 휴식 시간에 커피를 마시며 나에게 물었다. "h지수h-index라고 들어봤어?" 난 들어본 적 없었다. 그가 설명했다. "너의 h지수가 n이라는 건 네가 n회 이상 인용된 논문을 n편 발표했다는 거야."

그래? 내가 그 정의를 이해하느라 잠시 머뭇거리자, 스티븐은 구글 스칼러에서 내 논문들을 검색해서 보여주었다. 당시까지 내가 발표한 논문은 9편에 불과했으며, 한 편은 7회, 다른 한 편은 4회, 또 다른 두 편은 각각 3회 인용되었다. 따라서 나의 h지수는 고작 3이었다. 나는 4회 이상 인용된 논문을 2편밖에 보유하지 못했으므로, 나의 h지수는 4일 수 없었다. 스티븐의 h지수는 나보다 높은 6이었다. 내가 h지수를 이해하자마자, 우리는 우리가 아는 모든 사람의 h지수를 따져보았다. 스티븐의 지도교수인 유명한 수리생태학자 사이먼 레빈Simon Levin의 h지수는 100보다 더 높았다. 그는 100회 넘게 인용된 논문을 100편 넘게 보유하고 있었다.

그로부터 얼마 지나지 않았을 때, 인용과 h지수는 학계의 모든 사람들이 들먹이는 화제가 되어 있었다. 게다가 그것들은 휴식 시간의 화제에 한정되지 않았다. 정치인들과 연구비 지원 기관들은 인용 횟수를 과학자를 평가하는 척도로 삼는다는 생각에 금세 도달했다. 마침내 그들은 대학 내부에서 벌어지는 일을 측정할 방법을 얻었다. 너무 오랫동안 학계는 폐쇄된 세계였고, 사람들은 납세자가 우리 학자들을 신뢰하리라고 기대했다. 이제 정치인들과 행정가들은 우리가 좋은 아이디어를 얼마나 많이 생산했는지 측정하기 위하여 인용 횟수를 척도로 사용할 수 있다고 생각했다.

스티븐과 내가 서로의 h지수를 계산하던 때와 비슷한 시기에 나는 당시 영국 정부의 수석 과학 자문위원 로버트 메이Robert May 경이 "국가들의 과학적 부"에 관한 글을 발표했다는 소식을 들었다.[5] 자문위원직을 맡은 메이 경은 영국의 과학적 실적이 다른 나라와 비교할 때 어떠한지 알고 싶었다. 그는 우선 영국 논문들의 인용 횟수와 소모된 연구비를 조사했다. 이어서 그는 전자를 후자로 나눔으로써 영국이 연구비 100만 파운드당 168회의 인용을 산출했음을 보여주었다. 이것은 세계 최고의 연구 실적이었다. 영국 아래의 2위권에는 100만 파운드당 148회의 인용과 121회의 인용을 산출한 미국과 캐나다가 위치했고, 일본, 독일, 프랑스가 같은 비용으로 산출한 인용은 50회 미만이었다. 영국 과학은 세계 각국을 월등히 앞지른 단독 선두였다.

이 특수한 결론은 대체로 기억에서 사라졌다. 대신에 영국 정부와 다른 국가의 정부가 메이 경의 논문으로부터 얻은 주요 메시지는 이제 과학적 성취를 신뢰할 만하게 평가할 수 있다는 것이었다. 그리하여 대학 학과들의 실적을 주로 알고리즘을 통해 점검하는 관행이 시작되었다. 연구 평가의 일환으로 학자들은 자신의 최신 논문들의 목록을 제출하라는 요구를 받았다. 그 논문들은 최신작이었으므로 인용 횟수만으로 평가할 수는 없었다. 그 논문들은 인용 횟수를 축적할 시간을 아직 가지지 못했으니까 말이다. 대신에 최신 논문의 우수함은 그것이 발표된 과학 저널의 '영향력'에 따라 평가되었고, 영향력은 그 저널에 실린 다른 논문들의 인용 횟수에 따라 평가되었다.

그리하여 학자들은 영향력이 큰 저널을 선호하게 되었고, 그 결과로 과학 저널들에서 '좋아요 추가' 효과가 나타났다. 영향력 높은 저널, 즉 많이 인용된 논문들을 게재한 저널에는 그렇지 않은 저널보다 더 양질의 논문이 더 많이 제출되었다. 젊은 과학자들은 그 소수의 유명 저널에 논문을 싣기 위해 경쟁하게 되었다. 오로지 양질의 연구에 집중하는 대신에 과학자들은 자신의 h지수를 높이고 자신의 논문을 영향력 높은 저널에 실을 길을 모색하게 되었다.

'좋아요 추가' 효과는 과학자들에게도 적용된다. 한 연구에 따르면, 많이 인용된 논문을 이미 많이 쓴 저자의 새 논문은 더 신속하게 인용 횟수를 축적한다. 성공은 논문의 인용 횟수에서만 유래하는 것이 아니라 저자의 명성에서도 유래한다.[6] 과거에 스티븐과 나에게 자신과 동료의 인용 기록을 점검하는 것은 재미 삼아 하는 일이었지만, 이제 그 일은 학자로서의 생존을 위한 필수 과제가 되었다.

과학자들은 아주 영리한 사람들이다. 영향력 높은 연구가 우대받으면, 과학자들은 정확히 그런 연구를 한다. 최적의 출판 전략을 알아내기 위하여, 엑시터 대학교의 앤드루 히긴슨Andrew Higginson과브리스틀 대학교의 마커스 무나포Marcus Munafò는 과학자들의 생존을 야생 자연선택 아래에서의 동물들의 생존에 빗대는 수학적 모형을 제작했다.[7] 그 모형에서 과학자들은 새로운 아이디어를 탐구하는 일에 시간을 쓸 수도 있고, 기존 연구 결과를 입증하는 일에 시간을 쓸 수도 있다. 앤드루와 마커스는, 높은 영향력을 선호하는 현재의 연구 환경이 과학자들로 하여금 새 아이디어를 탐구하는 데 대부분의 시간을 투자하도록 유도한다는 것을 보여주었다. 참신한 가능성을 모색하는 연구를 많이 하는 과학자들은 살아남는 반면, 자신의 연구 결과를 신중하게 검토하는 과학자들은 '멸종한다.'

얼핏 보면, 좋은 현상처럼 보일 수도 있을 것이다. 과거의 따분한 연구를 검토하는 과학자보다 무언가 참신한 것을 발견하는 데 집중하는 과학자가 더 우대받으니까 말이다. 그러나 문제는, 심지어 최고의 과학자들도 악의 없는 실수를 저지른다는 점이다. 많은 경우에 그런 실수는 통계학적 가짜 양성에서 비롯된다. 참신한 결과를 얻기 위한 실험이 많이 반복되면, 우연히 그 실험들 중 일부에서 대단하고 새로운 듯한 결과가 나올 것이다. 하지만 그 결과는 그저 '운이 좋아서' 나온 것에 불과할 수 있고, 그럴 경우 그 결과를 옹호하는 것은 통계학적 가짜 양성 판정을 내리는 것과 같다.

이때 운이 좋은 것은 그 결과를 얻은 연구자들이다. 그들은 그 결과를 유명 저널에 발표할 수 있을 테고, 어쩌면 새로운 연구비를 확보할 수 있을 것이다. 그러나 과학 전체를 고려하면, 이런 '운 좋은' 틀린 발견들은 전혀 긍정적이지 않다. 앤드루와 마커스의 모형에서 다른 연구자들이 얻은 결과를 점검하는 작업에 주어지는 보상은 거의 없다. 다른 사람들의 연구를 입증하거나 반박하는 일에 관심을 기울인 과학자들은 인용 횟수가 낮은 논문들을 쓴 후에 일자리를 잃게 된다. 그 결과는 과학 안에 틀린 아이디어들이 점점 더 많이 축적되는 것이다.

모든 모형이 그렇듯이, 앤드루와 마커스의 모형은 과학 활동의 캐리커처다.

이 모든 문제에도 불구하고 나는 인용 추구와 점검이 실제 과학 연구의 질을 해쳤다고는 생각하지 않는다. 무슨 말이냐면, 우리 과학자들에게 연구할 시간이 주어지면 우리는 여전히 연구를 잘한다는 뜻이다. 내가 만나는 대다수의 과학자들은 끝없는 진리 탐구와 정답을 알고 싶은 욕구에서 연구의 동기를 얻는다. 우리는 동료들의 연구 결과를 재검사하여 그들의 오류를 입증할 방법을 찾아내는 것을 즐긴다. 우리 대다수에게 동료의 이론을 반박하는 일은 스스로 새로운 결과를 얻는 것에 거의 못지않게 만족스러운 성과다. 요컨대 과장되었을 가능성이 있는 이론과 틀린 실험 결과를 검증할 동기는 여전히 존재한다.

알고리즘 연구 평가가 실제로 일으킨 결과는 순수한 연구에 할애할 시간을 줄인 것이다. 우리 과학자들이 흔히 쓰는 표현인데, 논문을 정상급 저널에 실으려면 '섹시하게 만들어야^{sex up}' 한다. 논문을 섹시하게 만든다는 것은, 최고의 결과를 내세우고 다른 분야의 연구자들이 그 결과에 관심을 기울일 이유를 제시하는 일을 포함한

다. 또한 '살라미 저미기$^{salami\ slicing}$'도 과학자들에게 인기 있는 표현
이다. 우리 과학자들은 연구를 '살라미'처럼 '저며야 한다.' 즉, 전체
연구를 더 작은 부분들로 나눠서 논문의 편수를 최대화해야 한다.
이 모든 '섹시하게 만들기'와 '살라미 저미기'는 시간이 드는 작업이
다. 우리는 더 많은 논문을 써서 더 많이 투고하고 재투고해야 한다.
대다수의 투고 논문을 불합격 처리하는 영향력 높은 저널부터 그보
다 영향력이 낮은 저널에까지 투고를 반복해야 한다.

　바로 여기에 역설이 있다. 아누라그의 구글 스칼러 알고리즘은
우리의 효율성을 10% 증가시켰다. 그런데 그 10%의 추가 효율성
을 가지고 연구 기관과 연구비 지원 기관은 무엇을 했을까? 다름 아
니라, 우리 과학자들을 점검하고 통제했다. 그 기관들은 우리로 하
여금 연구 방식을 바꾸게 했고, 그 결과로 우리는 얻었던 효율성의
많은 부분을 잃었다. 그리고 그 기관들은 상위 1%가 지배하는 부익
부의 과학계를 창출했다. 이런 환경은 많은 과학자들에게는 적합한
한편 매우 훌륭한 다른 과학자들을 낙오자로 만든다.

　모든 과학자가 인기 경쟁에 매몰된 것은 아니다. 일부 과학자는
자신들이 가장 잘할 줄 아는 방식으로, 즉 과학을 사용하여 반격했
다. 산토 포르투나토는, 장기적으로 볼 때 h지수는 과학적 생산성의
지표로서 신뢰성이 매우 낮으며 특히 비교적 젊은 과학자들을 평가
할 때 그러하다는 점을 보여주었다.[8] 2005년부터 2015년까지, 노
벨상을 받은 연구자 25명 가운데 14명은 35세였을 당시의 h지수가
10보다 낮았다. 종신 교수직을 얻으려면 h지수가 12는 되어야 한다

는 소문이 옳다면[9], 이 노벨상 수상자들은 안정적인 일자리를 얻지 못했어야 할 것이다.

바라바시 앨버트-라슬로[Barabási Albert-László] — '좋아요 추가'와 이중 로그 그래프에 대한 논문으로 이른 나이에 학계에서 거의 유튜버 수준의 명사가 된 인물이다 — 는 한 과학자가 가장 중요한 논문을 저술할 확률은 경력 전체의 어느 시점에서나 동등함을 보여주었다.[10] 첫 논문이 가장 중요한 논문일 수도 있다. 과학자가 박사학위를 받은 직후나 종신 교수직을 얻으려 애쓰던 때에 쓴 논문이 가장 중요한 논문일 수도 있다. 연구자로서 확고히 자리 잡았을 때 쓴 논문이나 마지막으로 쓴 논문이 가장 중요한 논문일 수도 있다. 도약적 발전은 언제든지 일어날 수 있다. 그렇기 때문에 연구비 지원 기관들은 연구비를 누구에게 주어야 할지 판단하기가 매우 어렵다. 아무튼 앨버트-라슬로의 연구 결과는 기존 인용 횟수에만 의거한 연구비 배정은 좋은 해법이 아니라는 점을 시사한다. 성공한 연구자들을 지원하는 것은 때늦은 조치일 수 있다. 반대로 여러 해 동안 획기적 성과 없이 연구해온 연구자들을 외면하는 것은 가장 중요한 발견의 가능성을 봉쇄하는 조치일 수 있다.

'좋아요 추가' 같은 알고리즘은 새로운 형태의 집단행동을 창출하고 우리가 서로 상호작용하는 새로운 방식들을 제공한다. 그 방식들은 많은 긍정적 효과를 낼 수 있다. 이를테면 우리의 연구가 더 빠르고 폭넓게 공유될 수 있게 해준다. 그러나 우리가 세계를 보는 방식을 알고리즘이 통제하게 해서는 안 된다. 학계에서는 그런 통제가 어느 정도 현실화되었다. 인용 지표들과 그 영향력은, 계산하기 쉽기 때문에, 말하자면 과학계의 통화currency가 되었다.

불평등은 사회가 직면한 가장 큰 난관 중 하나이며 우리의 온라인 생활에 의해 심화된다. 우리는 페이스북 친구와 트위터 팔로워가 몇 명인지, 링크드인에서 컨택트contact가 몇 개인지를 통해 서로를 평가한다. 그 평가들은 완전히 터무니없지는 않다. 앞 장에서 언급한 덩컨 와츠와 매슈 샐거닉의 음악 차트 연구에서 드러났듯이, 정말 나쁜 노래들은 차트에서 바닥으로 떨어진다. 그러나 그 평가들은 완전히 옳지도 않다. 비판적 시각에서 나는 제이크 폴의 재능이 그리 대단하지 않다고 주장했는데, 성공한 과학자들에 대해서도 똑같은 주장을 할 수 있다. '좋아요'와 '공유'의 형태를 띤 사회적 자본이 축적되면, 그 결과로 금전적 자본이―연구비의 형태로건, 람보르기니의 형태로건―축적된다. 그리고 피드백이 계속된다.

'좋아요 추가' 알고리즘은 간단명료하게 이해할 수 있다. 혹시 당신이 그 알고리즘을 아직 완전히 이해하지 못했다면, 9장의 첫머리로 돌아가서 그 알고리즘에 대한 설명을 다시 읽길 바란다. '좋아요 추가' 알고리즘이 입력들과 출력들을 어떻게 왜곡하는지 이해할 필요가 있다. 왜냐하면 그 알고리즘은 당신의 삶 속 어딘가에서 틀림없이 작동하고 있기 때문이다. 당신은 잠재적 고용자들에게 잘 보이려고 링크드인 컨택트를 축적하는 중일 수도 있고, 사회연결망에서 마당발인 구직자와 페이스북 친구가 몇 명 없는 조용한 구직자를 비교하는 인사 담당자일 수도 있겠지만, 아무튼 당신은 '좋아요 추가' 알고리즘이 모든 결정권을 행사하게 하지는 말아야 한다. 우리의 인간적 진정성은 우리가 가진 가장 중요한 것들 중 하나다.

우리는 다른 방식으로도 우리의 온라인 생활을 조직화할 수 있다.

'좋아요 추가'는 정보 공유의 유일한 방식이 아니다. 나는 크리스티나 러먼에게 어떤 '공유' 서비스가 최선의 시스템을 보유했다고 생각하느냐고 물었다. 그녀는 트위터의 원조 버전을 두둔했다. 2016년 이전에 트위터는 단순히 당신이 팔로우하는 사람들이 공유한 게시물들을 시간 순서대로 보여주었다. 당신의 친구가 게시물을 올릴 때 당신이 트위터에 접속해 있지 않다면, 당신은 그 게시물을 보지 못할 수도 있었다. 다른 사용자들의 리트윗 덕분에 그 게시물을 볼 수도 있었지만, 우리가 무엇을 보게 될지를 결정하는 주요 요인은 시간이었다.

그러나 트위터는 점차 '좋아요 추가' 알고리즘 쪽으로 옮겨갔다. 현재 트위터는 '좋아요'와 '리트윗'을 많이 받은 게시물을 혹시 당신이 놓쳤을 경우에 대비하여 당신의 타임라인에서 상위로 올리는 기능을 갖췄다. 지금 당신의 설정에서 디폴트 옵션은 "최고의 트윗들을 먼저 보여주기"다. 그 기능을 꺼라. 당신 자신을 최대한 다양한 견해들에 노출시켜라.

필터링 기능이 최소화된 앱으로는 '틴더Tinder'가 있다. 나는 틴더 사용자가 아니다. 물론 나는 알고리즘이 어떻게 작동하는지 알아보기 위하여 나의 온라인 생활의 많은 부분을 해부할 용의가 있지만, 온라인 데이팅 앱을 다운받는 것은 자제하기로 했다. 나의 아내는 원래 이해심이 많지만 내가 틴더 계정을 만드는 것만큼은 용납하지 않을 것이다. 설령 내가 '과학적 목적'을 위해서라고 주장한다 해도 말이다.

나보다 어린 많은 동료들이 나에게 틴더를 열심히 설명해주었다. 그들의 삶에서 큰 부분을 그 앱이 차지하니, 그럴 만도 했다. 당신이 틴더 사용자라면, 당신의 근처에 살며 당신이 관심을 가질 법한 사람들의 프로필 사진을 보게 된다. 지금 보이는 사진이 마음에 들면 손가락으로 화면을 오른쪽으로 쓸고, 그렇지 않으면 왼쪽으로 쓸어라. 당신이 누군가를 보고 화면을 오른쪽으로 쓸고 상대방이 당신을 보고 오른쪽으로 쓴다면, 당신과 상대방은 그 앱을 통해서로 채팅할 수 있고, 바라건대 연애가(또는 무엇이건 당신이 기대하는 일이) 시작될 것이다.

사진이 중심이기 때문에, 사용자 프로필은 이름, 나이, 관심사, 그리고 자신에 관한 짧은 글을 포함한 간략한 소개문으로 이루어져 있다. 개설될 당시에 틴더는, 당신과 완벽하게 어울리는 짝을 찾아주기 위한 복잡한 알고리즘을 자랑하는 다른 온라인 데이팅 사이트들의 대항마였다. 설문지를 작성하거나 페이스북 프로필을 분석당하는 것에 싫증이 난 젊은이들은 틴더의 단순성과 정직성을 높게 평가했다. 필터링 기능이 없는 틴더는 가능한 선택지들을 당신이 스스로 평가하게 해준다.

여성과 남성의 화면 쓸기 행태는 엄청나게 다르다. 런던에서 이루어진 한 연구는 단 하나의 프로필 사진으로 만든 다수의 가짜 계정들을 사용했는데, 여성 계정이 남성으로부터 오른쪽으로 쓸기를 받을 확률은 남성 계정이 여성으로부터 오른쪽으로 쓸기를 받을 확률보다 약 1000배 높았다.[11]

당신이 오른쪽으로 쓸기를 한 번도 받지 못한 외로운 남성이라면, 당신이 할 수 있는 일들이 있다. 첫째, 자기 소개문을 쓰면 선택받을 확률이 4배 상승한다. 프로필 사진을 추가로 두 장 더 올려도 같은 효과가 난다. 여성들은 남성들보다 더 많은 정보를 원하며 더 까다로우므로, 짝을 얻고 싶다면 여성들이 원하는 것을 제공할 필요가 있다.

이런 기초적인 조언들로 남성들의 고민을 완전히 해소할 수는 없다. 런던 연구를 지휘한 개러스 타이슨Gareth Tyson은 짝짓기(양자가 모두 화면을 오른쪽으로 쓰는 경우)가 얼마나 많이 성사되는지 알아보기 위하여 사용자들에게 설문지를 발송했다. 남성들은 대부분 자신이 화면을 오른쪽으로 쓴 경우에서 10% 미만의 비율로 짝짓기에 성공했다. 그리고 잘나가는 5%의 남성이 전체 짝짓기의 50%를 점유했다. 알고리즘이 전혀 다른데도, 발생한 불평등은 과학 논문들에서 나타나는 불평등과 매우 유사하다. 즉, 소수의—필시 아주 잘생긴—남성들이 모든 관심을 독차지한다. 나머지 남성들은 짝을 얻을 때까지 화면 쓸기를 숱하게 해야 한다.

혹시 당신은 잘나가는 남성인가?

나와 함께 파이브서티에이트를 분석한 동료 알렉스는 틴더를 직접 사용해본 경험이 풍부하다. 오스트레일리아에서 스웨덴으로

올 당시에 젊은 독신이었던 그는 처음엔 그 데이팅 앱이 새로운 사람들을 만나는 수단으로서 더할 나위 없이 좋다고 느꼈다. 그러나 머지않아 그는 자신이 짝을 구하지 못하는 남성들 중 하나라는 사실을 깨달았고, 대체 왜 그런지, 자신이 무엇을 잘못하고 있는지 궁금했다. 그의 대응책은 그 데이팅 사이트에서 남성들과 여성들이 어떻게 행동하는가에 관한 수학적 모형을 제작하는 것이었다. 데이트할 상대가 생기지 않으면 수학을 연구할 시간이 더 많아지는 듯하다.

알렉스는 짝짓기 실패와 화면 쓸기 횟수의 증가 사이에 피드백이 존재함을 깨달았다. 처음 틴더를 사용하는 남성들은 상당히 까다로운 경향이 있다. 그러나 자신이 짝짓기에 실패하고 있다는 점을 깨달으면, 탐색 범위를 넓히고 오른쪽으로 쓸기를 더 많이 한다. 반면에 여성들의 행동은 정반대다. 여성들은 짝짓기에 너무 많이 성공하기 때문에 탐색 범위를 좁힌다. 알렉스의 모형은 이런 피드백이 모두의 처지를 더 악화한다는 것을 보여주었다. 결국 여성들은 한두 명의 남성만 선택하고, 남성들은 거의 모든 여성을 선택한다. 알렉스는 이를 "불안정한 데이팅 게임"이라고 명명했다. 왜냐하면 남성과 여성 모두가 완벽한 짝짓기를 위한 안정적 해법을 얻지 못하기 때문이다.[12] 알렉스의 모형에서 나온 결과는 개러스 타이슨이 런던의 틴더 사용자들을 대상으로 수행한 연구의 결과와 똑같았다. 평균적으로 남성들은 화면에 뜬 여성들의 절반에게 오른쪽으로 쓸기를 한 반면, 대다수 여성들은 10% 미만의 남성들에게 오른쪽으로 쓸기를 했다.

알렉스는 자신에게 유효한 해법을 발견했다. 그는 다수의 행동과 반대로 행동했다. 즉, 더 참을성 있고 더 까다롭게 선택하기로 했다. 정말로 신뢰하는 여성들을 신중하게 선택하고, 그녀들이 흥미롭게 느낄 법한 자기 소개문을 쓰고, 그녀들 중 일부가 그를 선택해줄 때까지 기다리자, 그의 짝짓기 성공률은 극적으로 상승했다. 그는 아직 틴더에서 진짜 사랑을 발견하지 못했지만, 스톡홀름의 카페에서 유쾌한 만남을 많이 즐겼고 그런 데이트 상대들 중 한 명과 밴드를 결성하기까지 했다.

데이팅을 위한 '좋아요 추가' 시스템은 제대로 작동하지 않을 것이다. "맞아, 그 남자 끝내주더라. 너도 한번 사귀어봐야 할 것 같아"같은 말은 온라인에서나 기타 방법으로 친구들이 나누는 대화에서 흔히 나오는 말이 아니다. 그러나 학술 논문을 대상으로 한 화면 쓸기 시스템은 한번 개발해볼 만하다. 그런 시스템이 있다면, 나는 매일 아침 출근하여 의자에 앉아서 동료들의 논문이 뜬 화면을 왼쪽이나 오른쪽으로 쓸 것이다. 동료들이 어떤 논문을 인용했는지 말해주는 알고리즘에 전혀 기대지 않고 말이다. 그런 앱은 나와 어떤 동료가 서로에게 오른쪽으로 쓸기를 했을 경우에 우리를 (다른 누구도 우리가 '친구'인 줄 모르게 일대일로) 만나게 해줄 수 있을 테고, 그러면 우리는 과학에 관하여 더 많은 대화를 나눌 수 있을 것이다.

혹시 아누라그 아차리아가 이 글을 읽고 있다면, 당신이 나서서 그런 앱을 개발하면 어떻겠냐고 제안하고 싶다. 그러면 마침내 나도 부부관계를 파괴하지 않으면서 화면 쓸기를 해볼 수 있을 것이다.

11장

필터버블

영국 국민투표에서 유럽연합 탈퇴가 결정된 것과 트럼프가 미국 대통령으로 당선된 것은 학계 안에서 곱게 사는 우리 학자들에게 경악스러운 일이었다. 나의 진보 성향 동료들 대다수는 눈앞에서 벌어지고 있는 일을 이해할 수 없었다. 그들이 아는 사람들 중에는 트럼프에게 투표할 만한 사람이 전혀 없었고, 그들이 만난 사람들 중에서는 아무도 유럽연합 탈퇴를 원하지 않았다. 그들이 읽는 진보 신문들도 마찬가지로 경악하면서 "유럽연합 탈퇴에 찬성한 영국인 10명과 만나다" "왜 백인 노동계급은 트럼프에게 투표했을까" 같은 표제를 단 기사들을 게재했다. 어떻게, 왜 유권자들이 갑자기 우리 학자들의 믿음과 기존의 합의에 동의하지 않게 되었는지 설명할 필요가 절실했다.

2017년, 나는 지난해의 정치를 다룬 수많은 기사들을 이해하려 애쓰고 있었다. 눈에 띄는 설명 하나는 알고리즘이 여론을 망쳐놓았다는 것이었다. 〈뉴욕 타임스〉〈워싱턴 포스트〉〈가디언〉〈이코노미스트〉를 비롯한 많은 매체들이 알고리즘 때문에 발생하는 고립과 양극화에 관한 이야기를 난해한 수학 용어를 동원해가며 늘어놓았다.

우선 '반향실echo chamber'과 '필터버블'이 거론되었다. 그 매체들의 이론에 따르면, 페이스북과 구글은 우리의 검색 결과를 심하게 개인화하여 우리가 오로지 보고 싶은 것만 보게 만들었다. 이어서 초점이 가짜뉴스로 옮겨갔다. 마케도니아 출신의 십대 청소년들이 자동으로 뉴스들을 생산하고 있었다. 트럼프와 클린턴에 관한 터무니없는 소문들을 다양하게 조합하는 방법으로 말이다. 목적은 그들이 운영하는 웹사이트의 트래픽과 광고 수익을 창출하는 것이었다. 러시아가 보수를 받고 활동하는 인터넷 싸움꾼troll들과 페이스북 광고를 이용하여 미국 대통령 선거에 영향을 미치고 있다는 주장도 제기되었다. 그 싸움꾼들은 양극화를 일으키기 위하여 트위터와 다양한 정치적 블로그들에서 공격적으로 논쟁한다고 했다.

수학과 알고리즘에 관한 내용의 많은 부분은 내가 이미 '좋아요 추가' 모형에서 발견한 바와 일치했다. 그 기사들을 읽다 보면, 마치 우리가 알고리즘으로 하여금 우리가 무엇을 생각하고 무엇을 할지를 결정하게 하고 있는 듯했다. 우리에게 제공되는 뉴스들 중 일부는 정치적인 악당들이 왜곡하거나 지어냈을 위험이 정말로 있었다. 그러나 나는 그 기사들에서 수학이 사용되는 방식이 마음에 들지 않았다. 사람들의 미디어 소비에 관하여 암시하는 바도 못마땅했다. 정말로 미국인들은 다른 메시지는 다 걸러내면서도 마케도니아 청소년들과 러시아 싸움꾼들이 생산한 메시지만 걸러내지 못할 정도로 멍청했을까? 정말로 사람들은 페이스북에서 본 것의 영향을 그토록 강하게 받았을까? 나의 많은 동료들도 그렇다고 생각하는 듯했다. 그러나 나는 확신이 들지 않았다.

학자들과 언론인들이 트럼프 필터버블과 클린턴 필터버블에 대해서 염려하기 훨씬 전에, 젊은 컴퓨터과학자 두 명은 이미 정치적 캠페인과 인터넷의 상호작용을 관찰하고 있었다. 2004년, 라다 애더믹Lada Adamic과 내털리 글랜스Natalie Glance는 미국 대통령 선거를 코앞에 두고 '블로그 세계blogosphere'를 연구했다.

오늘날의 소셜미디어와 비교하면 블로그는 상당히 구닥다리로 보인다. 구성은 단순했다. 블로거의 관점을 설명하는 글, 신문에서 긁어온 그림 몇 장, 뉴스 웹사이트와 기타 블로그로 향하는 링크들이 전부였다. 소셜미디어와 연결된 '좋아요'와 '공유' 버튼은 없었다. 당시에 페이스북은 아직 유명하지 않았고, 트위터는 아예 없었다. 대신에 정치 블로그들은 웹페이지들 사이의 직접 링크를 통해 연결되어 흔히 '이웃 블로그blogroll'의 연합체를 형성했다. 블로거는 좋다고 생각하는 사이트들을 자기 사이트의 '이웃 블로그' 목록에 올렸다.

그림 11.1은 2004년 선거 직전에 상위 20위 안에 든 진보적 블로그들(검은색 원들로 표시된, 민주당 지지 성향의 블로그들)과 역시 20위 안에 든 보수적 블로그들(회색 원들로 표현된, 공화당 지지 성향의 블로그들) 사이의 링크들을 보여준다. 블로그를 나타낸 원의 크기는 해당 블로그가 다른 블로그들 사이에서 얼마나 인기 있는지에 비례한다. 선의 굵기는 블로그들 간 링크의 개수를 반영한다.

2004년의 블로그 세계는 분열되어 있었다. 민주당 블로그들은 거의 전적으로 민주당 블로그들과 연결되어 있었고, 공화당 블로

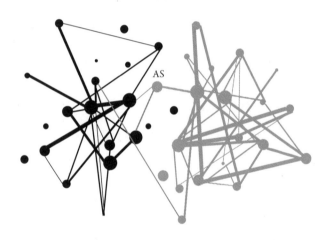

그림 11.1　2004년 미국 대통령 선거 직전, 상위 40위권 정치 블로그들의 연결망. 검은색 원들은 진보적 블로그들을 나타낸다. 회색 원들은 보수적 블로그들을 나타낸다. 원들의 면적은 해당 블로그가 다른 블로그로부터 받은 링크의 개수에 비례한다. 선들의 굵기도 마찬가지인데, 링크의 개수가 5개 이상일 경우에만 선을 그었다. AS로 표시된 블로그는 앤드루 설리번이 운영한 〈데일리 디시〉다. 이 그림은 라다 애더믹과 내털리 글랜스가 쓴 논문 "정치적 블로그 세계와 2004년 미국 선거: 사람들은 분열되어 블로그를 한다"(2005)에 실린 데이터에 기초한 것이다.

그들은 거의 전적으로 공화당 블로그들과 연결되어 있었다. 두 세계를 연결하는 링크들은 극히 드물었다. 유일하게 민주당 블로그를 향한 링크를 몇 개 이상 보유한 공화당 블로그는 앤드루 설리번 Andrew Sullivan이 운영하는 〈데일리 디시The Daily Dish〉(그림 11.1에서 AS로 표시됨)였다. 2004년 선거에서 설리번은 지지 후보를 민주당의 존 케리로 바꿨다. 이 예외를 제외하면, 분열은 거의 완벽했다.

민주당 블로그 연결망과 공화당 블로그 연결망은 서로 달랐다. 그림 11.1을 자세히 들여다보면, 진보적 블로그들보다 보수적 블로그들이 링크를 더 많이 보유했다는 사실을 알 수 있다. 진보적 블로거들에 비해 보수적 블로거들은 서로의 글을 더 많이 언급하는 경향이 있었다. 공화당 지지자들 사이에서는 내부 토론이 더 활발하게 이루어졌던 것이다. 그러나 다음 사실이 중요한데, 진보적 연결망과 보수적 연결망은 둘 다 외부 세계에 대하여 닫혀 있지 않았다. 양쪽 진영 모두에서 게시물들은 대략 두 개에 하나꼴로 주류 미디어의 뉴스를 언급했다. 예컨대 〈워싱턴 포스트〉는 선거를 앞둔 2개월 반 동안 진보적 블로그들에서 약 900회, 보수적 블로그들에서 500회 인용되었다. 진보적 블로그들과 보수적 블로그들은 서로 분열되어 있었지만 양쪽 모두 주류 미디어를 향해 열려 있었다.

라다와 내털리의 연구는 미래에 컴퓨터과학자들이 뉴스와 정치를 어떻게 분석하게 될지를 넌지시 보여주었다. 연구 과정에서 그들이 개발한 방법들—정치적 연결망을 해부하는 방법, 데이터베이스 속의 키워드들을 자동으로 식별하는 방법, 정치평론가들이 어떻게 연결되어 있는지 알아내는 방법—은 우리가 미디어를 이해하는 방식을 바꾸고 있었다. 연구 결과를 담은 논문에서 그들은 미래에 "우리는 뉴스와 생각이 공동체 속으로 확산되는 과정을 추적하고 싶어 할 것이며, 연결망의 연결 패턴이 그 확산의 속력과 범위에 영향을 미치는지 알고 싶어 할 것이다"라고 썼다.

학술적 맥락에서는 흥미진진한 가능성이 풍부하게 열린 셈이었다. 라다와 내털리의 연구는, 우리가 정치에 관하여 소통하는 방식을 이해하기 위하여 수학적 기법들을 사용하는 것이 가능함을 보여주었다. 그러나 과학자들이 정치적 소통을 이해하는 방법들을 개발할 수 있다면, 정당들과 대기업들은 그 방법들을 사용하여 우리의 소통 방식을 조작할 수 있다. 그리고 2004년 이래로 그 방법들은 급속히 발전했다.

2016년 미국 대선과 브렉시트 투표가 이루어질 당시, 〈브라이트바트〉와 〈허핑턴 포스트〉는 초기 정치 블로그들의 우익 연합체와 좌익 연합체가 되어 있었다. 2004년에 활동한 블로거들 중 다수가 그 웹사이트들이나 '드러지 리포트'를 비롯한 다른 웹사이트들에서 활동하고 있었다. 앤드루 설리번을 비롯한 몇몇은 끊임없는 소셜미디어 활동이 그들 자신을 어떻게 소진시켰는지 고백하는 글을 쓰고 있었다. 그러나 그들을 대신할 새로운 목소리들은 차고 넘쳤다. 독립적인 정치 블로그들이 늘 튀어나오고, 수만 명이 온라인 플랫폼 미디어를 이용하여 자신의 모든 생각을 글로 남긴다. 그 글들은 레딧에서 '업보트'와 '다운보트'를 받는다. 그 글들은 '버즈피드'와 '비즈니스 인사이더' 같은 인기 사이트들에서 퍼져나가고, '피들리(뉴스 수집기 앱)'와 '파크Fark(시사 게시판 커뮤니티 웹사이트)'에서 종합되고, '플립보드(온라인 뉴스 매거진)'에서 신문으로 변신하고, 페이스북에서 공유된다. 그리하여 세계 곳곳에서 날마다 작성되는 무수한 글들이 논평되고, 토론의 주제가 되고, 트위터가 제공하는 140자 한도 내의 조롱과 지지를 받는다.

이 같은 방대한 소셜미디어 집합체를 분석하는 논평자들은 대개 두 가지 핵심 주제를 거듭 언급하는데, 그것들은 반향실과 필터버블이다. 이 개념들은 서로 관련이 있지만 약간 다르다. 2004년의 정치 블로그 연결망은 반향실의 원시적 사례다. 블로거들은 견해가 같은 블로거들과 연결되어 자신의 견해가 옳음을 확인하고 기존의 생각을 더 굳게 다졌다. 현재 페이지에서 무작위로 링크를 클릭하여 다른 블로그로 이동하더라도, 당신은 여전히 출발점에서 보았던 견해와 같은 견해를 접했을 것이다. 2004년에 당신이 한 진보적 블로그에서 출발했다면, 클릭을 20회 한 다음에도 여전히 진보적인 페이지에 있을 확률은 99%를 넘었을 것이다. 보수적인 페이지에서 출발하여 클릭을 20회 했다면, 당신은 아마도 여전히 보수적인 내용을 보고 있었을 것이다. 각 진영의 블로거들은 그들의 고유한 세계를 창조했고, 그 세계 안에서 그들의 견해는 풍부한 반향을 일으켰다.

필터버블은 더 나중에 등장했으며 지금도 발달하는 중이다. '필터링된' 공간과 '반향으로 가득 찬' 공간의 차이는 알고리즘에 의해 창조되느냐, 아니면 사람들에 의해 창조되느냐에 있다. 블로거들은 다양한 블로그로 향하는 링크 만들기를 능동적으로 결정하는 반면, 알고리즘들은 우리의 능동적 선택과 상관없이 우리의 '좋아요', 검색, 웹브라우징 이력에 기초하여 작동한다. 바로 이런 알고리즘들이 필터버블을 발생시킬 수 있다.[1] 당신이 웹브라우저에서 하는 모든 행위는 다음 순간에 알고리즘이 당신에게 무엇을 보여줄지 결정하는 데 사용된다.

예컨대 당신이 〈가디언〉 신문의 기사를 공유할 때마다, 페이스북은 당신이 〈가디언〉에 관심이 있다는 사실이 반영되도록 자사의 데이터베이스를 업데이트한다. 마찬가지로 당신이 〈텔레그래프〉의 기사를 공유하면, 데이터베이스는 당신이 그 신문에 관심이 있다는 사실을 저장한다. 2016년 4월에 온라인 매체 전문가들과 나눈 대화에서 '뉴스피드news feed' 알고리즘 개발의 책임자 애덤 모세리Adam Mosseri는 이렇게 설명했다. "처음 페이스북에 가입하면, 당신의 뉴스피드는 아무것도 적혀 있지 않은 서판과 같다. 그러나 시간이 지나면, 느리지만 분명히 당신은 관심 있는 사람들과 친구 관계를 맺고 관심 있는 발언자들을 팔로우한다. 그러면서 당신 나름의 개인적 경험을 쌓아간다."[2]

페이스북의 알고리즘은 우리의 기존 선택들에 기초하여 우리에게 어떤 정보를 보여줄지 결정한다. 그 알고리즘의 필터가 어떻게 작동하는지 이해하기 위하여, 당신이 비교적 마음이 열려 있고 독립적인 개인이며 방금 페이스북에 가입했다고 상상해보자. 당신은 우파 성향의 〈텔레그래프〉와 좌파 성향의 〈가디언〉을 둘 다 읽고 기사들을 공유할 정도로 마음이 열려 있다. 또한 당신에게는 우파 성향의 친구들과 좌파 성향의 친구들이 대략 같은 수로 있다고 상상하자. 당신이나 다른 누군가가 실제로 이러할 개연성이 낮다는 사실을 나도 알지만, 페이스북 알고리즘의 잠재적 효과를 살펴보기 위하여 일단 당신은 가능한 최고의 수준으로 마음이 열려 있는 개인이라고 가정하기로 하자.

이제 당신은 게시물을 올리기 시작한다. 당신이 〈가디언〉과 〈텔레그래프〉의 기사를 공유하는 게시물 몇 개를 올린다고 상상해보자. 처음에 당신의 친구들은 별로 관심이 없지만, 얼마 후 한 친구가 〈텔레그래프〉를 인용한 당신의 게시물에 댓글을 달아 유럽연합 내부의 부패 문제를 거론한다. 당신이 답글을 달고, 그 친구와 당신 사이에서 소통이 이루어지고, 둘은 서로의 게시물들에 '좋아요'를 누른다. 이로써 당신은 페이스북이 원하는 것, 즉 무엇이 당신을 페이스북 사이트에 머무르게 하는지에 관한 정보를 그 회사에 제공하는 셈이다. 이에 부응하여 페이스북은 당신이 원한다고 판단한 것을 당신에게 더 많이 제공할 수 있다. 이튿날 당신의 뉴스피드 꼭대기에는 그 친구가 올린, 유럽연합의 새로운 규제를 성토하는 내용의 게시물이 뜬다. 바로 아래의 게시물도 〈텔레그래프〉의 기사다. 또 다른 친구가 브렉시트 이후에 영국 사업가들이 누릴 혜택을 설명하는 기사를 공유한 것이다. 두 게시물은 당신의 관심을 끌고, 당신은 댓글을 달기 시작한다. 페이스북은 당신의 계속된 관심을 알아채고 그다음 날엔 유럽연합 비판 게시물을 몇 개 더 제공한다. 그렇게 필터가 천천히 당신을 에워싼다.

이 서술은 단지 하나의 이야기일 뿐인데, 필터 알고리즘의 전형적인 작동 방식을 이해하기 위하여 수학을 사용해볼 수도 있다. 페이스북은 최근에 공유된 신문 기사를 당신의 뉴스피드에서 얼마나 잘 보이게 배치할지를 결정할 때 부분적으로 아래 공식을 기초로 삼는다.[3]

가시성 = (신문에 대한 당신의 관심) × (기사를 공유한 친구와 당신 사이의 친근성)

당신이 〈텔레그래프〉의 기사를 공유하고 그것에 관하여 한 친구와 댓글 또는 답글을 주고받았다면, 당신은 위 공식 우변의 두 항 모두의 값을 상승시킨 것이다. 즉, 당신은 〈텔레그래프〉에 대한 관심을 표출했으며, 페이스북이 그 친구와 당신 사이의 친근성을 더 높게 평가하도록 만들었다. 요컨대 가시성은 '관여'의 제곱에 비례한다고 할 수 있다. 다시 말해, 공유된 신문 기사의 가시성은 신문에 대한 관심으로서의 관여에 친구에 대한 친근성으로서의 관여를 곱한 값에 비례한다. 따라서 향후 당신의 뉴스피드에서 〈텔레그래프〉 기사들의 가시성은 상승한다. 가시성의 상승은 당신이 그 기사들을 클릭할 개연성의 상승을 의미하고, 따라서 페이스북의 평가도 향상되어 가시성이 더욱 상승하게 되는 것을 의미한다.

다음 단계는 이 상황을 수학적 모형으로 표현하는 것이다. 그 모형은 알고리즘의 행동뿐 아니라 사용자와 알고리즘 사이의 상호 작용도 포착한다. 나는 그 모형을 '필터' 모형으로 명명하고자 한다. 아마존에 관한 나의 '좋아요 추가' 모형과 마찬가지로 '필터' 모형도 페이스북 알고리즘의 실제 작동을 단순화한다. 그 모형은 페이스북이 우리의 뉴스피드를 필터링하고, 트위터가 우리의 타임라인을 필터링하고, 구글이 우리의 검색 결과를 필터링할 때 의지하는 알고리즘의 가장 핵심적인 특징을 포착한다. 그 특징은, 우리가 무언가 혹은 누군가를 클릭하면 할수록 그것들이 우리에게 더 뚜렷하게 나타나게 되고 우리가 그것들을 계속 클릭할 확률이 더 높아진다는 것이다.

'필터' 모형은 여러 차례의 상호작용에 걸쳐 작동한다. 각각의 상호작용에서 사용자는 두 출처의 게시물들을 제공받는다. 앞서 든 예를 그대로 이어받아 두 출처가 〈가디언〉과 〈텔레그래프〉라고 하자. 두 신문의 가시성은 방금 제시한 가시성 공식에 의해 결정되고 한 신문에 대한 사용자의 클릭 수는 그 가시성에 비례한다고 가정하면, 두 신문의 상대적 가시성이 시간에 따라 어떻게 변화하는지 시뮬레이션할 수 있다.[4]

그림 11.2는 시뮬레이션된 사용자 다섯 명의 뉴스피드에서 〈가디언〉 기사와 〈텔레그래프〉 기사의 가시성이 어떻게 변화하는지 보여준다. 모든 사용자들에게 출발점에서 두 신문의 가시성은 똑같이 50%다. 페이스북과의 상호작용이 200회 이루어지고 나자, 시뮬레

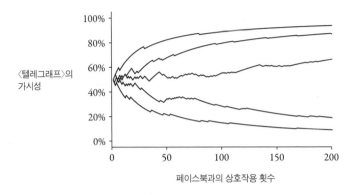

그림 11.2 '편향 없는' 사용자 5명의 뉴스피드에서 '필터' 모형이 어떻게 작동하는지 보여주는 시뮬레이션. 모형 작동의 매 단계에서 사용자는 〈가디언〉에서 유래한 게시물과 상호작용할지 아니면 〈텔레그래프〉에서 유래한 게시물과 상호작용할지 결정한다. 사용자가 〈가디언〉을 선택하면, 〈가디언〉 기사들의 가시성이 상승하고, 다음 단계에서 사용자가 또다시 〈가디언〉을 선택할 확률도 상승한다. 이 피드백은 결국 사용자의 뉴스피드에서 두 신문 중 하나의 가시성이 다른 하나의 가시성보다 더 높아지는 결과를 일으킨다.

이션된 사용자 두 명의 뉴스피드에서는 〈가디언〉의 가시성이 상승했고, 다른 두 명의 뉴스피드에서는 〈텔레그래프〉의 가시성이 상승했으며, 나머지 한 명에서는 〈텔레그래프〉의 가시성이 약간 상승했다. 사용자들을 더 많이 시뮬레이션해도 유사한 결과가 나온다. 필터링을 200회 거치고 나면, 대다수 사용자의 뉴스피드에서 한 신문이 다른 신문보다 더 많이 노출된다.

시뮬레이션된 사용자들은 처음에는 그 어느 신문도 선호하지 않았다는 점을 상기하라. 선호는 클릭이 가시성을 변화시킴에 따라 형성된다. 사용자에게 노출되는 게시물과 사용자의 선택 사이의 피드백이 결국 어느 신문이 더 자주 노출될지를 결정한다.

애덤 모세리의 말마따나 처음에 사용자는 "아무것도 적혀 있지 않은 서판과 같다." 그러나 사용자가 서판에 첫 메시지를 써넣자마자, 가시성과 관여 사이의 피드백이 시작된다. 가시성은 관여의 제곱에 비례하므로, 서판은 사용자가 처음에 우연히 관심을 보인 신문의 기사들로 신속하게 채워진다. '필터' 알고리즘은 버블(거품 방울)을 창출한다. 심지어 처음에 편향이 없었던 사용자의 뉴스피드에서도 그러하다.

이미 좌파 성향의 미디어나 우파 성향의 미디어를 선호하는 상태에서 페이스북을 사용하기 시작하는 사람들에게는 이 효과가 더 강력하게 나타난다. '필터' 알고리즘은 초기의 작은 차이를 포착하고 부풀려 약간 열등했던 한쪽 진영이 결국 사라지게 만든다. 사용자는 자기확증적 생각과 소규모 친구들과의 상호작용 안에 갇힌다.

페이스북이 당신의 뉴스피드에 적용하는 알고리즘은 나의 '필터' 모형보다 약간 더 복잡하다. 그 회사는 개인에게 맞춘 인자를 10만 개 넘게 사용하여 당신에게 무엇을 보여줄지 결정한다고 주장한다(이 주장의 실제 의미는, 그 회사가 당신의 '좋아요'들을 가지고 주성분 분석을 한다는 것이다). 따라서 나의 모형은 페이스북이 필터버블을 창출할 위험이 있다는 점을 보여주지만, 모든 페이스북 사용자가 필터버블 안에 갇혀 있다는 점까지 증명하지는 못한다. 나는 그 단순화된 필터 모형이 현실을 얼마나 잘 포착하는지 알고 싶었다.

수학자 미켈라 델 비카리오Michela Del Vicario는 이탈리아 루카에 있는 계산사회과학 실험실Laboratory of Computational Social Science에 소속된 한 연구팀의 일원이다. 그 팀은 페이스북을 연구한다. 연구자들은 이탈리아어 페이스북에서 과학의 발전에 관한 정보를 공유하는 페이지 34개와 음모론을 공유하는 페이지 39개를 발견하여 연구 대상으로 삼았다.[5] 그들은 그곳에서 사용자들이 어떻게 공유하기, 좋아요 누르기, 댓글 달기를 하는지 연구했다. 많은 증거들은 두 공동체 사이에서 양극화가 일어났다는 사실을 보여주었다. 과학을 '좋아하고' 공유하는 사람들은 음모론을 '좋아하고' 공유하는 경우가 거의 없었으며, 그 역도 마찬가지였다. 또한 각각의 공동체 내부에 반향실이 형성된다는 증거도 포착되었다. 대다수의 음모론은 주로 음모론을 이미 '좋아하고' 공유하는 사람들 사이에서 확산되며, 이탈리아인 전체에는 거의 영향을 미치지 않는다.

나와 대화하면서 미켈라는 다음과 같은 악순환을 설명했다. "음모론 기사를 많이 공유해온 사용자일수록 그런 기사를 계속 많이 공유할 확률이 높고, 음모론에 관심이 있는 다른 사람들과 상호작용할 확률도 높아요." 이것은 나의 '필터' 모형에서 나타나는 과정이기도 하다. 음모론을 공유하는 행위와 음모론에 노출되는 것 사이에는 피드백이 존재한다.

우울하게도 과학에서도 마찬가지다. 이탈리아 과학 괴짜들로 구성된 한 집단은 최신 과학 뉴스들을 공유한다. 하지만 일반 대중은 그 뉴스들에 거의 혹은 전혀 관심이 없다.

미켈라와 동료들은 음모론 게시물과 과학 게시물에서 사용되는 단어들도 분석했다. 그녀는 나에게 말했다. "아주 적극적인 소수의 사용자들이 올리는 게시물은 상당히 긍정적이지만, 그들을 논외로 하면 일반적으로 많이 활동하는 사용자일수록 부정적인 단어를 더 많이 사용합니다."

게시물을 많이 올릴수록 덜 긍정적인 태도를 보이는 경향은 과학자들과 음모론자들 양쪽 모두에서 나타나지만, 그 경향이 더 뚜렷한 쪽은 과학자들이다. 과학자들은 긍정적 단어를 음모론자들보다 더 적게 사용했으며 페이스북에서 더 활동적일수록 더 부정적이었다. 특정 반향실의 충실한 일원이 되는 것은 행복에 이르는 길이 아니다.

음모론자들이 과학자들보다 성격이 덜 나쁘다는 점뿐 아니라, 음모론자들이 공유한 게시물이 과학 뉴스보다 더 인기 있다는 점도 드러났다. 이것은 특히 우려할 만한 현상인데, 많은 음모론은 과학에 관한 것이기 때문이다. 지금도 나도는 뜬소문 하나는 백신과 자폐증 사이의 관련성에 관한 것이다. 둘 사이에 아무 관련도 없음을 보여주는 엄밀한 과학적 연구가 거듭 이루어졌고 과학자들에게 공유되었음에도, 그 뜬소문은 근절되지 않았다. 또 다른 유명한 음모론으로 이른바 '화학물질 비행운 음모론'이라는 것이 있다. 여러 나라의 정부가 비행기를 동원하여 독성 화학물질과 병균을 비행운의 형태로 살포한다는 것이 그 음모론의 줄거리다. 화학물질 비행운 음모론을 담은 동영상들을 보면서 나는 정말로 깜짝 놀랐는데, 동영상의 내용 때문이라기보다 나 자신의 반응 때문이었다. 일과를 마친 고요한 저녁에 홀로 집안에서 스크린 앞에 앉은 나는 내가 동영상의 내용을 서서히 믿기 시작하는 것을 느낄 수 있었다. 유튜브 조회 수 580,842회를 기록한 한 동영상은 캘리포니아에서 열린 어떤 모임을 보여준다. 조종사, 의사, 기술자, 과학자의 증언이 이어진다. 그 모임은 한 지방정부의 청문회인데, 꽉 찬 회의장에서 어떤 중요한 조사가 진행되고 있다는 인상이 역력하다. 머리카락이 희끗한 남자들이 차례로 단상에 올라 "나노입자의 침투성"과 "공기 오염의 증가"와 "곤충 종들의 극적인 감소"에 관하여, 인용하기에 딱 좋은 발언을 한다. 알츠하이머병, 자폐증, ADHD, 생태계 붕괴, 강물 오염이 거론된다. 수질과 환경문제에 초점을 맞춘 일부 발언은 과학적으로 일리가 있고, 나는 나 자신이 그들의 논증에 빨려드는 것을 느낀다. 장면은 한 발언자에서 다음 발언자로 신속하게 옮겨가고, 카메라는 발언자들을 지지한다는 뜻으로 손을 흔드는 청중을 반복해서 비춘다. 나는 몇 가지 질문을 던지고 싶다. 그러나 모든 것이 빠르게 움직이고, 발언 각각의 맥락을 파악할 수 없다. 어떤 발언이 틀렸다고 콕 집어서 지목할 수 없다.

바로 이것이 잘 만든 과학 음모론 동영상이 일으키는 효과다. 나는 사실과 허구의 공존에 혼란을 느끼면서 뒤죽박죽된 생각을 정리하려 애쓴다. 나는 한 동영상에 이어 다음 동영상을 클릭하고, 결국 세 시간 넘게 동영상들을 둘러본다. 그 조회 수는 각각 수십만, 심지어 수백만에 달한다. 나는 화학물질 비행운 반대 단체 '지구공학 감시Geoengineering Watch'의 한 구성원이 화학물질 비행운의 배후에서 "빠르게 진화하는 과학"에 관하여 근엄한 표정으로 연설하는 모습을 지켜본다. 프린스(미국 가수—옮긴이)가 등장하여 화학물질 비행운과 폭력의 연관성이 자신의 노래에 영감을 주었다고 말한다. 근심에 찬 어머니가 헤비메탈과 인간의 건강 사이의 관계를 차분히 설명한다. 마무리로, 은퇴한 정부 관료들의 고백에 이어 한 여성이 등장하여 정부가 자신의 자식들을 빼앗아갔다고 증언한다. 정부가 우리를 어떻게 중독시키고 있는지에 관한 진실을 그녀가 감히 들춰냈기 때문이라고 한다. 잠시 후 나는 노트북을 닫고 어둠 속에 가만히 앉아 있다. 정신이 맑아지고 과학적 뇌가 다시 작동하기까지 몇 분이 걸린다.

내가 음모론의 버블 안으로 빨려들 위험은 나 자신이 생각하기에는 그리 높지 않다. 그러나 그 동영상들을 시청한 덕분에 나는 그럴 위험이 높은 사람들을 더 잘 이해하게 되었다. 나는 다시 노트북을 열어 하버드 대학교 지구공학과 교수 데이비드 키스David Keith가 관리하는 웹페이지를 살펴본다. 팩트를 냉철하게 전달하는 웹페이지에서 데이비드는 화학물질 비행운 음모론이 완전히 허구인 이유를 차근차근 설명한다. 나는 캘리포니아 대학교의 지구시스템과학 교수 스티브 J. 데이비스Steve J. Davis가 만든 동영상을 시청한다. 그는 화학물질 비행운 음모론이나 기타 유사한 음모론이 참일 가능성에 관하여 과학자 77명의 견해를 조사했다. 그 전문가들 중 한 명을 제외한 나머지 모두는 잘 알려진 다른 요인들을 통해 음모론자들이 제시하는 증거들을 설명할 수 있다고 말했다.

그러나 스티브의 동영상은 조회 수가 1720회에 불과했고, 나는 그 이유를 알 수 있었다. 스티브의 동영상은 사실에만 충실했지, 드라마가 결여되어 있었다. 동영상 속에서 스티브는 자신의 연구실 안에 무심히 앉아서 감정 없는 목소리로 동료 검토peer review의 중요성에 관하여 이야기했다. 그는 오로지 '지구공학 감시'와 같은 단체들의 문제 제기 때문에 자신의 입장을 옹호할 필요성을 느꼈다. 나는 그가 왜 자신의 연구를 그런 식으로 제시하는지 이해할 수 있었다. 하지만 앞서 본 음모론 동영상들과 그의 동영상을 비교하면서 나는 왜 과학적 버블이 음모론 버블보다 더 작은지도 이해할 수 있었다. 음모론은 과학보다 훨씬 더 매혹적이다.

음모론 반향실 내부에서 유통되는 생각들은 도전받지 않는다. 동일한 사람들이 동일한 내용을 계속 공유한다. 윈체스터 대학교 강사이며 블로그 '음모론의 심리학'에 글을 올리는 저자인 마이크 우드Mike Wood가 나에게 말한 바에 따르면, "기성 공동체들 내부에서 음모론 동영상에 대한 반대 댓글은 흔히 매장된다." 많은 유튜브 음모론 채널들은 댓글을 달 수 없게 되어 있으며, 그렇지 않은 다른 채널들 또한 댓글로 반론을 다는 사람들 자체가 음모의 당사자라는 메시지로 가득 차 있다. 음모론 반대자들이야말로 음모가 존재함을 보여주는 증거라고 말이다.

마이크는 인터넷상의 음모론들에 관한 논쟁을 즐긴다. 그의 블로그에는 대규모의 댓글난이 있으며, 거기에서 그는 질문들에 성실하게 답한다. 질문이 아무리 바보 같거나 정보 부족에 기인한 것이라 하더라도 말이다. 마이크의 차분한 말투에도 불구하고, 그의 블로그 댓글난은 때때로 음모론 옹호자들과 음모론 반대자들이 서로를 헐뜯는 광장으로 변한다. 나는 '프로그래밍 음모론predictive programming conspiracy'(정부 같은 단체가 허구적인 영화나 책을 집단 심리 통제의 수단으로 활용하여 대중으로 하여금 계획된 미래의 사건을 더 잘 수용하게 만든다는 이론—옮긴이)을 다루는 글의 댓글난을 살펴보았는데, 그곳은 서로 대화하는 두 사람의 댓글로 가득 차 있었다. 그들은 서로를 "부정직한 쓰레기"라고, "외계인 헛소리" 따위를 믿는다고, "망상적인 세계관"을 가졌다고, 급기야 "제 똥구멍에서 똥을 뽑아내고 있다고" 욕했다. 마이크는 더 이상 댓글을 달지 않았다.

미켈라 델 비카리오에 따르면, 공격적인 논쟁은 음모론자들의 기를 살려줄 뿐이다. 더 부정적인 댓글과 맞닥뜨릴수록, 음모론자가 계속해서 음모론을 공유하고 해설하고 옹호할 개연성이 더 높아진다는 것을 미켈라는 발견했다. 외부로부터의 공격적 반론은 버블을 강화하는 역할만 한다.

미켈라의 연구와 마이크의 연구 모두에서 나온 한 결과는 음모론에 맞서 싸우는 사람들에게 희미하게나마 희망을 품게 한다. 일단 확산하기 시작한 음모론은 폭넓은 저항에 부딪친다. 그 저항은 과학에 관심이 있는 사람들뿐 아니라 일반 대중에게서도 유래한다. 조회 수가 가장 높은 화학물질 비행운 동영상에 달린 댓글들은 흔히 보이는 깔보는 공격들("너희가 투표도 하지 못하고 자식도 낳지 못하기를 바란다" 혹은 "멍청이들!!! 너희는 바보야") 외에도 간결한 과학적 설명("저것은 비행기가 연료를 버리는 장면이다"), 음모론이 그럴싸하지 않은 이유에 관한 합리적 논증("정부가 정말로 당신을 중독시키고자 한다면, 불투명한 비행운을 이용할 필요가 있겠는가? 눈에 보이지 않는 화학 물질로 중독시켜도 되지 않겠는가?")을 포함하고 있었다.

그 댓글들에서 확인할 수 있듯이, 음모론 버블 바깥의 폭넓은 일반 대중은 특정 페이스북 게시물이나 유튜브 동영상이 논란의 여지가 있음을 쉽게 알아챌 수 있다. 마이크는 이렇게 말했다. "반대자가 한 명뿐이면, 흔히 무시당해요. 결국 단 하나의 반대 댓글을 50개의 옹호 댓글이 매장해버리죠. 하지만 해당 동영상이 외부의 관심을 받으면, 반대 댓글들이 외부인들로부터 '좋아요'를 받기 시작하죠." 비록 짧은 기간 동안이지만—나는 연이어 나흘째 저녁마다 강박적으로 음모론 동영상들을 보고 있다—내가 직접 조사한 바도 미켈라와 마이크의 연구 결과와 일치한다. 나는 반대 댓글들에 '좋아요'를 누르고 옹호 댓글들에 '싫어요'를 누르기 시작했다. 하지만 미켈라의 조언을 받아들여, 나 스스로 신랄한 댓글을 다는 것은 삼갔다.

대다수의 음모론은 버블의 내부에 머물며, 거기에서 음모론자들은 서로의 생각을 지지한다. 버블이 너무 크게 팽창하면, 비음모론자들이 버블을 터뜨릴 수 있을 것이다. 더 큰 반향실은 반대 목소리가 들어설 여지를 더 많이 제공한다. 대규모 정치 논쟁을 분석할 수 있으려면 충분히 많은 페이스북 데이터가 필요한데, 그만큼의 데이터를 입수할 수 있는 유일한 사람들은 그 회사에 소속된 과학자들이다. 정치 블로그 세계를 다룬 논문을 발표한 후, 라다 애더믹은 계산사회과학 분야의 선도적인 연구자가 되었다. 그녀는 미시간 대학교의 컴퓨터과학 교수로 일하면서 수리사회과학 분야에서 가장 영향력 있는 논문 몇 편을 발표했다. 그 후 2013년, 그녀는 안식년을 맞아 페이스북에서 일했고 결국 그 회사의 데이터 과학자가 되었다.

페이스북에 소속된 덕분에 라다는 주류 정치에 관한 필터버블 가설을 검증할 수 있었다. 페이스북 과학자 동료 두 명과 함께 라다는 페이스북 친구들의 정치적 성향을 살펴보았다. 페이스북의 친구 연결망은 2004년의 정치 블로그들만큼 정치적으로 분리되어 있지 않았다. 민주당 지지자의 친구들 중 20%는 공화당 지지자, 18%는 중도층, 62%는 민주당 지지자였다. 요컨대 민주당 지지자와 공화당 지지자는 양쪽 다 자신과 정치적 성향이 같은 사람들과 친구 관계를 맺는 성향이 확실히 있었지만, 양쪽 진영 모두 자기네 견해에 동의하지 않는 사람들과도 상당한 정도로 교류하고 있었다.

이어서 페이스북 과학자들은 공화당 지지자의 친구들과 민주당 지지자의 친구들이 공유한 뉴스를 살펴보았다. 공화당 지지자의 친구들이 공유한 뉴스 가운데 약 34%는 민주당을 옹호하는 내용이었다. 페이스북에서 공유되는 민주당 옹호 뉴스의 평균 비율이 40%임을 감안하면, 그들이 공화당 옹호 뉴스를 선호하는 편향은 작다는 사실을 알 수 있다. 페이스북 친구들 사이의 정치적 의견 일치는 들릴락 말락 한 허밍과도 같다. 정치적으로 볼 때 페이스북 친구들의 연결망은 반향실을 형성하지 않는다. 민주당 지지자의 친구들은 민주당 옹호 뉴스를 공유할 개연성이 더 높긴 했다. 그들이 공유한 뉴스들 가운데 공화당 옹호 뉴스의 비율은 23%였다. 참고로 페이스북 전체에서 그 비율은 평균 45%다. 요컨대 민주당 진영은 어느 정도 반향실을 형성했지만, 반향의 세기는 압도적인 수준에 한참 못 미쳤다.

우리 대다수는 페이스북 친구들과 그들이 공유하는 내용이 이처럼 다양함을 인정한다. 우리의 페이스북 친구들 중 다수는 학교 동창이며, 그들 중 다수는 학생 시절에 우리와 친한 사이가 아니었다. 직업 때문에 만난 사람들, 휴가지나 거주지에서 인연이 닿은 사람들도 페이스북 친구가 된다. 나는 아마도 평균적인 페이스북 사용자보다 조금 더 많이 여행을 다녔고 지금 외국에서 살지만, 거의 모든 측면에서 아주 전형적인 영국 남자다. 페이스북 사용자가 보유한 친구 수의 중앙값은 200이다.[6] 나의 페이스북 친구들은 191명이다. 그들의 배경은 매우 다양하며, 대개 좌파 성향의 자유주의자들이긴 하지만 폭넓은 정치적 성향을 지녔다.

우리는 페이스북이 우리의 친구들을 동등하게 대우하지 않는다는 사실을 안다. 가시성/친근성 공식(204쪽 참조)이 말해주는 바는, 내가 많이 상호작용하는 친구들이 내 타임라인에 나타난다는 것이다. 나는 학교 동창 몇 명과는 많이 상호작용하지 않았는데, 페이스북 알고리즘은 그 사실을 안다. 페이스북 알고리즘은 그 친구들을 다른 친구들처럼 두드러지게 타임라인에 띄우지 않는다. 라다와 페이스북 연구자 동료들은 이 필터링이 사용자에게 노출되는 정치적 견해들에 어떤 영향을 미치는지 알고 싶었다. '필터' 모형이 정치 뉴스 공유에도 적용된다면, 친구들이 공유한 정치적 견해가 뉴스피드에 더 많이 뜰 것이라고 예상할 수 있다.

그들의 연구 결과는 매우 명확했다. 필터링의 영향은 무시해도 될 수준이었다. 민주당 지지자와 공화당 지지자 모두 반대 견해에 (페이스북 알고리즘이 뉴스피드에 게시물들을 무작위로 띄우는 경우와 비교할 때) 약간 덜 노출될 뿐이었다. 우리는 가까운 친구들이 올린 게시물을 우리의 뉴스피드에서 볼 개연성이 높지만, 그들이 표출하는 정치적 견해는 우리의 친구들 전체가 표출하는 정치적 견해보다 더 극단적이지는 않다. 우리가 페이스북에서 보는 내용의 상당 부분은 우리 자신의 견해와 일치하지 않는다. 더 나아가, 흔히 폐쇄적인 집단으로 비난받는 미국 공화당 지지자들은 민주당 지지자들보다 약간 더 많이 반대 견해에 노출된다는 사실이 연구에서 드러났다.

이 필터버블 연구는 주요 과학 저널인 〈사이언스〉에 발표되었다. 이것은 2010년 이후 페이스북이 과학을 진지하게 대해왔다는 점을 보여주는 한 사례에 불과하다. 페이스북은 자사의 제품이 일으키는 효과를 확인하기 위해 수준 높은 연구자들을 고용했고, 그 연구자들은 사고의 폭을 넓혀 큰 주제들을 탐구했다.

2010년 미국 총선 기간에 미국의 페이스북 사용자 6000만 명은 자신의 뉴스피드 꼭대기에 배치된 메시지를 보았다. 그 메시지는 사용자의 투표소가 어디인지 알려주었으며, 사용자가 이미 투표했다면 버튼을 눌러서 그 사실을 알릴 수 있게 했다. 그 메시지는 사용자의 친구들 가운데 이미 "투표했어요" 버튼을 누른 사람들의 사진도 보여주었다.

캘리포니아 대학교의 제임스 파울러James Fowler 교수는 이 메시지의 효과를 측정하기로 했다. 페이스북과 협업한 그와 동료들은 연구를 위해 더 작은 규모의 집단을 구성했다. 그 집단에 속한 페이스북 사용자 약 60만 명은 똑같은 메시지를 보았지만 이미 투표한 친구들의 사진은 빼고 보았다.[7] 연구자들의 가설은 그 메시지가 인간관계에 호소하기 때문에 효과를 낸다는 것이었다. 이미 투표한 친구들의 얼굴을 보여주면서 우리도 그들과 한편이라고 알릴 기회를 주기 때문에, 우리는 그 메시지에 고무되어 투표소로 간다고 연구자들은 짐작했다.

그 가설은 옳았다. 이미 투표한 친구들의 사진을 포함한 메시지를 본 사용자들은 그러지 않은 사용자들보다 투표할 확률이 약간 더 높았다. 물론 차이는 0.34%에 불과했다. 그러나 투표 행태의 작은 변화도 총투표수에 큰 영향을 미칠 수 있다. 페이스북 사용자들을 투표인 명부와 비교함으로써, 제임스와 동료들은 그 메시지를 직접 본 효과로 최소 6만 명이 추가로 투표했으며, 거기에 더해 그 메시지가 일으킨 사회적 파장의 효과로 총투표수가 또다시 최소 28만 표 증가했다고 추정했다. 살짝 건드리는 정도의 조치가 민주주의에 참여하는 사람들의 수를 크게 변화시킨 것이다.

이 연구는 페이스북 메시지가 우리의 일상에 영향을 미칠 수 있다는 사실을 보여주었다. 페이스북 소속의 데이터 과학자 애덤 크레이머Adam Kramer가 코넬 대학교의 연구자 두 명과 함께 내디딘 다음 걸음은 메시지의 감정적 효과를 살펴보는 것이었다. 그들은 본격적인 실험을 수행했다. 연구자들은 약 11만 5000명의 뉴스피드에서 긍정적 게시물들을 최소 10%에서 최대 90%까지 제거하고, 부정적 게시물들을 평소보다 더 많이 배치했다. 사용자들의 뉴스피드에서는 예컨대 가족들이 함께 즐거운 시간을 보냈다거나 반려동물이 재롱을 부렸다는 내용의 행복한 게시물들이 일시적으로 제거되었다. 그런 다음에 연구자들은 사용자들의 게시물 업로드 행태를 평소와 다름없는 뉴스피드를 보는 대조군과 비교했다. 연구자들이 답하고자 한 질문은 이것이었다. 사용자의 뉴스피드에서 긍정적 게시물을 제거하는 조작은 향후 게시물에 어떤 영향을 미칠까?

이 연구를 담은 논문이 발표되었을 때, 실험 윤리에 관하여 과학자들은 우려를 표했고 언론은 격렬한 비판을 쏟아냈다. 비판의 핵심은 페이스북이 사용자들의 동의 없이 뉴스피드를 조작함으로써 그들을 '속였다'는 것이었다. 특정한 규제 원칙 아래에서는 이것이 비윤리적 행위일 수 있을 것이다. 그러나 미디어와 온라인에서 벌어진 논쟁의 주요 관심사는 그 특정한 실험에 적용된 윤리적 규칙의 세부사항이 아니라 페이스북이 우리의 뉴스피드를 조작했다는 사실이었다.

나는 이 격렬한 비판이 약간 헛발질이라고 느꼈다. 당연히 페이스북은 사용자들이 받는 정보를 조작하고 있다! 그런 조작이야말로 페이스북 사업 방식의 핵심이다. 페이스북 소속의 애덤 모세리가 경제계의 주요 인사들에게 자랑하는 알고리즘이 하는 일은 다름 아니라 뉴스피드 조작이다. 당신이 페이스북을 더 자주 사용하게 만들기 위하여, 그 회사는 당신에게 무엇을 보여줄지에 관한 결정을 끊임없이 조정한다. 페이스북은 이 사실을 전혀 숨기지 않으며, 당신이 스스로 당신의 뉴스피드를 미세 조정하는 것까지 허용한다.

애덤 크레이머의 연구에서 나온 놀라운 결과는 뉴스피드 조작이 사용자의 감정에 거의 영향을 미치지 않는다는 것이었다. 그 연구에 따르면, 긍정적 게시물을 제거당한 사용자들이 사용한 긍정적 단어의 비율은 5.15%로, 조작되지 않은 뉴스피드를 본 대조군에서의 비율 5.25%보다 약간 낮았다. 차이가 0.1%에 불과했다. 페이스북 게시물들에서 0.1%의 차이가 얼마나 작은지 실감하기 위하여, 당신이 꽤 활발한 사용자여서 하루에 약 100단어를 페이스북에 게시한다고 가정해보자. 긍정적 단어의 비율이 0.1% 감소한다는 것은, 향후 열흘 동안 당신이 게시하는 모든 단어들 가운데 긍정적 단어의 개수가 딱 하나 줄어든다는 것을 뜻한다. 그런 변화가 일어나면, 당신은 이를테면 오는 수요일에 어떤 영화를 보고 나서 '좋았다'고 평가하는 대신에 '나쁘지 않았다'고 평가할 것이다.

부정적 단어를 기준으로 측정한 영향은 더 약했다. 긍정적 게시물을 제거하는 조작은 부정적 단어의 비율을 고작 0.04% 변화시켰다. 이는 당신이 부정적 단어를 한 달 동안 대략 한 개 더 사용하게 된다는 것을 의미한다. 당신은 게시물에서 직장에서의 회의가 '지루

했다'고 말하거나, 좋아하는 축구팀이 중요한 경기에서 져서 '실망했다'고 말할 수 있을 것이다. 이런 부정적 언급이 한 달 동안 한 개 더 늘어난 것을 다른 누군가가 알아채기는 불가능할 것이다.

신문들은 페이스북이 우리를 가지고 실험을 할 위험성을 주목하면서 뉴스피드 조작의 감정적 효과가 무시할 만한 수준이라는 연구 결과를 도외시했다. 이것은 부분적으로 애덤 크레이머와 동료들의 실수 때문이었다. 그들이 쓴 논문의 제목은 "사회연결망을 통한 대규모 감정적 전염에 관한 실험적 증거"였다. 뭐라고?! 만시지탄이지만, 우리의 사회연결망을 통해 감정이 에볼라 바이러스처럼 확산한다고 암시하는 이 제목은 논문의 내용과 영 딴판이었다. 그들이 실제로 발견한 것은 페이스북 사용자들의 뉴스피드를 대규모로 조작한 결과로 미세하지만 통계적으로 유의미한 긍정적 표현의 증가가 일어났다는 점이라고 표현하는 쪽이 더 나았을 것이다.

페이스북과 그것이 우리의 삶에 미치는 영향을 두고 많은 사람들이 호들갑을 떤다. 그러나 내가 대규모 연구들을 꼼꼼히 재검토하고 관련 연구자들과 대화한 후에 느낀 바는 연구 결과들이 언론에서 거의 항상 왜곡되거나 과장된 형태로 보도된다는 것이었다.

그 호들갑은 나 자신의 과학 지식과 충돌했다. 물론 터무니없는 호들갑은 아니다. 페이스북은 선거 당일에 작은 버블을 만들어 투표 참가자의 수를 조금 더 늘릴 수 있다. 또 우리에게 우울한 게시물들을 보여줌으로써 우리의 감정적 버블을 약간 찌그러뜨릴 수도 있다. 페이스북이 우리에게 제공하는 뉴스들이 전 세계에서 표출되는 다양한 견해들을 온전히 대표하지 않는다는 지적도 당연히 옳다. 그러나 이것들은 삶을 변화시킬 만한 영향력이 아니다. 페이스북이 우리의 삶에 끼치는 영향은 실제 삶에서 우리의 일상적인 인간관계가 끼치는 영향과 비교하면 매우 약하다.

나는 버블 비유가 유용하다는 점을 인정했다. 미켈라와 동료들은 이탈리아에서 특정 집단들이 얼마나 고립될 수 있는지 보여주었다. 그러나 더 다양한 관심을 가진 대규모 집단들에 버블 이론을 적용하면 그 약점이 드러났고, 그럴 때 버블 이론은 나의 짜증을 유발하기 시작했다. 물론 소셜미디어는 알고리즘에 의해 창출된 버블들로 가득 차 있었고, 정말로 터무니없는 몇몇 음모론들이 그 버블들 안에서 떠돌고 있었다. 그러나 우리 대다수는 버블에서 탈출할 수 있는 것으로 보였다. 무엇이 우리가 버블 안에 갇히는 것을 막을까? 이론적으로 페이스북의 '필터' 알고리즘이 우리를 특정 관점 안에 가둘 수 있다면, 실제로 우리는 어떻게 그 관점에서 탈출하는 것일까? 우리는 소셜미디어를 사용하면서 오랜 시간을 보내는데, 왜 우리의 감정은 대체로 소셜미디어의 영향을 받지 않을까?

이 질문들에 답하는 유일한 길은 나 자신의 온라인 버블 안으로 들어가서 과연 내가 탈출구를 발견할 수 있는지 알아보는 것뿐이었다. 물론 아주 흔쾌한 일은 아니었다. 나는 내 버블을 아주 좋아하며 웬만하면 터뜨리고 싶지 않다. 하지만 계속 핑계를 대며 회피할 수는 없었다. 나는 나 자신의 버블이 어떤 성분들로 이루어졌는지 살펴보아야 했다.

축구는 중요하다

나의 소셜미디어 사용의 중심에는 축구가 있다. 나는 트위터 계정 @Soccermatics를 가지고 있으며, 거기에서 축구광인 수학자 동료들과 대화한다. 주제는 축구, 그리고 축구를 분석하는 데 쓰이는 수학과 통계학이다. '트위터우주Twitterverse'에 속한 이 작은 부분은 필터 버블인 동시에 반향실이다. 나는 트위터가 나의 피드를 필터링한다는 것을 안다. 그 필터링의 결과로 내 홈페이지 꼭대기에는 최고의 축구광들이 올린 트윗이 배치된다. 나는 @deepxg, @MC_of_A, @BassTunedToRed를 비롯한 다른 축구 통계 계정들에 관심이 있고, 트위터는 내가 그 계정들의 트윗을 맨 먼저 보게 해준다. 나는 다른 축구광들을 팔로우하는 경향이 있는데, 그 경향 때문에 버블이 형성된다. 그 버블 안에서 우리 모두는 수학과 축구가 협력할 필요성에 동의한다.

가끔 축구에 미친 정도가 덜한 트위터 사용자들(대개 첼시 팬)이 나의 반향실에 뛰어들어 내가 최근에 올린 패스 연결망 시각화 자료의 진가를 몰라보고 나에게 (대표적인 예를 들자면) "가서 스프레드시트 보면서 자위나 해라" 또는 "차라리 여자를 만나라, 재수 없는 숫총각 놈아"라고 말한다. 그러나 이런 문장들은 딱히 과학적 정보를 담고 있지 않으므로, 대개 나는 그것들을 무시하거나 그것들을 입 밖에 내뱉은 첼시 팬에게, 축구 분석의 기초 개념들을 설명하는 기사 링크를 정중하게 전해준다.

나는 축구 분석 버블 안에서 살고 있다는 점을 흔쾌히 인정한다. 그러나 나는 이 버블에 관하여 한 가지 흥미로운 점을 알아챘다. 이 버블에 속한 우리 중 일부는 나처럼 리버풀 팬이다. 다른 일부는 에버턴을 응원한다. 또 맨체스터 유나이티드 팬들도 있고, 맨체스터 시티 팬들도 있다. 심지어 첼시 팬들도 있다. 레알 마드리드 팬, 바르셀로나 팬, 이탈리아 축구와 독일 축구의 팬도 있다. 더 나아가 아프리카 축구, 아시아 축구, 미국 축구에 관한 트윗을 올리는 분석가들도 있다. 특정 팀이나 리그를 위한 버블 안에 눌러앉는 대신에 우리 축구광 수학자들은 모든 형태의 축구에 관한 정보를 찾아보고 공유한다. 맨체스터 시티에 관한 나의 지식은 리버풀에 관한 지식에 뒤지지 않는다. 나는 미국의 메이저리그축구에 대해서도 알게 되었고(최근에 알았는데, 그 리그는 미국과 캐나다를 아우른다) 미국 여자 프로축구에 대해서는 더 많은 것을 배웠다. 축구 버블에서 벗어나 미식축구 버블과 아이스하키 버블, 야구 버블을 살짝 훔쳐보기도 한다.

또한 정치가 나의 버블 안으로 침투한다. 내가 팔로우하는 리버풀 팬들 중 다수는 노동계급과 사회주의를 옹호하는 목소리를 강하게 낼 때가 많다. 하지만 나는 영국의 우파 신문들과 미디어들에 소속된 기자들도 팔로우한다. 내가 팔로우하는 미국인들 중 다수는 민주당을 지지하고 반트럼프 기사를 리트윗하는 경향이 있다. 그러나 나는 풀뿌리 수준에서 미국 축구를 육성하는 코치들도 팔로우한다. 그들은 공화당의 이념에 동조하며 기독교 신앙에서 동기를 얻는다. 특히 @SaturdayOnCouch 계정을 사용하는 한 분석가는 독일 축구에 관한 열지도와 트럼프에 반대하는 진보적 축구 분석가들에 관한 우호적인(척하는) 메시지로 늘 나를 즐겁게 해준다.

나는 맨체스터 유나이티드가 여자 축구팀을 창설해야 한다는 청원을 보고, 관중석에서 동성애 혐오 행동을 하지 말자는 레스터 시티 팬들의 캠페인을 보고, 시리아에서 독일로 들어오는 난민들을 환대하자는 보루시아 도르트문트 팬들의 호소를 본다. 나는 정치적 캠페인을 보고, 노동계급 미국인들이 품은 불만이 어떻게 도널드 트럼프의 집권을 유발했는지에 관한 이야기들을 본다.

정치가 우리의 소셜미디어 버블 안으로 침투하는 모습을 상상하는 것은 우리가 다양한 정치적 관점들과 마주치는 방식을 시각화하는 방법으로서 유용하다. 데이비스 소재 캘리포니아 대학교의 밥 허크펠트^{Bob Huckfeldt} 교수는 우리의 정치적 토론을 30년 넘게 연구해왔다. 1992년에 부시와 클린턴이 선거전을 벌일 때 밥과 동료들은 양 진영의 지지자들에게 어떤 정치적 성향을 가진 사람들과 정치적 토론을 벌였느냐고 물었다. 응답을 분석해보니, 정치적 토론의 39%는 그들이 지지하는 대통령 후보를 지지하지 않는 사람들을 상대로 이루어졌다는 결과가 나왔다.[1] 이런 통계가 나온 이유는 부분적으로 유권자들이 적대적인 상대와의 토론을 더 잘 기억하기 때문일 수 있다. 그러나 그 이유만으로 통계 전체를 설명할 수는 없다. 즉, 부시 대 클린턴 선거전 기간에 미국 전역의 유권자들은 자신과 반대되는 견해를 가진 사람들과 꽤 자주 토론했다.

밥은 사람들이 "여러 차원에 의해 정의되는 다양한 맥락 안에서 삶을 꾸려간다"는 점을 강조한다.[2] 서로 다른 사회적 차원들의 예로 스포츠와 정치가 있다. 경기 중에, 그리고 경기 후 온라인에서 스포츠 팬들은 온갖 정치적 견해를 지닌 사람들과 만난다. 음악, 책, 영화, 음식, 유명인 가십에 대해서도 똑같은 이야기가 적용된다. 정치적 배경이 전혀 다른 사람들이 온라인에서 만나 영화 〈걸 온 더 트레인〉이나 〈어벤져스〉에 관하여 대화하다가 결국 정치 토론을 벌인다.

1992년 미국 대통령 선거전에서 직장 동료들과 스포츠 팬들이 점심을 먹거나 술을 마시면서 대통령 후보들의 장단점에 관하여 우호적인 토론을 꽤 자주 벌인 것은, 그 시기가 유일무이한 황금시대였기 때문일까? 전혀 그렇지 않다. 밥은 독일과 일본에서의 정치적 분열도 비슷한 빈도의 토론을 통해 극복되었다는 점을 관찰했다.

또한 그는 최근까지도 지난 50년을 통틀어 가장 논란이 큰 미국 대통령 선거전으로 평가받은 2000년의 조지 W. 부시 대 앨 고어 선거전에서도 같은 결과를 발견했다. 조사된 유권자들 사이에서 그 선거전 기간에 벌어진 정치적 토론의 3분의 1은 각 진영의 지지자와 반대자 사이에서 벌어졌다.

그런 적대적 토론들은 "당신은 바보야, 내 말이 맞아" 같은 식으로 이루어지지 않는다. 밥과 동료들은 연구 대상자들의 정치에 관한 지식도 평가했는데, 사람들은 특정 사안에 관하여 더 많이 알고 싶을 때 전문가에게 문의한다는 사실을 발견했다. 정치에 관해서 더 많이 아는 사람은 그의 정치적 견해와 상관없이 타인들로부터 질문을 받을 확률이 더 높았다.

그러나 소셜미디어가—부시 대 고어 선거전 이후 18년 동안—우리가 정치에 관한 정보를 주고받는 행태를 바꿔놓았는지 여부는 여전히 열린 질문으로 남아 있다. 밥의 연구는 트위터, 페이스북, 레딧이 생겨나기 전에 이루어졌다. 최근 들어 많은 연구자들은 현재의 상황은 정말로 다르다고 짐작했다.3 대표적으로 브렉시트 투표와 미국 대통령 선거에서 벌어진 온라인 양극화를 돌아보면서 나는 밥의 연구 결과가 오늘날에도 타당한지, 아니면 이제 반향실이 대세인지 알아보기로 마음먹었다.

나는 나 자신을 연구의 출발점으로 삼기로 했다.

그림 12.1은 나의 트위터 사회연결망의 일부를 보여준다. 그림 속의 원 각각은 나와 상호 팔로우 관계를 맺은 사람이다. 나는 중앙

의 원이다. 모든 선들은 나와 연결되어 있다(내 사회연결망의 초점은 나 자신이므로). 다른 두 사람을 잇는 선들은 그들도 상호 팔로우 관계를 맺었음을 보여준다. 이 그림은 '전형적인' 트위터 사용자들만 보여준다. 이것은 나의 정의인데, '전형적인' 사용자란 1000명 미만을 팔로우하고 1000명 미만으로부터 팔로우를 받는 사람을 말한다. 따라서 잘나가는 학자들, 유명인들, 미디어에 자주 등장하는 사람들은 이 그림에서 배제되었다.

나의 연결망은 아주 뚜렷한 구조를 지녔다. 그림 12.1의 윗부분

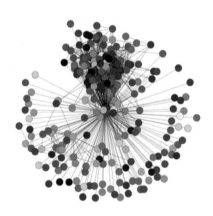

그림 12.1 나의 트위터 사회연결망. 나와 상호 팔로우 관계를 맺은(팔로워가 1000명 미만인) 모든 트위터 사용자들을 원으로 표현했다. 나는 중앙에 위치한 원이다. 선은 상호 팔로우 관계를 맺은 사람들을 연결한다. 브렉시트 투표를 앞두고 '유럽연합 잔류'를 옹호하는 기사를 더 많이 실은 영국 신문 3개(〈데일리 미러〉 〈가디언〉 〈파이낸셜 타임스〉)와 거리가 가까운 사람들은 매우 어두운 색으로 나타냈다. 반면에 '유럽연합 탈퇴'를 옹호하는 경향이 더 강한 신문들(〈타임스〉 〈데일리 스타〉 〈텔레그래프〉 〈더 선〉 〈데일리 메일〉 〈데일리 익스프레스〉)과 거리가 가까운 사람들은 매우 밝은 색으로 나타냈다.[4] 이 양극단 사이에 위치한 사람들은 어느 쪽과 더 가까우냐에 따라 다양한 밝기의 회색들로 나타냈다. 요아킴 요한손 그림.

에는 나와 연결되어 있을 뿐 아니라 서로 연결되어 있는 사람들의 집단이 있다. 그들은 과학자들이다. 그들은 최신 연구 결과를 공유하고, 대학원생 시절을 회상하며 웃고, 연구비 부족을 한탄하기 위해 집단을 이룬다. 이 집단은 최고 성능의 반향실이다. 우리는 서로가 옳다고 확인해주고 서로를 지지하고 최신 가십을 공유한다.

내 연결망 속의 다른 원들은 더 많이 흩어져 있다. 그 사람들은 나를 알지만, 그들끼리는 서로 모르는 사이다. 나와 마찬가지로 축구팬인 사람들 중 다수가 이 구역에 있다. 축구와 관련해서 누구를 팔로우할지에 대한 나의 선택은 과학과 관련한 선택보다 더 무작위하다. 때때로 나는 한 경기나 선수에 관하여 누군가와 트윗을 서너 번 즐겁게 주고받은 다음에 그 사람을 팔로우하기로 결정한다. 그 사람은 내가 이런 식으로 무작위하게 팔로우하는 다른 사람들을 모를 가능성이 높다.

나의 트위터 친구들이 받는 정치적 영향을 탐구할 길을 모색하는 과정에서 나의 석사과정 학생 요아킴 요한손Joakim Johansson이 아주 좋은 아이디어를 냈다. 그는 브렉시트 문제를 내 연결망에서 가장 중요한 정치적 안건으로 선정했다. 왜냐하면 나와 상호 팔로우 관계를 맺은 사람들은 대개 영국에서 활동하고 브렉시트는 나의 피드에서 뜨거운 쟁점이기 때문이다. 요아킴은 나의 친구들이 트위터에서 영국 신문들로부터 떨어진 '거리'에 따라 그들을 나타내는 원에 색깔을 칠했다. '유럽연합 잔류'를 옹호하는 신문들과 거리가 가까운 사람들은 어두운 색깔로 칠했고, '유럽연합 탈퇴'를 옹호하는 신문들과 거리가 가까운 사람들은 밝은 색깔로 칠했다.

'거리'를 측정하기 위해 요아킴은, 트위터 사회연결망에서 해당 사용자로부터 영국에서 가장 유력한 신문 9개에 각각 도달하려면 얼마나 많은 사용자들을 거쳐야 하는지를 따졌다. 누군가가 〈가디언〉을 팔로우한다면, 그와 그 신문 사이의 거리는 0이다. 만약 그는 〈가디언〉을 팔로우하지 않지만 그의 친구가 팔로우한다면, 그와 그 신문 사이의 거리는 1이다. 그의 친구의 친구가 신문을 팔로우한다면, 거리는 2다. 이런 식으로 몇 명의 친구를 거쳐야 〈가디언〉과 연결되느냐에 따라 거리가 매겨진다. 이것은 사회연결망에서 거리를 측정하는 표준적인 방법인데, 이와 관련해서 흔히 거론되는 숫자가 6이다. 일설에 따르면, 우리와 지구에 사는 임의의 타인 사이의 거리는 (참값과 거의 같은 근삿값으로) 최대 6이라고 한다.[5]

나의 사회연결망에서(그림 12.1 참조) 어두운 색깔로 표현된 사람들은 브렉시트 투표를 앞두고 '잔류'를 옹호한 신문들과 거리가 가깝다. 반면에 밝은 색깔로 표현된 사람들은 '탈퇴'를 옹호한 신문들과 거리가 가깝다. 그 색깔들을 보면, 나의 과학자 친구들—이들은 브렉시트에 반대한 〈가디언〉 같은 신문들과 거리가 가깝다—과 과학계 외부의 친구들 사이에서 약간의 차이가 눈에 띈다. 후자는 색깔들이 더 다양하다. 하지만 밥 허크펠트의 연구를 이미 들여다본 나조차도 깜짝 놀라게 한 충격적인 발견은 내 친구들과 신문들 사이 거리의 다양성이었다. 축구도 그렇지만 트위터 전반도 나를 매우 다양한 의견들에 노출시킨다.

내가 대표성을 지녔다고 주장하기는 어려우므로, 석사논문을 위한 연구에서 요아킴은 최소한 영국 신문 한 개를 팔로우하는 트위터 사용자 수백 명을 중심으로 한 연결망들을 제작했다.[6] 그들의 전형적인 사회연결망은 주로 서로를 팔로우하는 친구들이 조밀하게 모인 집단 한두 개로 이루어졌다. 어떤 경우에는 그 집단들에 속한 사용자들이 모두 '잔류' 옹호 신문들과 거리가 가깝거나 모두 '탈퇴' 옹호 신문들과 거리가 가까웠다. 그러나 이런 편파적 집단들에서 벗어난 친구들이 항상 있었으며, 그들은 전혀 다른 연결들을 보유하고 있었다. 이 사실은 상이한 정치적 견해를 가진 사용자들이 서로 연결되도록 만들었다.

'잔류' 옹호 신문만 팔로우하는 트위터 사용자의 친구들 가운데 오직 '탈퇴' 옹호 신문만 팔로우하는 사람의 비율은 13%에 불과하다. 이는 그 친구들 가운데 오직 '잔류' 옹호 신문만 팔로우하는 사람의 비율이 54%에 달하는 것에 비해 아주 낮은 비율이다. 그러나 또 다른 33%는 '탈퇴' 옹호 신문과 '잔류' 옹호 신문을 둘 다 팔로우한다. 요컨대 거리를 따져보면, 우리 대다수는 우리의 견해와 상반되는 신문으로부터 그리 멀리 떨어져 있지 않다. 오직 '탈퇴' 옹호 신문만 팔로우하는 트위터 계정들이 〈가디언〉으로부터 떨어져 있는 거리는 겨우 1.2다. 오직 '잔류' 옹호 신문만 팔로우하는 계정들은 〈더 선〉으로부터 평균 1.5만큼 떨어져 있다.

이 규칙의 예외 하나는 스캔들 전문 타블로이드판 신문 〈데일리 스타〉다. 이 신문은 '잔류' 옹호 계정들로부터 2.2만큼 떨어져 있는데, '탈퇴' 옹호 계정들로부터도 2.2만큼 떨어져 있다. 〈데일리 스타〉는 미켈라 델 비카리오의 연구에 어울릴 법한 미심쩍은 음모론을 보도하기로 유명하다. 하지만 우리는 그런 음모론으로부터 꽤 멀리 떨어져 있다.

개별 트위터 사용자들은 흔히 양쪽 진영의 목소리를 모두 듣기를 원한다. 이를 알기 쉽게 보여주기 위하여 나는 영국의 유럽연합 탈퇴에 관한 투표 직후에 트위터에서 어떤 신문들이 얼마나 팔로우되었는지를 벤다이어그램으로 표현했다. 그림 12.2는 브렉시트 옹호 신문을 팔로우한 사람들과 유럽연합 잔류 옹호 신문을 팔로우한 사람들이 상당히 많이 겹친다는 것을 보여준다. 예컨대 〈가디언〉과 〈텔레그래프〉를 둘 다 팔로우한 사람들이 꽤 많이 있었다.

그런데 탈퇴 옹호 타블로이드판과 잔류 옹호 일반판을 살펴보면, 이런 교집합은 줄어든다(그림 12.2b). 여기에서 보듯이, 영국에서 신문 팔로우 행태는 정치적 관점보다 타블로이드판과 일반판을 나누는 오래된 구분의 영향을 더 많이 받는다. 많은 〈가디언〉 독자들은 이미 〈텔레그래프〉를 팔로우하고 있다. 그러므로 당신이 〈가디언〉 독자인데 정말로 시야를 넓히고 싶다면 〈텔레그래프〉 대신에 〈데일리 메일〉을 팔로우하라. 정말로 한번 해보기를 권한다.

온라인 정치 토론에서 우리는 좋아하는 것들보다 싫어하는 것들을 더 많이 언급하는 경향이 있다. 미국 대통령 후보 경선에 관한 연구에 따르면, 힐러리 클린턴은 트위터에서 민주당 지지자들보다 공화당 지지자들에 의해 더 자주 언급되었다.[7] 마찬가지로 민주

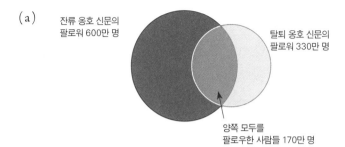

(a) 잔류 옹호 신문의
     팔로워 600만 명

탈퇴 옹호 신문의
팔로워 330만 명

양쪽 모두를
팔로우한 사람들 170만 명

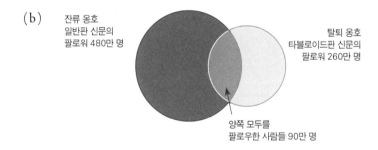

(b) 잔류 옹호
     일반판 신문의
     팔로워 480만 명

탈퇴 옹호
타블로이드판 신문의
팔로워 260만 명

양쪽 모두를
팔로우한 사람들 90만 명

그림 12.2 트위터에서 얼마나 많은 사람들이 영국 신문들을 팔로우했는가를 나타낸 벤다이어그램. 나는 신문들을 잔류 옹호 일반판 신문(〈가디언〉〈인디펜던트〉〈파이낸셜 타임스〉), 탈퇴 옹호 일반판 신문(〈타임스〉〈텔레그래프〉), 잔류 옹호 타블로이드판 신문(〈데일리 미러〉), 탈퇴 옹호 타블로이드판 신문(〈더 선〉〈데일리 메일〉)으로 분류했다. (a) 잔류 옹호 신문을 팔로우한 사람들과 탈퇴 옹호 신문들을 팔로우한 사람들, 그리고 양쪽 모두를 팔로우한 사람들의 수. (b) 잔류 옹호 일반판 신문을 팔로우한 사람들과 탈퇴 옹호 타블로이드판 신문을 팔로우한 사람들, 그리고 양쪽 모두를 팔로우한 사람들의 수.

당 지지자들은 도널드 트럼프에 관한 트윗을 공화당 지지자들보다 더 많이 올렸다. 우리는 반대편 지도자를 비판하고 싶은 충동을 쉽게 떨쳐내지 못하는 것이다.

트위터의 순위 알고리즘은 이 같은 저변의 정서를 은폐한다. 컴퓨터과학자 주히 쿨슈레스타Juhi Kulshrestha와 동료들은 선거 기간에 트위터에서 힐러리 클린턴을 검색하면 전반적인 정서에 비해 그녀에게 더 우호적인 트윗들이 뜨는 경향이 있었음을 발견했다. 반면에 도널드 트럼프를 검색한 결과들은 그 후보의 부정적 이미지를 강화했다. 영국에서와 마찬가지로 미국에서도 트위터 사용자들은 진보적 편향을 약간 지녔고, 트위터의 필터링 방식은 이 편향을 (약간) 더 강화한다.

트위터에 관한 논문들을 읽고 나 스스로 실험들을 수행한 끝에 나는 페이스북에 관한 라다 애더믹의 연구에서 내가 끌어낸 것과 유사한 결론에 도달했다. 나처럼 신문들을 팔로우하고 시사 현안을 챙기는 사람들에게 트위터와 페이스북은 그리 강력한 반향실이 아니다. 비록 약간의 진보적 편향이 있기는 하지만, 이 소셜미디어 사이트들은 다양한 정보가 확산되고 공유되는 데 기여한다. 전반적으로 우리는 수많은 견해들을 접한다. 그중 일부는 우리가 좋아하는 것이고, 다른 일부는 우리가 싫어하는 것이다. 하지만 그 모든 견해들이 우리가 사는 세계에 관한 정보를 제공한다. 우리의 폭넓은 사회적 연결들이 우리를 필터버블 안에 갇히지 않게 해준다.

그럼에도 내가 대화한 연구자들과 진보 미디어에 게재된 수많은 의견 기사들이 거듭 제기한 중요한 우려가 하나 있었다. 그 우려는 신문을 읽는 사람들에 관한 것이 아니라, 전통적인 뉴스로부터 격리된 사람들, 신뢰성이 낮을 위험이 있는 다른 출처들로부터 뉴스를 얻는 사람들에 관한 것이다. 요아킴과 내가 연구한 트위터 사용자들은 이미 영국 신문들을 팔로우하는 사람들이었다. 그 다양한 신문들의 질에 관하여 갑론을박할 수 있겠지만, 아무튼 그것들은 언론 윤리와 영국 법의 지배를 받는 기성 미디어다.

도널드 트럼프가 트위터를 이용하여 진실을 왜곡하면서 도리어 미디어가 그런 왜곡을 하고 있다고 비난하는 것을 감안할 때, '브라이트바트' 같은 웹사이트들이 오해를 유발하는 보도로 사용자들을 낚고 페이스북 페이지들이 터무니없는 뜬소문을 퍼뜨리는 것을 감안할 때, 오늘날 많은 사람들이 신뢰성 있는 출처들로부터 단절되었다는 사실을 우려하는 것은 일리가 있다. 나를 비롯한 신문 독자들이 필터버블로부터 자유롭다고 선언하는 것은 충분히 수긍할 만하다. 그러나 주류 미디어를 무시하는 사람들은 어떨까? 나는 이미 음모론 버블 몇 개의 내부를 훔쳐보고 꽤 우려스러운 상황을 발견한 바 있었다. 가짜뉴스가 난무했고, 정치 지도자들에 관한 거짓된 소문이 확산되고 있었다. 그것들은 전통적인 미디어를 외면하는 사람들에게 영향을 끼칠 만했다.

전통적 미디어에 실린 많은 기사들에 따르면, 정확히 그런 일이 지금 벌어지고 있다. 많은 사람들은 연예계의 가십, 스포츠 성적, 반려동물에 관한 짧은 동영상, 온라인 밈으로 이루어진 세계 속으로 빠져들어 현실로부터 격리되고 있다고 한다. 진짜뉴스가 있는 세계는 따분하고, 가짜뉴스는 끊임없는 재미의 원천이다. 이른바 '탈진실 세계!'

정말로 일부 사람들은 탈진실 세계에서 살고 있을까? 실제로 확인해볼 필요가 있다.

누가
가짜뉴스를 읽을까?

'마스터 베이츠Master Bates와 시먼 스테인스Seaman Staines.' 어린 시절에 내가 가장 좋아했던 텔레비전 프로그램 〈퍼그워시 선장〉(영국 애니메이션─옮긴이)에 등장하는 이름들이 실은 '마스터베이츠와 시먼스테인스'(발음 때문에 각각 'masturbates[자위행위를 하다]'와 'semen stains[정액 얼룩]'을 연상시킴─옮긴이)라는 소문을 1990년대 초반의 대학생 시절에 처음 들었을 때 나는 그 정보를 의문시하지 않았다. 왠지 그럴싸하게 느껴졌다. 왜냐하면 그 프로그램이 방영되던 1970년대에 나와 친구들은 정말 천진했으므로 아무도 그 이름들을 주목하지 않았기 때문이었다. 그 소문의 출처는 〈가디언〉에 실린 한 기사였는데, 나는 그 기사를 본 적이 없었다. 나는 그 소문이 진실일 수도 있겠거니 하면서 그냥 넘어갔다. 재미있는 소문이었으니까.

알고 보니 가짜뉴스였다. 〈퍼그워시 선장〉의 제작자는 〈가디언〉을 상대로 소송을 걸어 승소했다.

퍼그워시 소문 이후 여러 해 동안 나는 친구들을 만나면 우리가 그 소문을 진실로 믿었던 것을 이야기하며 웃곤 했다. 우리가 정말로 어리석었다는 느낌이 들었다.

하지만 이제 나는 생각이 달라졌다. 어느 날 저녁 아들과 딸이 '만델라 효과'라는 것에 대해서 나에게 이야기했다. 나는 그게 뭔지 전혀 몰랐다.

딸은 이런 질문으로 설명을 갈음했다. "피카츄의 꼬리에 검은 점이 있을까?"

"응, 있지." 내가 말했다. 생각해보니 그런 점이 있는 것 같았다.

"아냐, 없어." 엘리스가 말했다. "그런데 많은 사람들은 검은 점이 있다고 생각하면서 피카츄를 그릴 때 그 점까지 그려. 하지만 그런 건 없어."

'만델라 효과'란 사람들이 진실이 아닌 무언가를 진실이라고 생각하는 현상을 말한다.

나는 딸의 말을 알아듣고 그 개념을 충분히 이해했다. 그런데 왜 명칭이 '만델라 효과'인 것일까? 엘리스가 말했다. "구글에 검색해봐."

검색해봤다. 구글 검색창에 'Mandel…'을 입력하자 자동완성 기능이 작동하여 맨 위에 'Mandela effect'가 제안되기까지 했다. 당연한 얘기지만, 만델라 효과에 관한 모든 것을 설명해주는 유튜버가 있었다. 그는 피카츄의 꼬리, '모노폴리 가이'(모노폴리 게임의 마스코트. 정식 이름은 '부자 삼촌 페니백스')가 외눈 안경을 끼었는가 하는 질문, 〈스타워즈〉에서 다스베이더가 루크 스카이워커에게 정말로 한 말은 무엇인가 등에 관한 거짓 기억들을 설명했다. 모두 다 수긍할 만한 얘기였다.

하지만 '만델라 효과'라는 명칭의 기원이 된 만델라에 관한 이야기는 나를 놀라게 했다. 그 유튜버에 따르면, 많은 사람들은 넬슨 만델라가 1980년대에 감옥에서 사망했다고 믿는다. 유튜버를 비롯한—내 자식들도 포함되는 듯하다—많은 사람들은 넬슨 만델라가 감옥에서 죽었다는 믿음을 거짓 기억의 전형적인 예로 간주했다. 하지만 그것은 그릇된 견해다. 만델라가 감옥에서 죽었다고 믿는 사람들이 많다는 확실한 증거가 없다. 내가 간단히 조사해보니, 모든 것의 기원은 "초자연적 상담가"로 자처하는 피오나 브룸Fiona Broome이 2010년에 쓴 단 한 편의 블로그 게시글이라고 할 수 있다는 사실이 드러났다. 또다시 나는 주류로 진입하는 음모론의 세계를 마주하고 있었다. 만델라의 죽음에 관한 '만델라 효과'가 존재했거나 존재한다는 증거는 없었다.

만델라 효과 그 자체가 만델라 효과다. 수천 명의 사람들이 만델라가 감옥에서 죽었다고 믿는 사건은 결코 일어난 적이 없지만, 유튜브에서 그 사건은 거짓 기억이라는 과학적으로 입증된 현상을 대표한다.

가짜뉴스는 성장하는 산업이다. 만델라 효과에 관한 유튜브 동영상들은 조회 수가 수백만에 달한다. 해당 유튜버들은 내가 그 동영상들을 시청하기 전에 보아야 하는 광고를 첨부한 대가로 돈을 번다. 그들은 '좋아요'를 끌어모으고 시대정신을 선도한다. 그 동영상들은 구체적으로 만델라에 관하여 약간의 오해만 일으키지만, 다른 가짜뉴스 사이트들은 훨씬 더 미심쩍은 내용들로 가득 차 있다.

미국 대통령 선거가 있던 해와 그 이듬해에 '가짜뉴스'는 말 그대로 날아올랐다. 버즈피드의 초대 편집자 크레이그 실버먼Craig Silverman은 트럼프 대 클린턴 선거전에 관한 주요 이야기들의 목록을 작성했다.[1] 대다수의 이야기는 트럼프에게 우호적이었다. "교황이 도널드 트럼프를 지지한다" "힐러리의 이슬람국가 이메일이 방금 유출되었다" "FBI 요원이 사망한 채로 발견된 힐러리를 조사 중이다" 같은 제목의 이야기였다. 그러나 트럼프에 반대하는 제목들도 있었다. 예컨대 "도널드 트럼프가 자신의 몸을 만졌다고 유명인 루폴이 말했다"라는 제목이 있었다. 일부 이야기들은 풍자를 의도하는 사이트에서 유래한 것이었고, 다른 이야기들은 극우파 지지자들이 운영하는 사이트에서 온 것이었다. 많은 이야기들의 출처는 마케도니아의 작은 마을이었다. 거기에서 한 무리의 젊은이들이 웹사이트에 뜨는 광고의 대가로 돈을 벌고 있었다. 진실인지 거짓인지와 상관없이 그들은 이야기들을 페이스북에 차례로 올렸다. 그것들이 퍼져나가 그들이 돈을 벌기를 바라서였다.

도널드 트럼프는 〈뉴욕 타임스〉, CNN 등의 전통적 뉴스 출처들을 가짜뉴스로 낙인찍었다. 그가 보기에 그 미디어들은 자신의 대통령직 수행을 편파적으로 보도하기 때문이었다. 트럼프가 가짜뉴스를 나름대로 정의하는 것을 말릴 수는 없다. 그러나 나의 정의는 더 엄격하다. 가짜뉴스란 단지 정치적으로 편향된 뉴스가 아니라 명백히 거짓인 뉴스다. 가짜뉴스는 '스놉스Snopes'와 '폴리티팩트PolitiFact' 같은 팩트체크 사이트들이 지목하여 사실관계가 틀렸음을 보여준 이야기들로 이루어졌다. 이 정의에 기초하면, 트럼프 대 클린턴 선거 기간에 최소 65개의 가짜뉴스 사이트가 있었다. 대안우파(극보수주의) 사이트 '브라이트바트'는 내 정의의 경계에 절묘하게 걸쳐 있다.

가짜뉴스가 존재하는가 여부는 문제가 아니다. 가짜뉴스는 거의 의심의 여지 없이 존재한다. 문제는 가짜뉴스가 우리의 정치적 견해에 얼마나 큰 영향을 미치는가 하는 것이다. 우리는 탈진실 세계에서 살고 있을까?

'탈진실' 가설을 제대로 검증하는 유일한 길은 조사를 실행하고 데이터를 살펴보는 것이다. 그리고 정확히 그 일을 경제학자 헌트 앨콧Hunt Allcott과 매슈 겐츠코우Matthew Gentzkow가 해냈다.[2] 그들은 2016년 미국 대선에서 가짜뉴스가 발휘한 효과를 측정하고 싶었다. 그들은 온라인 조사 참가자들에게 일련의 가짜뉴스들을 제시했다. 예컨대 이런 것들이었다.

(1) "클린턴 재단 관계자들이 기금을 전용하여 카리브해에서 사치스러

운 술 파티를 벌인 혐의로 유죄를 선고받았다."

(2) "'미셸 오바마는 역사상 가장 천박한 퍼스트레이디'라고 마이크 펜스가 말했다."

(3) "트럼프 진영에서 민주당 지지 유권자들을 투표소로 태워다 주겠다고 제안하고 엉뚱한 곳으로 데려가는 술책을 계획했음이 유출 문서에서 드러났다."

(4) "선거를 며칠 앞두고 열린 한 집회에서 오바마 대통령이 도널드 트럼프 지지자에게 고함을 질렀다."

연구자들은 조사 참가자들에게 진짜뉴스도 제시했는데, 그들이 가짜뉴스를 받았을 때 보인 반응과 진짜뉴스를 받았을 때 보인 반응을 비교했다.

참가자들은 두 가지 질문을 받았다. 첫째, 해당 이야기를 들었는가? 둘째, 그 이야기를 믿었는가? 그 가짜뉴스들을 들었다고 보고한 참가자는 평균 약 15%인 반면, 진짜뉴스들을 들었다고 보고한 참가자는 70%였다. 가짜뉴스를 들을 확률이 15%면 꽤 높다고 할 수도 있을 것이다. 원한다면 당신 자신의 경험도 한번 되돌아보라. 선거 기간에 당신은 위에 열거한 가짜뉴스들 가운데 몇 개를 들었는가?

당신이 그 가짜뉴스들 중 과반수를 들었다면, 내가 우려하기에 당신에게는 약간 문제가 있다. 실제로 온라인에서 확산된 가짜뉴스는 위에 열거한 것들 중 두 개뿐이다. 나머지 두 개는 헌트와 매슈가 지어내어 일종의 플라시보 처방으로 제시한 것들이다. 구체적으로 1)과 3)이 그러하다. 실험에서 참가자의 14%는 이 가짜 '가짜뉴스'를 들었다고 답했다. 이 비율은 진짜 '가짜뉴스'를 들었다고 응답한 참가자의 비율 15%와 사실상 다르지 않았다. 선거 직후에 실험을 수행했음에도, 참가자들은 자신이 온라인에서 어떤 가짜뉴스를 보았는지 정확히 기억하지 못했다.

이 실험 결과와 페이스북에서 뉴스가 확산되는 방식에 대한 분석, 그리고 '전통적인 뉴스' 사이트들과 비교했을 때 '가짜뉴스' 사이트들이 발휘하는 상대적 영향력을 종합하여 헌트와 매슈는 어림계산을 했다. 그 계산을 통해 평균적인 미국인은 투표소로 향할 때 가짜뉴스 한두 개를 기억하고 있었고, 그것들을 믿었을 개연성은 낮았다는 사실을 보여주었다.

내가 연락했을 때 매슈는 가짜뉴스가 선거에 영향을 미치지 않았다는 확정적인 결론을 내리기를 꺼렸다. 그는 이렇게 말했다. "뉴스와 광고를 보는 것이 사람들의 투표에 실제로 어떤 영향을 미치는지 추정할 길은 없습니다." 뉴스 노출과 실제 투표를 관련지으려면 추가 연구가 필요하다.

우리가 무척 신중하다는 매슈의 주장이 옳다고 전제하면, 가짜뉴스가 늘어나는 현상을 나로서는 도무지 이해할 수 없었다. 선거에서 도널드 트럼프가 간신히 이긴 것과 상관없이, 헌트와 매슈의 어림계산은 가짜뉴스가 무의미한 잡음에 불과하다는 점을 함축한다.

가짜뉴스의 무효성은 '탈진실' 세계 개념에 함축된 것과는 사뭇 다른 현실 진단에 힘을 실어준다. 수많은 가짜뉴스가 작성되고 있다는 것은 엄연한 사실이다. 그러나 가짜뉴스는 순식간에 잊힐 수 있고, 믿음을 사는 경우는 아주 드물다.

밥 허크펠트는 자신의 연구에서 얻은 가장 큰 교훈 하나는 "정치에 관심과 식견이 있는 시민들은 [동료 시민들에게] 예나 지금이나 특히 큰 영향력을 발휘한다는 것"이라고 나에게 말했다. 이런 사정이, 광고 수입을 위해 마케도니아에서 가짜뉴스를 지어낸 한 무리의 십대 청소년들 때문에 달라졌다고 믿을 근거는 희박하다.

최근 가짜뉴스의 가장 두드러진 사례 하나는 도널드 트럼프가 대통령 선거에서 이긴 다음 날 등장했다. 구글 뉴스 검색창에 '최종 선거 집계'를 입력한 미국인들은 깜짝 놀랐다. 검색 결과의 맨 위에 '세븐티 뉴스70 News'라는 웹사이트에 게재된 한 편의 글이 떴는데, 그 글은 "2016년 선거 최종 집계: 일반 투표와 선거인단 투표 모두에서 트럼프의 승리"를 선언했다.[3] 비록 클린턴이 지긴 했지만, 그 선언은 옳지 않았다. 일반 투표에서 클린턴은 수백만 표 차이로 이겼다.

'세븐티 뉴스' 웹사이트를 방문했을 때 나는 한 번도 본 적 없는 견해들을 보았다. '최종 선거 집계' 기사는 300만 명이 넘는 불법 이민자들이 투표에 참가했다고 주장했다. 그 '불법체류자'들의 대다수가 힐러리 클린턴을 찍었다는 전제 아래, '세븐티 뉴스'는 트럼프가 사실은 일반 투표에서도 이겼다는 계산 결과를 내놓았다.

불법 투표가 이루어졌다는 주장의 근거는 달랑 트윗 한 쪽지인 듯했고, '세븐티 뉴스'는 명백히 신뢰성이 없는 매체였다. 그러나 나는 그 사이트에 게재된 다른 '사실'들을 살펴보며 한 시간 반을 보내지 않을 수 없었다. 뜻밖에도 상당히 재미있는 시간이었다. '세븐티 뉴스'에 따르면, 대통령 취임 다음 날이자 권력을 쥐고 맞는 첫날인 2017년 1월 21일에 도널드 트럼프의 나이는 70세, 7개월, 7일이 될 것이었다. 21은 7+7+7과 같다. 보다시피 7이 많다. '세븐티 뉴스'는 777이 신의 수라고 해석했다. 즉, 그 날짜가 트럼프의 당선을 예언한 것이었다.

트럼프 777 예언은 공교롭게도 진실이었다. 적어도 숫자들만 따지면 그러했다. 반면에 대통령 당선 예언은 덜 그럴싸했고, 트럼프의 취임식에서는 그 예언을 뒷받침할 만한 초자연적 현상이 전혀 일어나지 않았다. 수비학이 가미된 이 글은 아쉽게도 그 사이트에서 유일하게 흥미로운 부분이었다. 나머지 부분은 수많은 인종주의적 주장, 음모론, 우익 선동으로 채워져 있었으며, 그것들 중 다수의 출처는 소셜미디어였다.

어떻게 '세븐티 뉴스'의 한 페이지가 구글 검색 결과의 최상위에 오를까? 이 질문에 답하기 위해 나는 우선 '셰어드카운트SharedCount' (게시물의 공유 횟수 등을 알려주는 사이트─옮긴이) 서비스를 이용하여 '세븐티 뉴스'의 게시물을 어떤 사이트들이 공유해왔는지 살펴보았다. 놀랍게도 게시물은 페이스북에서 무려 50만 회나 공유되었다. 반면에 트위터, 구글+, 링크드인에서 사이트의 공유 횟수는 각각 몇백 회에 불과했다.[4] 명백히 범인은 페이스북이었다. 페이스북에서 그 게시물로 향하는 링크들을 조사해보니, 페이스북의 유죄가 확실히 드러났다. 페이스북에서 수많은 다양한 개인들이 게시물을 무수히 반복해서 공유했다. 추적해보니 그 게시물의 이 같은 성공은 소수의 미국 우익 사이트들에서 비롯되었음이 드러났다. 페이스북 페이지인 '미국의 퇴역군인들은 사랑받는다' '트럼프 팬 네트워크' '솔직하련다'가 모두 그 게시물을 논평과 함께 공유했고, 공유된 게시물은 다시 페이지들의 수많은 팔로워에 의해 재공유되었다.

'세븐티 뉴스' 게시물의 확산은 미켈라 델 비카리오가 연구한 이탈리아 음모론들의 확산과 동일한 경로로 이루어졌다. 최초 확산은 극우 지지자들의 반향실 내부에서 일어났지만, 이내 통상적인 극단주의적 집단의 외부로까지 확산의 범위가 확대되었다. 상당수의 트럼프 지지자가 그 게시물을 '일리 있다'고 느끼며 공유했다. 다른 지지자들은 게시물의 타당성에 의문을 품었지만, 어차피 자기네 편이 이겼으므로 그런 문제는 중요치 않다는 점을 강조했다. 음모론과 마찬가지로 가짜뉴스도 선도자와 추종자가 있지만, 확산 범위가 커지면 흔히 반발에 직면한다. 구글의 알고리즘은 승리를 축하하기 위해 올린 그 게시물의 확산에 흥분하여 그것을 검색 결과의 상위에 띄웠던 것이다.

나는 양동이 안의 개미를 생각했다. '세븐티 뉴스'를 읽은 모든 사람이 개미를 떠올릴 법하지는 않지만, 나는 개미를 생각할 때가 많다. 개미는 온갖 기발한 소통 메커니즘을 보유한 매혹적인 동물이다. 녀석들은 페로몬이라는 화학적 흔적을 남겨 먹이에 도달하는 길을 알려주고, 영역을 표시하고, 심지어 함께 사는 동료들에게 피해야 할 장소들을 일러주기까지 한다. 개미 집단은 초유기체다. 개미들은 높이가 1m 이상인 집을 지하 몇 m 깊이에 지을 수 있다. 녀석들은 넓이가 몇 km² 에 달하는 공급망을 구성할 수 있고, 몇몇 종은 먹이를 경작하기까지 한다.

그러나 당신이 개미들을 양동이에 집어넣으면, 녀석들은 정말 멍청해진다. 나는 이 양동이 실험에 관한 이야기를 브리스틀 대학교의 생물학자 나이절 프랭크스Nigel Franks로부터 처음 들었다. 그와 동료들은 1940년대의 고전적 연구들에서 영감을 받아 1989년 파나마에서 그 실험을 고안했다. 그들은 '군대개미'라는 개미 종의 개체들을 양동이 안에 넣었다. 양동이의 아가리는 개미가 탈출할 수 없게 미끄러운 물질로 코팅되었으며, 연구자들은 위에서 개미들을 촬영했다. 녀석들은 점점 더 빠른 속도로 움직이며 계속 원을 그렸다. 개미들이 이동하면서 페로몬을 분비했기 때문에, 뒤따라 오는 녀석들은 저 앞에 흥미로운 무언가가 있는 것이 틀림없다고 생각했다. 그리하여 모든 개미들이 속도를 높였다. 그렇게 사회적 피드백이 발생했고, 머지않아 모든 개미들이 최고 속도로 움직이고 있었다.

나는 온갖 종에서 사회적 피드백이 멍청한 행동을 낳는 현상을 연구했다. 나의 동료인 시드니 대학교의 애슐리 워드Ashley Ward는 큰가시고기를 멍청하게 만들어 포식자 곁을 헤엄쳐 지나가게 할 수 있음을 보여주었다. 다른 큰가시고기가 먼저 그렇게 했다고 믿는 큰가시고기는 멍청하게도 포식자 곁을 헤엄쳐 지나갔다. 비둘기들의 집단적 길 찾기에 관한 한 실험에서 우리는 옥스퍼드 대학교의 도라 비로Dora Biro와 함께 비둘기 한 마리를 "도라"로 명명하고 연구했다. 그 비둘기는 나중에 "미친 새"라는 별명을 얻었는데, 왜냐하면 녀석은 집으로 돌아갈 때 다른 비둘기들을 멀고 힘든 길로 이끌었기 때문이다. 심지어 뒤따르는 비둘기가 더 가까운 길을 알고 있을 때에도, 도라는 그 비둘기를 멀고 힘든 길로 이끌었다. 이 모든 것들은, 상호작용의 규칙들이 집단의 혼란과 멍청한 행동을 유발하는 사회적 피드백의 사례다.

그런데 중요한 것은 집단적 멍청함으로 귀결되는 사회적 피드백을 볼 때 우리가 과학자로서 어떤 결론을 내려야 하는가 하는 문제다. 다른 개체들을 모방하거나 추종하는 행동은 동물의 생존에 해롭다는 결론을 내리고 싶을 수도 있을 것이다. 이른바 '피드백 버블feedback bubble' 이론을 구축하여 동물들이 집단으로 멍청하게 행동하는 온갖 기이한 사례들을 설명하고 싶은 유혹을 느낄 수도 있을 것이다. 그런 동물들은 '탈생존' 세계 안에서 살고 있으며, 거기에서 녀석들은 계속 원을 그리며 움직이다가 죽게 되리라는 사실에 개의치 않는다고 말하고 싶을 수도 있을 것이다.

그러나 그런 이론이 실제로 제기된 적은 없으며, 그 이유는 더없이 합리적이다. 즉, 집단을 이룬 동물들은 매우 영리한 행동도 많이 하기 때문이다. 나이절 프랭크스의 양동이 실험은 군대개미들의 거대한 집단이 갑자기 들이닥쳐 숲 바닥의 모든 가용한 먹이를 싹쓸이하는 행동을 더 잘 이해하기 위해 수행되었다.[5] 포식자 곁으로 헤엄치는 모형 물고기를 보여줌으로써 물고기를 속이는 실험에서 애슐리 워드는 (우리가 물고기들을 속이지 않으면) 개별 물고기들보다 물고기 떼가 포식자를 식별하고 피하는 행동을 훨씬 더 잘한다는 것도 발견했다.[6] 도라 비로는 비둘기들이 경로를 함께 학습하며 대개 집단을 이뤘을 때 귀가 경로를 더 신속하게 발견한다는 것을 보여주었다.[7] 개미 집단, 새 떼, 물고기 떼는 영리하다.

'세븐티 뉴스' 사건은 구글과 페이스북의 알고리즘이 피드백 순환에 휘말린 탓에 발생했다. 그 알고리즘들은 특정 항목의 검색과 공유가 증가하는 것을 포착하고 그 항목의 중요도를 높였다. 그러나 이런 실수는 드물다. 왜냐하면 구글과 페이스북은 이런 실수를 방지하는 작업을 장려하기 때문이다. 구글과 페이스북은 모두 불쾌한 광경이 주류에 진입하도록 만드는 피드백 순환을 막으려 애쓴다. 그런 일이 발생하면 자사의 평판이 떨어지기 때문이다. 나는 페이스북 페이지 '솔직하련다'에서 일하는 극우 활동가 한 명과 페이스북 메신저를 통해 채팅하기 시작했다. 그 페이지는 '세븐티 뉴스' 게시물의 공유에 결정적으로 기여한 바 있었다. 당신들이 하는 일이 뭐냐고 내가 물었을 때, 활동가는 그다지 솔직하지 않았다. 그러나 그는 간절히 하고 싶은 말이 있었다. "페이스북이 사용하는 알고리즘들은 내가 보기에 범죄를 일삼는 악당이에요. 편파적이고 조작되어 있죠. 때로는 올바른 대의나 사용자들의 이익을 위해 작동하지 않아요." 보아하니 인종주의, 여성혐오, 불관용을 소셜미디어에서 퍼뜨리기가 과거처럼 쉽지 않은 모양이다.

허위 정보와 가짜뉴스는 모든 선거의 주요 특징으로 자리 잡았

다. 2017년 프랑스 대통령 선거를 이틀 앞두고, 해시태그 #Macron
Leaks('마크롱 유출'을 뜻함—옮긴이)를 중심으로 온라인 허위 정보
캠페인이 벌어졌다. 컴퓨터 해커들이 마크롱 선거 캠프의 이메일
계정들에 침입하여 그 허위 정보를 온라인에 올렸다. 트위터에서
#MacronLeaks 캠페인의 목표는 사람들에게 그 해킹을 알리고 유출
된 내용에 관한 불확실성을 극대화하는 것이었다. 마크롱이 극우파
후보 마린 르펜과 접전을 벌이는 상황에서, 그 캠페인의 주동자들은
유권자들을 최대한 헷갈리게 만들고 싶었다.

　#MacronLeaks 캠페인은 주로 봇들, 곧 프로그램을 작동시켜 정
보를 대규모로 공유하는 계정들을 이용하여 전개되었다. 봇들은 가
짜뉴스를 퍼뜨리는 데 유용할 수 있다. 왜냐하면 많은 봇들을 쉽게
만들어낼 수 있고, 당신이 시키는 말을 그대로 할 것이기 때문이다.
봇들은 새롭고 흥미로운 무언가가 인터넷에 올라왔다고 구글과 트
위터와 페이스북에게 말하는 가짜 개미들이다. 봇을 제작하는 사람
들은 특정 해시태그에 대한 관심이 충분히 높아져서 그 해시태그가
트위터의 첫 페이지에 뜨기를 바란다. 그러면 모든 사용자들이 그
해시태그를 보고 클릭할 수 있을 테니까 말이다.

　서던캘리포니아 대학교의 에밀리오 페라라Emilio Ferrara는 봇들을
찾아내고 그것들의 용도를 알아내기로 결심했다. 먼저 그는 프랑스
선거에 관한 트위터 게시물들의 '인간성personality'을 측정했다. 그는
우리가 5장에서 다룬 회귀 기법을 활용하여 트위터 사용자가 인간
인지 아니면 봇인지를 자동으로 식별했다. 그가 나에게 해준 말에

따르면, 올린 게시물과 팔로워가 많고 다른 사용자들로부터 '좋아요'를 많이 받은 사용자는 인간일 확률이 훨씬 더 높았다. 인기와 상호작용이 적은 트위터 사용자는 봇일 개연성이 높았다. 그의 모형은 충분히 정확해서, 봇과 인간을 두 사용자로 제시하고 어느 쪽이 봇이냐고 물으면 89%의 정답률로 봇을 지목할 수 있었다.

#MacronLeaks 트위터 봇 부대는 확실히 효과를 냈다. 선거 직전의 이틀 동안 선거 관련 트윗의 약 10%는 그 해시태그에 관한 것이었다. 그 시기에 프랑스에서는 선거 뉴스가 사라진다. 신문과 텔레비전은 투표가 마감될 때까지 정치에 관한 보도를 하지 않는다. 해시태그 #MacronLeaks는 트위터의 유행 목록에 진입하는 데 성공했고, 인간 사용자들은 스크린에서 그 해시태그를 보고 더 많은 정보를 얻기 위해 클릭했다. 봇 부대는 딱 적합한 때에 작전을 개시했던 것이다.

그러나 봇 제작자들에게는 실망스럽게도, 봇들의 메시지는 아주 특수한 군중에게 도달하고 있었다. #MacronLeaks에 관한 메시지의 대다수는 프랑스어가 아니라 영어로 유포되었으며, 가장 자주 등장한 단어는 '트럼프'와 'MAGA', 즉 트럼프의 선거 구호 '미국을 다시 위대하게Make America Great Again'의 약자였다. 그러므로 그 봇들과 상호작용하고 메시지를 공유한 인간 사용자의 절대다수는 미국에 있는 대안우파 지지자들이었다. 그들은 프랑스 선거와 직접 관련된 사람들이 아니었다.

에밀리오가 발견한 또 다른 중요한 사실은 #MacronLeaks에 관한 트윗들에서 사용된 어휘가 매우 한정적이라는 점이었다. 그 트윗들은 똑같은 메시지를 계속 반복해서 전달할 뿐이었고 논의를 확장하지 못했다. 그 트윗들은 '게이트웨이 펀딧'이나 '브라이트바트' 같은 미국 대안우파 웹사이트로 향하는 링크와 미국 대선 기간에 가짜뉴스를 퍼뜨렸던 수익 목적의 사이트들로 향하는 링크를 포함하곤 했다.

결국 그 봇들이 실제 프랑스 유권자들에게 발휘한 영향력은 기껏해야 미미했다. 마크롱은 66%의 득표율로 당선했다.

에밀리오의 연구 결과는 미국 대선에서 유포된 '가짜뉴스'에 관한 헌트 앨콧과 매슈 겐츠코우의 연구에서 드러난 바와 유사하다. 헌트와 매슈는 자신들의 연구에 참가한 사람들 가운데 겨우 8%만 가짜뉴스를 믿었다는 사실을 발견했다. 더구나 가짜뉴스를 믿은 사람들도 그 가짜뉴스와 죽이 맞는 정치적 신념을 이미 품고 있는 경우가 많았다. 공화당 지지자들은 '클린턴 재단이 1억 3700만 달러를 들여 불법무기를 구매했다'는 가짜뉴스를 믿는 경향이 있었고, 민주당 지지자들은 '도널드 트럼프 재임 기간에 정치적 망명을 신청하는 미국인들을 아일랜드가 받아들일 것'이라는 가짜뉴스를 믿는 경향이 있었다. 이 연구 결과들은 더 먼저 이루어진 한 연구의 결과와 상통한다. 그 연구에 따르면, 공화당 지지자들은 버락 오바마가 미국 바깥에서 태어났다는 이야기를 믿을 확률이 더 높고, 민주당 지지자들은 조지 W. 부시 대통령이 9/11 테러를 사전에 알았다는 이야기를 믿을 확률이 더 높다.[8] 가짜뉴스나 음모론을 믿을 확률이 가장 낮은 사람들은 부동층 유권자들, 바꿔 말해 선거 결과를 판가름할 당사자들이다.

2017년 내내 수많은 신문과 시사잡지의 기사들이 필터버블과 가짜뉴스를 다뤘지만, 그 기사들은 만델라 효과와 유사하게 역설적인 구석이 있다. 무슨 말이냐면, 기사들이 버블 안에서 작성되었다는 뜻이다. 그 기사들은 공포를 이용하고, 도널드 트럼프를 거론하고, 케임브리지 애널리티카의 조회 수를 떨어뜨리고, 페이스북을 비판하고, 구글에 대한 두려움을 조장한다.

내 자식들이 보는 유튜브 동영상들의 제작자는 '메타 대화meta-conversation'를 이용하여 조회 수를 높이는 방법을 자주 거론한다. '댄 앤필Dan&Phil' 같은 블로거들은 서너 단계 더 앞서 있다. 그들은 자신을 그토록 유명하게 만드는 명성과 재산에 강박적으로 매달리는데, 그러한 자기 자신을 조롱하는 자기 자신을 분석한다. 똑같은 재담을 필터버블과 가짜뉴스에 관한 언론 기사들에도 적용할 수 있다. 다만, 많은 경우에 그 기사들의 저자는 자신이 초래한 궁극의 역설을 알아채지 못하는 듯하다. 필터버블의 위험성을 다루는 기사들은 '트럼프의 트위터 사용을 금지하라' 혹은 '트럼프 지지자들은 버블 안에 갇혔다'와 같은 문구들 덕분에 구글 검색 결과의 상위에 오른다. 그러나 그 기사들 가운데 온라인 소통의 작동 방식을 제대로 파헤친 기사는 극소수에 불과하다. 가짜뉴스에 관한 이야기는 이리저리 떠돌며 고유한 클릭 주스를 만들어내지만, 실제 데이터를 진지하게 살펴보는 사람은 아무도 없다.

가짜뉴스의 확산이 선거의 판도를 바꾼다거나 봇들의 증가가 사람들의 정치적 토론에 부정적 영향을 미친다는 구체적 증거는 없다. 우리는 '탈진실' 세계에 살고 있지 않다. 정치적 토론에 관한 밥 허크펠트의 연구가 보여주듯이, 우리의 취미와 관심사는 타인들의 정치적 견해가 우리의 버블 안으로 침투할 수 있게 해준다. 에밀리오 페라라의 연구에서 드러났듯이, 적어도 현재 상황에서 봇들의 대화 상대는 다른 봇들과 소수의 대안우파 미국인들뿐이다. 헌트와 매슈는 '가짜뉴스'를 팔로우하고 공유하는 것은 다수가 아니라 극소수의 활동임을 보여주었다. 또한 어차피 아무도 가짜뉴스를 제대로 기억하지 못한다. 라다 애더믹의 연구가 보여주듯이, 공화당 지지자들이 페이스북에서 친구들의 공유와 페이스북 알고리즘의 선별을 통해 접하는 뉴스들은 완전히 무작위로 선택한 뉴스들보다 약간 더 보수적인 경향을 띨 따름이다.

소셜미디어 버블이 미국의 민주당 지지자들로 하여금 2016년의 대선 판도를 제대로 파악하지 못하게 했음을 보여주는 상당히 약한 증거가 있기는 하다. 라마의 블로그 세계 연구와 페이스북 연구 모두에서 민주당 지지자들이 경험하는 견해의 다양성은 공화당 지지자들에 비해 낮다. 하지만 이것은 미미한 현상에 불과하다. 그러므로 일부 '메타 메타' 진보 언론(메타 언론을 다루는 언론)에 대한 나의 비난은 부분적으로 부당하다. 많은 언론인들은 계속해서 구글과 페이스북에 책임을 돌리며 그 회사들의 개선을 촉구한다.[9] 보수주의자들보다 진보주의자들이 반향실에 갇히기가 약간 더 쉬운 것일 수도 있겠는데, 아마도 이것은 진보주의자들이 인터넷을 더 많이 사용하기 때문일 것이다.

나는 순환 경로를 거쳐 원점으로 돌아왔다고 느꼈다. 온라인에서 우리에게 영향을 미치는 알고리즘들을 살펴보기 시작할 때 나는 프리딕팃이 창출하는 집단적 지혜를 신뢰하고 있었다. 그러나 그후에 나는 '좋아요 추가'가 우리의 온라인 상호작용을 통제하면서 걷잡을 수 없는 피드백과 대안 세계들을 만들어낸다는 사실을 발견했다. 상업적 보상이 주어지는 상황에서 구글의 알고리즘은 블랙햇들이 자신들의 제휴 사이트를 경유하여 아마존으로 가는 트래픽을 창출하기 위해 생산한 쓸모없는 정보로 인해 과부하가 걸릴 수 있다. 이 대목에서 나는 구글에 대한 환상에서 깨어났다. 페이스북은 우리가 보는 정보를 필터링하기 위해 끊임없이 애쓰지만, 그 노력은 헛수고인 듯했다.

그런데 왜 정치에서는 사정이 다를까? 왜 '가짜뉴스' 블랙 햇은 CCTV 카메라 블랙 햇만큼의 영향력을 발휘하지 못할까?

첫째 이유는 보상이 다르다는 것이다. 가짜뉴스를 퍼뜨린 마케도니아 청소년들의 수익 원천은 매우 제한적이었다. 그들이 거둔 수익의 많은 부분은 트럼프 기념품에 대한 광고에서 나왔다. 아마존의 온갖 상품들과 비교하면, 그 기념품들의 시장은 작디작다. 가장 성공적으로 가짜뉴스를 생산한 마케도니아 청소년의 수입은 (그 청소년들이 스스로 고백한 바에 따르면) 기껏해야 한 달에 4000달러였으며, 오직 트럼프의 선거를 앞둔 4개월 동안만 그만큼의 수입이 유지되었다. 당신이 블랙 햇 사업자가 되기로 작심하고 장기적인 관점에서 보면, CCTV 사이먼의 사이트와 유사한 사이트를 제작하는 것이 훨씬 더 나은 투자다.

블랙 햇들이 정치판을 주무르지 못하는 둘째 이유는 우리가 평소에 CCTV 카메라보다 정치에 훨씬 더 많은 관심을 기울인다는 점에 있다. 우리는 심지어 제이크 폴이 라이스검과 주고받는 가짜 비방에 기울이는 관심보다 더 많은 관심을 정치에 기울인다. 미디어와 정치인에 대한 회의론은 필시 증가했겠지만, 정치적 사안들에 대한 사람들의 관심이 (연령층을 막론하고) 감소했다는 증거는 없다. 정반대로 젊은이들은 환경주의, 채식주의, 동성애자 인권, 성차별, 성적 괴롭힘과 같은 특정 사안들에 관한 정치적 캠페인을 개시하기 위해 온라인 소통을 이용한다. 또한 오프라인 시위를 조직하기 위해서도 이용한다.[10]

CCTV 카메라나 와이드스크린 TV에 관한 블로그를 활발히 운영하는 사람은 극소수인 반면, 정치에 관한 글을 온라인에 올리는 진지한 사람들은 아주 많다. 좌파 진영의 예를 꼽아보면, 영국 노동당 내부의 '모멘텀Momentum' 캠페인과 버니 샌더스의 2016년 대선 캠페인이 온라인 커뮤니티를 통해 조직되었다. 우파 진영에서는 민족주의자들이 온라인에서 의견을 공유하고 저항을 조직화한다. 당신과 나는 그 모든 견해에 동의하지 않을 수 있고 트위터에서 발생하는 괴롭힘과 악용을 용납할 수 없지만, 개인들이 올리는 게시물의 대다수는 그들이 진짜로 느끼는 바를 반영한다. 그런 게시물들이 엄청나게 많다는 사실은 우리가 수많은 상반된 견해들에 노출될 수밖에 없다는 점을 의미한다.

그렇다고 잠재적 위험들을 무시해도 된다는 뜻은 아니다. 국가가 조직한 블랙 햇 캠페인, 예컨대 러시아 정부가 조직한 캠페인은 충분한 자원을 동원하여 선거에 영향을 미칠 개연성이 있다. 지난 미국 대통령 선거에서 러시아를 배후에 둔 몇몇 조직들이 페이스북과 트위터에 수십만 달러의 광고비를 지불하면서 정확히 그런 캠페인을 수행했다는 것은 의심의 여지가 거의 없는 사실이다. 내가 이 글을 쓰는 현재, 미국에서는 특별 검사가 트럼프 선거 캠프가 이 공작에 참여했는지 여부를 수사하고 있다.

트럼프의 관여 여부와 상관없이, 그 캠페인들은 주요 영향력을 발휘할 만큼의 클릭 주스를 아직까지는 창출하지 못했다. 미국 대통령 선거에서 후보자들이 쓰는 돈은 10억 달러가 넘는다. 그 엄청난 액수는 러시아를 배후에 둔 조직들의 투자를 보잘것없게 만든다. 작은 투자가 '좋아요 추가'와 사회적 감염을 통해 큰 효과를 발휘할 수 있다는 점은 이론적으로 옳지만, 러시아의 지원을 받은 광고들이 그런 효과를 냈다는 신뢰할 만한 증거는 없다.

구글 검색, 페이스북 필터링, 트위터 유행 목록은 문제점들을 안고 있다. 그러나 우리는 이것들이 정말로 경이로운 도구들이라는 점도 잊지 말아야 한다. 때때로 검색 알고리즘은 공격적이며 틀린 정보를 검색 결과의 상위에 올릴 것이다. 그것이 싫을 수도 있겠지만, 우리는 그것이 불가피한 현상이라는 점도 인정해야 한다. 그것은 구글 검색의 작동 방식—'좋아요 추가'와 '필터링을 조합한 방식—에 내재하는 한계다. 개미들이 원을 그리며 맴도는 것은 녀석들이 엄청나게 많은 먹이를 수집하기 위해 발휘하는 경이로운 능력의 부작용이다. 이와 마찬가지로 구글 검색 알고리즘의 실수들은 정보를 수집하여 우리에게 제공하는 그 알고리즘의 경이로운 능력에 내재한 한계다.

현재 구글, 페이스북, 트위터가 사용하는 알고리즘들의 가장 큰한계는 우리가 주고받는 정보의 의미를 제대로 이해하지 못한다는점이다. 그렇기 때문에 그 알고리즘들은, 독창적이며 문법도 올바르지만 결국 쓸모없는 텍스트로 채워진 CCTV 사이먼의 사이트에 지금도 계속 속고 있다. 결국 회사들은, 우리의 게시물을 감시하면서게시물의 참된 의미에 대한 이해에 기초하여 그것들을 공유하는 것이 적절한지 또 누구에게 전달해야 할지를 자동으로 판단할 수 있는 알고리즘을 보유하기를 원할 것이다.

바로 이것이 지금 회사들이 추구하는 바다. 모든 회사들은 우리의 말을 이해하는 알고리즘을 개발하는 중이다. 목표는 인간 관리자에 대한 의존을 줄이는 것이다. 이를 위해 구글, 마이크로소프트, 페이스북은 미래의 알고리즘이 우리와 더 비슷해지기를 바란다.

3부

우리처럼 되는 알고리즘

14장

성차별주의 학습

신중한 숙고 끝에 인종차별주의나 성차별주의를 채택하는 사람은 극히 드물다. 그러나 우리의 직장을 살펴보면, 다양한 인종집단과 남녀 사이에 상당한 불평등이 존재한다. 백인 남성은 대개 다른 집단보다 더 많은 급여를 받고 더 좋은 일자리를 차지한다. 왜 직장 생활은 나 같은 백인 남성에게 훨씬 더 순조로울까?

그 불평등의 부분적인 원인은 우리의 평가가 편파적인 것에 있다. 우리는 우리와 가치관을 공유한 사람들을 선호하는 경향이 있고, 그런 사람들은 우리와 유사한 특징들을 지닌 경향이 있다. 경영자는 인종과 성별이 자신과 같은 직원을 우호적으로 평가할 개연성이 더 높다. 백인 노동자들은 사회적 연결망을 이용하여 서로 돕고,

다른 백인 친구와 지인을 위해 일자리를 찾아준다.[1] 한 실험에서 연구자들은 보스턴과 시카고의 경영자들에게 가짜 이력서를 배포했는데, 이름이 에밀리와 그레그인 지원자들은 라키스카와 저말인 지원자들보다 면접을 보러 오라는 연락을 받을 확률이 50% 더 높았다. 이력서들의 다른 내용은 유사했는데도 말이다.[2] 또 다른 실험에서는 과학자들에게 이력서 평가를 요청했는데, 그들은 조건이 같더라도 여성 구직자보다 남성 구직자를 더 선호했다.[3]

우리는 흔히 우리 자신의 편견을 알아채지 못한다. 그래서 심리학자들은 우리의 무의식적 생각을 들춰내는 교묘한 방법들을 개발했다. '암묵적 연상 검사implicit association test'라는 심리검사는 피험자에게 화면을 보여주는데, 화면에는 흑인의 얼굴과 백인의 얼굴, 그리고 긍정적 단어와 부정적 단어가 나타난다.[4] 피험자의 과제는 최대한 신속하게 단어와 얼굴을 옳게 짝짓는 것이다. 이 검사는 얼굴과 단어를 직접 연결하는 것을 요구하지 않는다. 왜냐하면 우리 중에 인종주의적 판단을 노골적으로 하는 사람은 극히 드물기 때문이다. 대신에 이 검사는 우리의 반응 시간을 측정하여 단어 연상에서 나타나는 우리의 암묵적 편견을 들춰낸다.

나는 '암묵적 연상 검사'에 관하여 더 설명하지 않으려 한다. 누구나 그 검사를 받아봐야 한다고 생각하기 때문이다. 그리고 당신이 그 검사에 대해서 모르는 상태로 검사를 받을 때 최선의 검사 결과가 나온다. 아직 그 검사를 받아보지 않았다면, 당장 받아보라.[5]

나는 그 검사에 관한 글을 미리 읽고 검사 방법을 정확히 아는 상태에서 검사를 받았는데도 참담한 결과가 나왔다. "당신의 데이터는 아프리카계 미국인보다 유럽계 미국인들을 자동으로 선호하는 편견이 중간 수준임을 보여줍니다." 나는 암묵적 인종주의자다.

나 자신에게 실망한 나는 계속해서 젠더에 관한 암묵적 연상 검사를 받아보기로 했다. 이번에는 양호한 결과가 나오리라고 생각했다. 나는 양성평등을 장려하기로 유명한 나라인 스웨덴에서 산다. 나는 늘 육아의 50%를 담당하려 애쓰며, 두 아이가 태어나 보육기관에 가기 전까지 6개월 동안은 내가 주로 육아를 담당했다. 그 육아 기간은 아내가 가사를 맡은 기간보다 더 짧았고 나는 완벽한 살림꾼이 전혀 아니지만, 아내와 나의 평등은 나에게 매우 중요하다.

따라서 나는 젠더에 관한 선입견이 없는 사람으로 자부하고 싶은데, 과연 그럴까? 검사 결과는 참담했다. 여성/남성 이름과 가정/직장을 연결하는 검사를 반쯤 했을 때, 나는 당황하기 시작했다. 남성과 직장을 연결하는 속도가 여성과 직장을 연결하는 속도보다 훨씬 더 빨랐다. 나로서는 그 이유를 알 수 없었다. 가정에 관한 단어에서는 반대의 결과가 나왔다. 나는 가정과 여성을 더 빨리 연결했다. 최종 결과는 최악이었다. "자동으로 남성과 직업을 연결하고 여성과 가정을 연결하는 편견이 강함."

암묵적 연상 검사는 나의 자아상을 위태롭게 만들었다. 나는 나 자신을 인종주의자로 생각한 적이 전혀 없으며 여성주의자로 자부해왔다. 그러나 이제 나는 확신을 잃었다. 나의 무의식은 나의 믿음이 틀렸음을 보여주는 듯했다.

내가 그 검사를 해본 것은 우리의 페이스북 성격을 분석한 연구자 미할 코진스키와 대화한 후였다. 그는 내가 대화한 상대들 가운데, 범용 인공지능이 도래하는 중이며 우리는 그에 대비할 필요가 있다는 주장을 강하게 피력한 사람이다. 우리의 페이스북 프로필을 기초로 삼아서 그는 우리를 표현하는 100차원 공간을 구성했는데, 거기에서 그는 인간의 능력을 초월하는 무언가를 보았다.

　내가 미할에게 던진 질문은 우리가 통제권을 알고리즘에게 넘겨줘야 하느냐는 것이었다. 놀랍게도 그는 그렇게 해야 한다고 대답했다. 그는 우리가 판단할 때 드러내는 다양한 한계들을 설명했다. "인간은 피부색, 나이, 젠더, 국적 등에 기초해서 타인을 판단하죠. 우리는 이것들을 신호로 삼아서 정형화된 관념을 형성하는데, 바로 그 신호들이 우리를 틀린 방향으로 이끌 수 있어요."

　우리가 초래하는 정형화의 귀결들을 그는 터놓고 말했다. "족벌주의와 엘리트들의 일자리 탈취가 없었던 적은 세계사를 통틀어 한 번도 없습니다. 성차별주의도 그렇고, 인종차별주의도 마찬가지예요."

　"피부색이 다르거나 억양이 다르거나 요란한 문신을 한 사람은 면접에서 불이익을 당하죠." 미할이 말을 이어갔다. "채용 결정을 인간에게 맡기면 안 됩니다. 잘 아시다시피 인간은 불공정하니까요. 이 세계의 모든 인간은 성차별주의자이고 인종차별주의자입니다."

　미할과 대화할 때 나는 그가 문제를 과장하는 것일 수도 있다고 생각했다.

그러나 암묵적 연상 검사를 직접 해보고 나니, 그의 취지를 정확히 이해할 수 있었다. 나의 검사 결과에서 얻은 유일한 위로는 내가 다수에 속한다는 점이었다. 거의 1000만 건에 달하는 검사 결과 가운데 겨우 18%에서만 인종에 대한 선호가 없음이 드러났고, 100만 건의 검사 결과 가운데 17%에서만 젠더에 대한 중립성이 드러났다. 미할이 약간 과장했던 것은 맞지만, 그 과장은 심한 수준이 아니었다. 단어를 연상할 때 우리는 거의 모두 모종의 편견을 드러낸다.

미할의 처방은 컴퓨터가 관리하는 검사 및 채점 시스템을 사용하여 우리의 편견을 제거하라는 것이다. "기나긴 선입견의 역사 끝에 이제야 비로소 이 문제를 해결할 기술이 개발되었다"라고 그는 말했다. 미할이 설명한 기술은 인간의 입력을 최대한 줄이면서 알고리즘이 우리에 관한 데이터를 활용하여 편견 없는 결정을 내리도록 믿고 맡기는 것을 포함했다.

나는 미할의 제안을 강력한 도전으로 느꼈다. 누가 일자리를 얻을지, 누가 대출을 받을지, 누가 대학교 입학 허가를 받을지에 관한 결정을 선입견을 품은 인간들에게 맡겨야 할까? 객관적 측정값들 사이의 통계적 관계에 기초하여 사람들을 분류하는 알고리즘에게 이런 결정들을 맡기는 것이 더 낫지 않을까? 나 자신의 암묵적 성차별주의와 인종차별주의를 감안할 때, 나로서는 이제 확실한 대답을 내놓을 수 없었다.

알고리즘이 우리의 말과 글을 어떻게 이해하는지를 더 자세히 살펴볼 필요가 있었다. 컴퓨터의 언어 이해 능력은 점점 더 향상되고 있다. '엔진톱은 어떻게 작동할까?'와 같은 질문을 구글에 입력해보라. 화면에 뜨는 첫 대답은, 크랭크축과 톱니바퀴들과 사슬톱이 어떻게 연결되어 있는지 보여주는 그림이다. 화면을 아래로 스크롤하면, 모든 기술적 설명을 포함한 상세한 설명으로 연결된 링크를 보게 될 것이다. 더 아래로 내려가면, 동력 사슬톱의 작동 원리를 설명하면서 당신에게 적합한 제품을 광고하는 동영상을 볼 수 있다. 구글 검색은 개별 단어들에 대한 검색에만 한정되어 있지 않다. 그 검색 알고리즘은 문장 전체를 처리하여 당신의 질문에 답한다.

구글은 더 복잡한 질문들에도 답할 수 있다. 방금 나는 "암소의 수컷 짝 단어는 무엇입니까?"를 입력했다.

구글이 대답했다. "어린 수컷은 수송아지라고 합니다." 그러면서 아동용 백과사전으로 연결된 링크를 제공했다. 내가 아직 명확히 알지 못한 것이나 더 알고 싶은 것이 있을 경우를 대비해서 구글은 대안적인 질문 몇 개를 제안했다. "모든 수컷 소를 황소라고 하나요?" "거세한 수컷 소는 무엇이라고 하나요?"[6]

이어서 나는 똑같은 질문을 핸드폰 속의 '시리'에게 말로 던졌다. 알고 보니 시리는(나의 시리는 남성이다) 약간 현학적이다. "수컷 여성을 뭐라고 부르냐는 질문과 비슷하군요!" 시리가 야후에서 따온 문장을 활용하여 대답했다. 내가 원하는 대답보다 먼저 다른 대답을 하다니!

오늘날의 검색엔진들은 단순히 '수컷' '짝' '암소'라는 단어를 포함한 페이지들을 검색하기 위해 필요한 것보다 더 높은 수준의 추상화 능력을 필요로 한다. 20년 전에 구글이 창업했을 때는 그런 단어 찾기가 구글 검색의 기초였지만 말이다. 나의 질문은 '암컷과 암소 사이의 관계는 수컷과 무엇 사이의 관계와 같을까?'라는 형식을 띤 단어 유추 문제의 한 예다. 이런 질문의 정답을 알아내려면 생물학적 성의 개념을 이해해야 한다. 다시 말해, 수컷 동물과 암컷 동물이 존재함을 알고리즘이 '알아야' 한다. 단어 유추 문제는 어디에나 있다. '파리와 프랑스 사이의 관계는 런던과 무엇 사이의 관계와 같을까?'라는 지리 문제도 있고, '높음과 낮음 사이의 관계는 위와 무엇 사이의 관계와 같을까?'라는 반대말 맞추기 문제도 있다. 이런 문제들은 컴퓨터에게 난해한 문제일 수 있다. 왜냐하면 이런 문제들은 나라의 수도와 반대말처럼 단어들을 관련짓는 개념을 포함하기 때문이다.

단어 유추 문제를 푸는 확실하지만 시시한 방법은 프로그래머가 모든 동물의 여성형과 남성형을 나열한 표를 작성해놓는 것이다. 그러면 알고리즘은 그 표에서 해당 단어를 찾아낼 것이다. 이 방법은 현재 몇몇 웹 검색 앱에서 사용되고 있지만 장기적으로는 실패할 수밖에 없다. 우리가 가장 많은 관심을 기울이는 질문들은 대체로 암소나 수도에 관한 것이 아니라 뉴스, 스포츠, 연예에 관한 것이다. '도널드 트럼프와 미국 사이의 관계는 앙겔라 메르켈과 무엇 사이의 관계와 같을까?'와 같은 시사 관련 질문을 구글에 던질 때, 우리는 검색표가 작성된 시기에 따라 대답이 달라지는 것을 원하지 않는다.

끊임없이 최신 정보를 원하는 우리를 만족시키기 위하여 구글과 야후 등의 인터넷 거대기업들은 정치적 변화, 축구선수의 이적에 관한 소문, 〈더 보이스〉(미국 NBC 방송의 노래 경연 프로그램—옮긴이) 참가자들에 관한 소식을 자동으로 추적하는 시스템을 구축할 필요가 있다. 알고리즘들은 신문을 읽고 위키피디아를 검토하고 소셜미디어를 살핌으로써 새로운 유추와 개념을 이해하는 법을 학습할 필요가 있다.

스탠퍼드 자연언어 처리 연구단Stanford Natural Language Processing Group의 제프리 페닝턴Jeffrey Pennington과 동료들은 알고리즘이 웹페이지들에 기초하여 유추를 학습하도록 만드는 방법을 발견했다. '글로브GloVe'('단어 표현을 위한 글로벌 벡터들global vectors for word representation'의 약어)라고 불리는 그들의 알고리즘은 아주 많은 텍스트를 읽음으로써 학습한다. 2014년에 발표한 한 논문에 따르면, 제프리는 위키피디아 전체와 '기가워드Gigaword' 제5판을 동원하여 글로브를 학습시켰다. 당시에 위키피디아 전체는 16억 개의 단어와 기호로 구성되어 있었으며, 기가워드 제5판은 전 세계의 뉴스 사이트들에서 내려받은 단어 및 기호 43억 개로 이루어진 데이터베이스다. 이 모든 텍스트의 양은 킹 제임스 성서 1만 권과 맞먹었다.

스탠퍼드 대학교 연구자들의 방법은, 문장 속에서 특정한 단어 쌍이 다양한 제3의 단어와 함께 등장하는 일이 얼마나 흔한지 살펴보는 것을 기초로 삼는다. 예컨대 '도널드 트럼프'와 '앙겔라 메르켈'은 뉴스 페이지의 문장들 속에서 '정치' '대통령' '총리' '결정' '지도자' 등의 단어들과 함께 등장할 때가 많다. 우리는 이 단어들이 한 개념을 정의한다는 점을 안다. 그것은 유력 정치인의 개념이다. 글로브 알고리즘은 함께 등장하는 단어들을 사용하여 고차원 공간을 구성하는데, 거기에서 각각의 차원은 한 개념에 대응한다.

글로브에서 쓰이는 기술은 우리가 3장에서 본 주성분 분석에서 수행되는 회전과 유사하다. 위키피디아와 기가워드에서 발견한 40만 개의 서로 다른 단어와 기호 모두를 최저 개수의 개념들로 서술할 수 있을 때까지, 글로브는 데이터를 잡아 늘이고 찌그러뜨리고 회전한다. 결국 단어 각각이 100~200차원 공간 속의 단일한 점으로 표현된다. 일부 차원들은 권력 및 정치와 관련이 있고, 다른 차원들은 장소 및 사람과, 또 다른 차원들은 젠더 및 나이와, 또 다른 차원들은 지능 및 능력과, 또 다른 차원들은 행위 및 귀결과 관련이 있다.

트럼프와 메르켈은 거의 모든 차원에서 서로 가까이 위치하지만 일부 차원들에서는 멀리 떨어져 있다. 예컨대 '도널드 트럼프'를 포함한 문장은 흔히 '미국'도 포함하지만, 그 문장이 '독일'도 포함한 경우는 덜 흔하다. 메르켈의 상황은 거꾸로다. 텍스트 속에서 그녀의 이름은 흔히 '독일'과 함께 등장하지만 '미국'과 함께 등장하는 경우는 덜 흔하다. 단어 차원들을 확립해감에 따라, 알고리즘은 또한 '미국'이나 '독일'을 포함한 문장들이 다른 많은 단어들(예컨대 '국가' '나라' '세계')을 공유함을 발견하고, 이 단어들을 거의 모든 차원에서 서로 가까운 위치에 놓을 것이다. 트럼프와 메르켈을 옳게 표현하기 위하여 글로브 알고리즘은 나라 차원에서는 그들을 멀리 떼어놓고 정치 지도자 차원에서는 가까이 붙여놓는다.

그림 14.1은 '정치 지도자' 차원과 '나라' 차원으로 구성된 2차원 공간에서 단어들이 어떻게 표현될 수 있는지 보여준다. 메르켈은 정치 지도자이며 독일인이므로 왼쪽 위에 놓여 있다. 마찬가지 이유로 트럼프는 오른쪽 위에 놓여 있다. 미국과 독일은 '나라' 차원상의 두 점이며 '정치 지도자' 차원에서는 값이 매우 낮다.

'도널드 트럼프와 미국 사이의 관계는 앙겔라 메르켈과 무엇 사이의 관계와 같을까?'라는 문제를 풀려면, 먼저 우리의 공간에서 미국이 어디에 놓여 있는지 보아야 한다. 즉, '미국' 점에 해당하는 벡

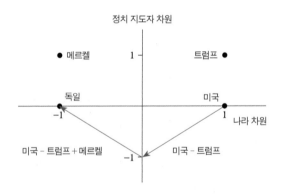

그림 14.1 단어들의 속성에 따라 정의된 2차원 공간에서 단어들이 어떻게 표현될 수 있는지 보여주는 그림. 메르켈은 정치 지도자이고 독일인이므로 좌표 (-1, 1)에 위치한다. 트럼프는 미국의 정치 지도자로 정의되어 있으므로 좌표 (1, 1)에 위치한다. 나라들인 독일과 미국은 각각 (-1, 0)과 (1, 0)에 놓여 있다. 화살표들이 보여주는 바는, 우리가 미국에 해당하는 위치에서 출발하여 트럼프의 위치를 빼고 메르켈의 위치를 더하면 독일의 위치에 도달한다는 것이다.

터를 확인해야 한다. 이어서 그 벡터에서 '트럼프' 점에 해당하는 벡터를 빼고 '메르켈' 점에 해당하는 벡터를 더한다. 그러면 우리는 '독일' 점에 도달하게 된다. 이를 공식으로 표현하면 이러하다. 독일 = 미국 - 트럼프 + 메르켈. 이로써 단어 유추 문제 풀이가 2차원 공간상의 좌표 계산으로 바뀌었다.

하지만 이것은 이론일 뿐이다. 스탠퍼드 연구단의 알고리즘이 실제로 잘 작동하는지 검사하기 위하여, 나는 최근에 그 연구자들이 만들어낸 100차원 단어 공간을 다운로드했다. 나의 첫 질문은 이것이었다.

'도널드 트럼프와 미국 사이의 관계는 앙겔라 메르켈과 무엇 사이의 관계와 같을까?'

나는 '미국 - 트럼프 + 메르켈'을 계산하여 답으로 '독일'을 얻었다! 알고리즘이 제대로 작동한 것이다. 100차원 공간에서 계산 결과와 가장 가까운 점은 실제로 메르켈이 이끄는 나라인 독일이었다. 그리하여 나는 그 알고리즘이 두 지도자의 젠더 차이도 이해하는지 알아보기로 했다. '도널드 트럼프와 남성 사이의 관계는 앙겔라 메르켈과 무엇 사이의 관계와 같을까?'

나는 '남성 - 트럼프 + 메르켈'을 계산하여 이번에도 정답인 '여성'을 얻었다. 그 알고리즘은 똑똑했다. 세계의 지도자들에 관한 계산을 옳게 해냈다.

이런 유형의 질문들 앞에서 글로브 알고리즘의 성능은 상당히 우수하다. 2013년에 구글의 기술자들은 알고리즘들이 젠더(형제-자매), 수도(로마-이탈리아), 반대말(논리적-비논리적) 같은 개념들과 형용사와 부사의 관계(신속한-신속하게), 과거 시제(걷다-걸었다), 복수(암소-암소들)를 비롯한 문법적 관계들을 얼마나 잘 이해하는지 측정하는 검사를 제안했다. 그 검사에서 글로브 알고리즘은 얼마나 많은 데이터를 받느냐에 따라 약 60~75%의 정답률을 성취했다. 그 알고리즘이 언어를 진짜로 이해하지는 못한다는 점을 감안할 때, 이것은 대단한 정답률이다. 알고리즘이 하는 일은 공간에 단어들을 배치하고 그것들 사이의 거리를 측정하는 것뿐이다.

하지만 글로브는 오류를 범한다. 그리고 우리는 그 오류를 경계해야 마땅하다.

내 이름 데이비드는 영국에서 가장 흔한 남성 이름이다. 가장 흔한 여성 이름은 수전이다. 나는 글로브가 수전과 데이비드 사이에 어떤 차이들이 있다고 생각하는지 알아보기로 했다. 나는 '지능이 높음-데이비드+수전'을 계산했다. 이는 다음과 같은 질문을 던지는 것과 같다. '데이비드와 지능이 높음 사이의 관계는 수전과 무엇 사이의 관계와 같을까?'

대답이 돌아왔다. '꾀가 많음.' 흠, 꾀가 많음이라… 이력서 평가의 맥락에서 보면, '지능이 높음'과 '꾀가 많음'은 사뭇 다르다. 내가 지능이 높다 함은 내가 본래 총명하다는 뜻일 것이다. 수전이 꾀가 많다 함은 그녀가 더 실용적인 마음가짐을 가졌다는 뜻으로 느껴진다.

나는 글로브 알고리즘에게 기회를 한 번 더 주기로 했다. 나는

'똑똑함-데이비드+수전'을 계산하여 '지나치게 단정함'이라는 답을 얻었다. 엥?! 나는 뇌를 사용하여 똑똑한 반면, 수전은 점잔 빼느라 야단스럽다는 얘기다. 다음 시도의 결과는 더 심각했다. 나는 '스마트함-데이비드+수전'을 계산했다. '스마트'라는 단어는 두 가지 뜻이 있다. 한 뜻(영리함)은 지능과 관련이 있고, 다른 뜻(맵시 있음)은 외모와 관련이 있다. 글로브 알고리즘은 후자를 선택한 모양이었다. 돌아온 대답은 '섹시함'이었다. 이제 그 알고리즘이 남성과 여성의 차이를 어떻게 판단하는지가 명백히 드러났다. 데이비드는 총명하고 맵시 있게 차려입은 남성으로서 지능을 활용하는 반면, 수전은 단정함을 뽐내지만 성적인 매력을 가진 여성으로서 꾀가 많은 덕분에 그럭저럭 삶을 꾸려간다.

이 결과는 수전과 데이비드에 국한되지 않는다. 나는 다른 남성 이름들과 여성 이름들을 가지고 똑같은 실험을 수행하여 유사한 결과를 얻었다. 2016년 영국에서 아기의 이름으로 가장 인기가 높았던 올리버와 올리비아를 선택해서 실험했을 때도 똑같은 유형의 결과를 얻었다. '올리버와 영리함 사이의 관계는 올리비아와 교태 부림 사이의 관계와 같다.' 글로브 알고리즘은 미래 세대의 젠더 역할도 이미 정해놓았다.

이 상황은 알고리즘들을 이력서 평가와 적합한 구직자 선발에 사용할 수 있을 것이라는 생각을 몹시 위태롭게 만든다. 글로브 알고리즘은 성차별주의적 헛소리를 쏟아내고 있다.

글로브에 대한 나의 검사는 소규모지만, 다른 연구자들은 그 알고리즘이 우리에 관하여 품은 표상이 성차별적임을 확실히 보여주었다. 배스 대학교의 컴퓨터과학자 조앤나 브라이슨Joanna Bryson과 프린스턴 대학교의 동료들은 일찍이 이 문제를 부각한 연구자들이다. 그들은 암묵적 연상 검사와 유사한 검사를 개발하여 알고리즘에 적용했다(나는 젠더와 인종에 관한 암묵적 연상 검사에서 참담한 낙제점을 받았다). 그들의 아이디어는, 글로브가 단어들을 고차원 공간상에 배치한 상태에서 남성 및 여성 이름과 형용사, 동사, 명사 사이의 거리를 측정하는 것이었다. 그림 14.2는 글로브 알고리즘의 내부에서 끌어낸 2차원 공간의 한 예다. 나는 여성 이름 3개와 남성 이름 3개, 지능과 관련된 형용사 3개, 매력과 관련된 형용사 3개를 그림 속에 표시했다.

조앤나와 동료들의 검사는 이름과 형용사 사이의 거리를 측정

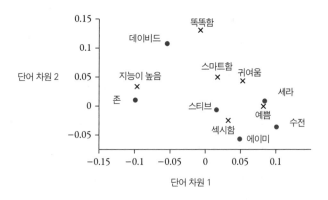

그림 14.2 100차원 단어 공간 두 차원에서의 남성 이름 및 여성 이름의 위치(●)와 형용사들의 위치(×). 위키피디아와 기가워드 제5판으로 훈련된 글로브 알고리즘을 써서 만들었다.

한다. 그림 14.2에서 '예쁨'이라는 단어를 보면, 그 단어와 '세라' '수전' '에이미' 사이의 거리는 그 단어와 '존' '데이비드' '스티브' 사이의 거리보다 더 가까움을 알 수 있다. 이와 유사하게, '지능이 높음'은 여성 이름보다 남성 이름과 더 가까운 위치에 있다. 일부 이름과 단어에서는 명확한 패턴이 나타나지 않는다. 모종의 이유로 스티브는 여성들보다 더 가깝게 '섹시함'에 접근해 있다. 그러나 평균적으로, 매력과 관련된 단어와 여성 사이의 거리는 그 단어와 남성 사이의 거리보다 더 가까운 경향이 있다. 또 지능과 관련된 단어와 남성 사이의 거리는 그 단어와 여성 사이의 거리보다 더 가까운 경향이 있다.

조앤나와 협력한 프린스턴 대학교의 연구자들은 이 방법으로 남성 및 여성 이름과 직업 경력 관련 단어 및 가정 관련 단어 사이의 거리를 검사했다. 그들은 여성 이름보다 남성 이름이 직업 경력 관련 단어와 더 가까이 놓여 있음을 발견했다. 이와 유사하게, 가정 관련 단어와는 남성 이름보다 여성 이름이 더 가까이 놓여 있었다. 글로브 내부에서 단어들이 배치되는 방식은 암묵적으로 성차별주의를 따른다.

그 연구자들은 인종에 대해서도 유사한 결과를 얻었다. 유럽계 미국인 이름(이를테면 애덤, 해리, 에밀리, 메건)과 듣기 좋은 단어('사랑' '평화' '무지개' '정직') 사이의 거리는 아프리카계 미국인 이름(저말, 리로이, 에보니, 라티샤)과 그 단어 사이의 거리보다 더 가까웠다. 듣기 싫은 단어('사고' '증오' '추함' '구토')는 아프리카계 미국인 이름과 더 가까이 놓여 있었다. 글로브 알고리즘은 암묵적으로 성차별 주의자일 뿐 아니라 인종차별주의자이기도 하다.

나는 조앤나에게 글로브가 그런 세계관을 갖게 된 것은 누구 탓이냐고 물었다. 알고리즘에게 도덕적 책임을 물을 수는 없다고 그녀는 말했다. "글로브나 구글이 사용하는 워드투벡Word2Vec 같은 알고리즘은 표준적인 기술의 산물일 뿐, 하는 일이라고는 단어들을 세고 가중치를 부여하는 것이 거의 전부예요." 그 알고리즘들은 단지 우리 문화에서 단어들이 사용되는 방식을 정량화할 따름이다.

유추 알고리즘은 이미 온라인 검색에서 문제를 일으키고 있다. 2016년, 〈가디언〉의 기자 캐럴 캐드월러더Carole Cadwalladr는 구글 자동완성 기능의 정형화 성향을 조사했다.[7] 그녀는 검색창에 "유대인들은"을 입력했는데, 다음과 같은 네 가지 자동완성 문구를 제안받았다. "유대인들은 한 인종입니까?" "유대인들은 백인입니까?" "유대인들은 기독교도입니까?" "유대인들은 악합니까?" 요컨대 구글은 인종주의적 질문을 예상하고 있었다. 마지막 제안을 받아들인 캐럴은 검색 결과로 반유대주의 선전을 담은 페이지들을 얻었다.

그녀가 "여성들은"과 "무슬림들은"을 검색창에 입력했을 때도 똑같은 일이 벌어졌다. 세계 인구의 큰 부분을 차지하는 두 집단에 대해서 제안된 자동완성 문구는 각각 "악합니까?"와 "나쁩니까?"였다. 캐럴은 구글에 연락하여 해명을 요청했다. 구글은 이렇게 말했다. "우리의 자동완성 제안은 웹 전체의 내용을 반영합니다. 그래서 때로는 온라인상의 민감한 주제에 관한 불쾌한 묘사들이 질문에 대한 자동완성 제안에 악영향을 미칠 수 있습니다." 구글은 그 자동완성 제안들을 물론 자랑스러워하지 않았지만 그것들을 온라인에서 가용한 내용의 중립적 표현으로 여겼다.

자동완성 문제는, 구글이 글로브처럼 자주 함께 사용되는 단어들을 단어 공간상에 가까이 배치하는 알고리즘들에 의존한다는 점과 극우 성향의 사람들이 쓴 텍스트가 엄청나게 많다는 점에서 비롯된다. 음모론을 믿는 우파들은 자기네 세계관을 설명하기 위하여 수많은 웹페이지, 동영상, 온라인 토론을 생산하곤 한다. 구글은 자사의 알고리즘들이 우리의 언어를 학습하는 것을 돕기 위해 그것들에 입력할 데이터를 구하려고 웹을 샅샅이 훑는데, 우파들의 생산물도 불가피하게 데이터에 포함된다. 그리하여 우파들의 관점이 알고리즘이 지닌 관점의 일부가 되는 것이다.

캐럴이 조사 결과를 담은 기사를 발표한 후, 구글은 그녀가 부각한 문제를 바로잡았다.[8] 현재 '유대인들은'을 검색창에 입력하면, 받아들일 만한 문구들만 자동완성 제안으로 뜬다. 다른 자동완성 문구들은 완전히 제거되었다. 내가 '흑인들은'을 입력했을 때는 어떤 자동완성 문구도 제안되지 않았으며, 내가 그대로 검색 버튼을 눌러서 얻은 결과들 중 두 번째 페이지에는 이런 대목이 있었다. "사람들은 '흑인들은'에 대한 구글의 최상위 검색 결과에 혐오감을 느낀다." '여성들은'에 대해서도 자동완성이 제안되지 않았고, '무슬림들은'에 대한 최악의 자동완성 제안은 "할례를 받습니까?"였다. '구글은'을 입력하자 자동완성 제안으로 "구글은 우리를 멍청하게 만들고 있습니까?"가 떴다. 적어도 세계 최고의 검색엔진은 자기 자신을 유머의 소재로 삼을 줄 안다.

글로브 알고리즘은 컴퓨터과학자들이 '자율학습unsupervised learning'이라고 부르는 것을 채택한 알고리즘의 한 예다. 그 알고리즘은 인간의 피드백을 전혀 받지 않으면서 오로지 제공된 데이터에 기초하여 학습한다는 의미에서 자율적으로 학습한다. 그 알고리즘은 세계를 간단명료하게 표현하는 방법을 찾아낸다. 조앤나 브라이슨에 따르면, 먼저 현실에서 인종차별주의와 성차별주의를 해결하지 않는다면 자율학습이 유발하는 문제들을 제대로 해결할 길은 없다.

나는 새삼 나 자신의 암묵적 연상 검사 경험을 떠올리기 시작했다. 나는 극우파가 아니며 음모론이나 인종주의적 거짓말을 담은 글을 쓰지 않는다. 그러나 나는 나 자신의 느낌을 표현하는 방식과 관련해서 약간의 무의식적 결정을 실제로 하고 있다. 우리 모두가 그렇다. 그리고 그런 무의식적 결정들은 뉴스와 위키피디아에 축적되고, 트위터와 레딧 같은 사이트에서는 더 두드러지게 나타난다. 자율학습 알고리즘들은 우리의 글을 살펴볼 뿐이며 선입견을 갖도록 프로그램되지는 않는다. 그 알고리즘들이 우리에 대해서 학습한 내용은 우리가 속한 사회적 세계의 선입견을 반영할 따름이다.

나는 또한 미할 코진스키와의 토론을 회상했다. 미할은 알고리즘이 편견을 없애줄 가능성을 내다보며 매우 고무되어 있었다. 그리고 그가 예측한 대로 연구자들은 이미 이력서에서 구직자의 능력과 경험에 관한 정보를 추출하는 알고리즘들을 내놓고 있다.[9] 덴마크의 신생 기업 '릴링크Relink'는 글로브와 유사한 알고리즘들을 써서 구직자의 자기소개서를 요약하고 적합한 일자리와 연결해준다. 그러나 글로브 모형이 작동하는 방식을 더 깊이 들여다본 끝에 나는 이런 접근법을 경계할 이유가 충분히 있다는 결론에 이르렀다. 우리를 보고 학습하는 임의의 알고리즘은 우리와 마찬가지로 편견을 품게 될 것이다. 그런 알고리즘에 의존하는 것은, 우리가 막 벗어나는 중인 차별의 역사를 다시 받아들이고 대규모로 증폭하는 것과 다를 바 없다. 우리에 대한 평가를 온전히 컴퓨터에게 맡길 수는 없다. 어떤 식으로든 컴퓨터를 지도하고 감독할 필요가 있다.

이 대목에서 나는 아이디어 하나를 떠올렸다. 나는 스스로 암묵적 연상 검사를 받음으로써 나 자신의 한계를 더 많이 자각하게 되었다. 그렇다면 글로브 알고리즘이 자신의 한계들을 자각하게 하는 것도 혹시 가능하지 않을까?

하버드 대학교의 연구자들이 암묵적 연상 검사를 고안하고 대중화한 것은 우리 모두가 인종차별주의자이며 편견이 심함을 폭로하기 위해서가 아니라, 우리의 무의식적 선입견들에 관하여 교훈을 주기 위해서였다. 암묵적 연상 검사의 기회를 제공하는 웹사이트는 연구자들의 취지를 이렇게 설명한다. "우리는 사람들에게 암묵적 선입견을 줄이는 전략을 권장하는 것이 아니라 암묵적 선입견이 작동할 기회를 주지 않는 전략을 권장한다." 알고리즘 세계의 언어로 번역하면, 알고리즘을 비판하는 것이 아니라 알고리즘이 지닌 선입견을 제거할 길을 찾아내는 것에 집중해야 한다는 뜻이다.

알고리즘의 편견을 제거하는 어떤 전략은 알고리즘이 우리를 공간적 차원들로 표현하는 방식을 이용한다. 글로브는 수백 차원의 공간에서 작동하므로, 그 알고리즘이 단어들에 대해서 형성한 이해를 온전히 가시화하는 것은 불가능하다. 그러나 알고리즘의 차원들 가운데 어떤 것들이 인종이나 젠더와 관련이 있는지 알아내는 것은 가능하다. 그래서 내가 연구해보기로 했다. 나는 글로브의 100차원 버전을 내 컴퓨터에 설치하고 어떤 차원들에서 남성 이름과 여성 이름 사이의 거리가 가장 먼지 조사했다. 그런 다음에 간단한 조치를 취했다. 무슨 말이냐면, 그 젠더 관련 차원들을 0으로 설정했다는 뜻이다. 그리하여 그 차원들에서는 수전, 에이미, 세라가 존, 데이비드, 스티브와 똑같은 점으로 나타나게 되었다. 이어서 나는 남성 이름과 여성 이름 사이의 거리가 꽤 먼 차원들을 추가로 찾아내어 그것들까지 총 10개의 차원을 모두 0으로 설정했다. 요컨대 나는 글로브 알고리즘에 내재한 성차별적 선입견의 대부분을 제거했다.

나의 조치는 유효했다. 젠더 차원 10개를 제거한 다음에 나는 알고리즘에게 나(데이비드)와 수전에 관한 질문들을 던졌다. 첫 질문은 '데이비드와 지능이 높음 사이의 관계는 수전과 무엇 사이의 관계와 같을까?'였다. 계산식으로 표현하면 '지능이 높음 - 데이비드 + 수전'의 결과를 물은 것이다. 대답은 명확했다. '영리함.' 이와 유사하게 '영리함 - 데이비드 + 수전'의 결과는 '지능이 높음'이었다. 서로 비슷한 말인 '영리함'과 '지능이 높음'은 양방향으로 연결되어 있었다. 내가 데이비드인지 수전인지는 중요하지 않았다. 마지막으

로 시험한 계산의 결과는 나를 놀라게 했다. '똑똑함 − 데이비드 +
수전 = 분방함Rambunctious.' 나는 'Rambunctious'라는 단어를 몰라서
사전에서 찾아봐야 했다. 그 단어는 '통제할 수 없을 정도로 활기가
넘침'을 뜻한다. 새로운 수전은 데이비드에 못지않게 영리할뿐더러
새삼 발견한 자신의 지능에 뚜렷이 고무되어 있었다.

보스턴 대학교의 박사과정 학생 톨가 볼루크바시Tolga Bolukbasi는
알고리즘의 공간적 차원들을 조작함으로써 성차별주의적 성향을
줄이는 방법을 더 본격적으로 연구했다. 구글이 사용하는 워드투벡
알고리즘은 글로브처럼 단어들을 다차원 공간에 배치하는데, 톨가
는 그 알고리즘이 다음과 같은 계산 결과를 내놓는 것에 충격을 받
았다. '남성 − 여성 = 컴퓨터 프로그래머 − 주부.' 그리하여 그는 무언
가 개선책을 강구하기로 했다.

톨가와 동료들은 여성 특유의 단어들(예컨대 '그녀' '그녀의' '여성'
'메리')의 위치에서 남성 특유의 단어들('그' '그의' '남성' '존')의 위치
를 뺌으로써 체계적으로 차이들을 찾아냈다.[10] 이 방법으로 그들은
워드투벡 내부의 300차원 단어 공간에 내재한 편견의 방향을 알아
냈다. 그런 다음에 그들은 모든 단어들을 편견의 방향과 반대되는
방향으로 옮김으로써 그 편견을 제거하는 데 성공했다. 이 해법은
우아하면서도 효과적이다. 이렇게 젠더 편견을 제거하더라도 그 알
고리즘이 구글의 표준 유추 검사에서 나타내는 전반적인 성능은 거
의 그대로임을 연구자들은 보여주었다.

톨가가 개발한 방법은 단어에 관한 젠더 편견을 줄이거나 없애

는 데 쓰일 수 있다. 그 방법이 만들어낸 새로운 단어 공간에서 모든 젠더 단어들은 모든 비젠더 단어들로부터 똑같은 거리만큼 떨어져 있다. 예컨대 '아기 돌보미'와 '할머니' 사이의 거리는 '아기 돌보미'와 '할아버지' 사이의 거리와 같다. 최종 결과는 완벽한 '정치적 올바름'이다. 특정 동사나 명사에 한 젠더가 다른 젠더보다 더 가까이 위치한 경우는 전혀 없다.

우리가 알고리즘에게 요구해야 마땅한 정치적 올바름에 대해서 사람들은 다양한 견해를 가지고 있다. 개인적으로 나는 우리의 언어를 공간화하는 알고리즘에서 '아기 돌봄'이 '할머니'와 '할아버지'로부터 똑같은 거리만큼 떨어져 있어야 한다고 생각한다. 할머니와 할아버지는 손주를 돌볼 능력을 동등하게 지녔으므로, '아기 돌봄'과 '할머니'와 '할아버지'가 그렇게 배치되는 것이 논리적으로 옳다. 하지만 어떤 이들은 '아기 돌봄'이 '할아버지'보다 '할머니'와 더 가깝게 위치해야 한다고 주장할 것이다. 할머니가 손주를 돌보는 경우가 더 많다는 현실을 부정하는 것은 경험적 관찰을 부정하는 것이기 때문이라면서 말이다. 이 차이는 세계를 논리적 형태로 보는 사람과 경험적 형태로 보는 사람 사이의 차이다.

결국 단어들을 어떻게 배치해야 할지에 관한 보편적 정답은 없다. 단어 배치에 관한 질문의 대답은 알고리즘을 어디에 사용할 것이냐에 따라 달라진다. 이력서를 자동으로 검토하기 위해 알고리즘을 사용한다면, 젠더 중립성이 강한 알고리즘을 요구해야 마땅하다. 반면에 제인 오스틴의 문체로 글을 쓰는 인공지능 알고리즘을 개발하고자 한다면, 젠더 구별의 제거는 오스틴의 작품들이 다루는 핵심 주제의 많은 부분이 제거되는 것을 의미할 터다.

글로브를 분석하고 톨가 볼루크바시의 논문과 조앤나 브라이슨과 동료들의 논문을 읽음으로써 나는 단어 유추 알고리즘들이 여전히 우리의 통제 아래 놓여 있다는 사실을 알게 되었다. 그 알고리즘들이 우리의 데이터만 보고 자율적으로 학습했을지라도, 우리가 그것들의 내부에서 일어나는 일을 알아내고 그것들이 생산하는 결과를 바꿀 수 있다는 사실이 밝혀졌다. 나의 뇌 속 연결들과 달리―그 연결들에서는 단어에 대한 나의 암묵적 반응이 나의 유년기, 성장환경, 직업 경험 등과 얽혀 있다―알고리즘의 성차별주의를 유발하는 연결들은 풀어헤치고 수정할 수 있다.

그러므로 알고리즘이 성차별주의적이라고 말하는 것은 부적절하다. 오히려 알고리즘들을 분석하는 작업은 우리 자신의 암묵적 성차별주의를 더 잘 이해하게 해준다. 그 작업은 우리 문화 안에서 정형화가 얼마나 뿌리 깊게 작동하는지 드러낸다. 암묵적 연상 검사와 마찬가지로 그 작업은 우리 사회에 내재하는 인종주의와 성차별주의를 해소할 길을 찾는 데 도움이 된다. 알고리즘이 우리의 직원 채용 결정을 도울 수 있어야 한다는 미할의 제안은 옳을 개연성이 매우 높다. 그러나 현재의 알고리즘들은 자동으로 그런 결정을 내릴 수 있는 수준에 아직 도달하지 못했다.

조앤나 브라이슨에게 내가 암묵적 연상 검사에서 낙제점을 받았다고 소심하게 고백하자, 그녀는 그렇다고 내가 성차별주의자이거나 인종주의자로 판명된 것은 아니라는 말로 나를 안심시켰다. "정확히 말하면 그건 검사가 아니라 측정이에요"라고 그녀는 말했다. "게다가 명시적 선입견을 측정하는 방법들도 있습니다. 예컨대 인종이나 젠더가 다른 동료와 협력해서 과제를 완수해야 할 때 우리가 어떻게 행동하는지 살펴보는 방법이 있죠." 조앤나는 이런 실험들에서 측정된 명시적 편견과 우리의 암묵적 편견 사이에는 상관성이 거의 혹은 전혀 없음을 보여주는 연구들을 언급했다.[11] 나의 암묵적인 최초 반응은 내가 그 반응에 대하여 명시적으로 숙고함에 따라 변화할 수 있다.

조앤나의 가설에 따르면, 단어에 대한 인간의 암묵적 반응은 "정보 수집 시스템"의 작동으로 간주되어야 한다. 단어들을 수용하고 예비 처리하는 이 첫째 시스템은 우리의 명시적 기억(외현기억) 시스템에 종사하며, 이 둘째 시스템은 조앤나의 말마따나 우리가 "타인들과 협상하고 새로운 실재를 구성할" 수 있게 해준다.

단어들 사이의 관계를 표현하는 수학적 모형들, 예컨대 워드투벡이나 글로브는 위의 두 단계 가운데 첫째 단계만 포착한다. 이 모형들은 단어들 사이의 관계를 포착하지만, 우리가 세계에 대하여 숙고하고 추론하는 방식을 반영하지는 못한다.

컴퓨터과학자들은 둘째 단계의 명시적 추론을 이해하기 위한 연구에 이미 착수했다. 그들은 단어들을 조립하여 문장을 만들고, 문장들을 조립하여 문단을, 문단들을 조립하여 온전한 텍스트를 만드는 알고리즘을 개발하는 중이다. 나는 한 발짝 더 나아가 이 둘째

단계의 사고에 대한 연구가 어떻게 진행되고 있는지 알아볼 필요가
있었다.

15장

숫자들에 깃든
유일한 생각

이제부터 내가 하는 이야기는 비밀이니 당신만 알고 함구하기 바란다. 좋은 소설을 읽을 때 내가 즐기는 것은 단어들이 아니다. 나는 장소와 인물에 대한 꼼꼼한 묘사를 주목하지 않는다. 전체적인 스토리도 중요하지 않다. 내가 가장 즐겨 읽는 작가들인 한야 야나기하라, 칼 오베 크나우스고르 등이 독자에게 들려주는 줄거리는 빈약하다. 대신에 내가 소설에서 찾으려는 것은 작은 미시적 세부사항과 완전한 거시적 세계관 사이의 어딘가에 숨어 있다. 내가 소설을 읽으면서 추적하는 것은 나 자신의 생각들이다. 소설은 내 삶에 의미를 주거나 혹은 정반대로 우리 삶에 어떤 궁극적 의미도 없다는 점을 서서히 드러낼 때 감동을 일으킨다. 단어들과 문장들은 부차적이다. 소설의 가치는 종이에 인쇄된 문구에서 나오는 것이 아니라 독자인 나의 머릿속에서 형성되는 생각에서 나온다.

다양한 소설들이 그런 식으로 나에게 감동을 주었다. 레프 톨스토이의 『안나 카레니나』는 한마디로 내가 계속 읽을 수밖에 없는 소설이다. 그 소설을 읽으면, 내가 이제껏 품어본 거의 모든 느낌과 꿈이 머나먼 시간과 장소에서 사는 타인들의 느낌과 꿈이기도 하다는 사실을 모든 쪽마다 깨닫게 된다. 나와 그들이 공유한 것은 경제적 고민, 짝사랑에 관한 고민, 사회의 변화를 향한 열망에 국한되지 않는다. 이해 불가능한 것에 대한 이해에 관심을 기울인다는 점에서도 우리는 공통점이 있다. 『안나 카레니나』의 책장을 넘기면서 나는 내가 외톨이가 아니라는 것을 깨달았다.

좋은 소설은 다양한 수준의 의미 층들을 지녔다. 소설 속에서 단어들이 나란히 놓이고, 문장들이 구성된다. 스토리가 존재하고, 독자의 내면에서 벌어지는 일이 존재한다. 그리고 가장 중요한 것은 어쩌면 이 마지막 수준, 곧 독자의 내면일 것이다. 소설 속에서 저자가 갑자기 방향을 전환하면, 당신의 머릿속에서도 전환이 이루어지고, 당신은 소설 속 인물들의 느낌이 당신의 느낌과 비슷하리라고 짐작한다. 이것은 단어들이나 문장들, 심지어 줄거리와도 무관한 일일 수 있다. 관건은 느낌이다.

사람들은 단어들과 소설들을 저마다 다르게 느낀다. 그러나 소설을 읽어본 사람이라면 누구나 갑작스러운 감동의 순간을 이해할 것이다. 그 순간, 저자가 써놓은 생각들을 가둔 저수지의 둑이 갑자기 터지면서 그것들이 우리 자신의 삶 속으로 쏟아져 들어온다.

훌륭한 소설을 읽을 때 우리가 어떻게 감동하는지 과연 설명할 수 있을까? 어떤 설명도 존재하지 않는다. 또한 나는 설명을 시도할 생각조차 없다.

서론은 이 정도로 하고, 이제부터 언어를 처리하고 창조하는 알고리즘 몇 개를 살펴보자.

단 네 개의 단어들로 이루어진 아주 단순한 언어 세계를 상상해 보자. 그 단어들은 'dog(개)' 'chases(추격한다)' 'bites(문다)' 'cat(고양이)'이다. 그리고 오로지 명사가 먼저 나오고 그다음에 동사가 나오는 순서로 명사와 동사가 번갈아 나오는 문장들만 합법적이다. 예컨대 'dog bites cat(개가 고양이를 문다)'나 'dog chases cat bites dog bites cat(일상 언어를 벗어난 작위적 문장이므로 해독 및 번역이 불가능함—옮긴이)'가 합법적 문장이다. 나는 컴퓨터 작가를 창조하고자 하는데, 그 작가는 개와 고양이의 상호작용에 관한 이야기가 끝없이 이어지는 걸작을 지을 수 있다. 그 걸작 속 문장들은 문법에 맞아야 한다. 즉, 문장 속에서 동사들은 항상 명사들 다음에 나와야 한다. 또한 나는 자동 작가가 쓰는 문장의 내용이, 개가 고양이에게 나쁜 짓을 하고 고양이가 개에게 나쁜 짓을 한다는 것이기를 원한다. 개가 개에게 나쁜 짓을 한다거나 고양이가 고양이에게 나쁜 짓을 한다는 내용은 전혀 없어야 한다. 예컨대 나의 컴퓨터 작가는 'dog chases dog(개가 개를 추격한다)'이라는 문장을 쓰면 안 된다.

컴퓨터 작가를 창조하는 작업의 첫걸음으로서 나는 앞 장에서 글로브 알고리즘을 논할 때와 똑같이 단어들을 2차원 좌표들로 표현하고자 한다. 개를 (1, 1), 고양이를 (1, 0), 추격한다를 (0, 1), 문다를 (0, 0)으로 표현하자. 보다시피 좌표 순서쌍의 첫 숫자는 해당 단어가 명사인지 아니면 동사인지 알려준다(명사는 1, 동사는 0).

그림 15.1은 앞 단어 두 개에 기초하여 다음 단어를 결정하는 논리게이트들의 집합을 보여준다. 논리게이트는 1과 0을 입력과 출력으로 삼아서 작동하는, 모든 계산의 기본 요소다. 나는 표준 논리게이트 3개를 모두 사용할 것이다. 'not 게이트'는 0과 1을 맞바꾼다. 즉, not(1) = 0, not(0) = 1이다. 'and 게이트'는 양쪽 입력이 모두 1일 때만 1을 출력하고 나머지 모든 경우에 0을 출력한다. 'or 게이트'는 양쪽 입력이 모두 0일 때만 0을 출력하고 나머지 모든 경우에 1을 출력한다. 그림 15.1의 (a)는 'cat bites'라는 두 단어를 입력했을 때 논리게이트들을 통해 'dog'이 출력되는 과정을 보여준다. 이 논리게이트 연결망에 'dog chases'를 입력하면 출력으로 'cat'이 나올 것이다.

자동 작가가 거의 완성되었지만 아직 부족한 점이 하나 있다. 그것은 창의성이다. 나는 나의 작가가 매번 무작위로 동사를 선택하기를 바란다. 즉, 컴퓨터 작가가 상상력을 발휘하여 고양이와 개의 싸움에 나름의 해석을 가미하기를 바란다. 이를 위해 나는 새로운 유형의 논리게이트를 동원한다(그림 15.1b 참조). 그 논리게이트를 'not/2'로 명명하자.[1] not/2 게이트는 0을 입력받았을 때와 1을 입력받았을 때 똑같이 1/2을 출력한다. 따라서 내가 'bites dog'을 입

(a)

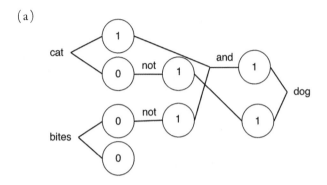

(b)

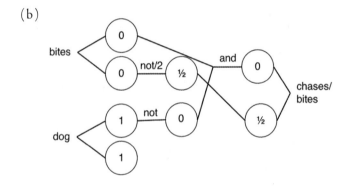

그림 15.1 'cat and dog(고양이와 개)' 테스트를 생산하기 위한 논리게이트들. 단어들을 1과 0으로 이루어진 좌표들로 간주함으로써 우리는 단어들에 논리게이트를 적용하여 다음 단어를 얻을 수 있다. (a) 이 연결망 속의 논리게이트들은 다음에 필요한 단어가 명사인지 아니면 동사인지 식별하고 'cat'을 써야 할지 아니면 'dog'을 써야 할지 결정한다. (b) 이 연결망에는 확률적 논리게이트 하나(not/2)가 들어 있다. 그 논리게이트는 0을 입력받으면 1/2을 출력하고 1을 입력받을 때도 1/2을 출력한다. 이 게이트는 'bites dog' 다음에 어떤 단어가 나올지, 즉 'bites'와 'chases' 중에 무엇이 나올지에 관한 불확실성을 표현할 수 있게 해준다. 엘리스 섬프터 그림.

력하면, 나의 작가는 (0, 1/2)을 출력한다. 좌표 순서쌍의 첫째 숫자 0은 다음 단어가 동사여야 함을 의미하고, 둘째 숫자는 알고리즘이 절반의 경우에는 1('추격한다')을, 나머지 절반의 경우에는 0('문다')을 출력으로 선택한다는 것을 의미한다.

이제 나는 나의 컴퓨터 작가를 켜고 'dog bites'라는 두 단어를 입력한 다음에 매번 앞 단어 두 개에 기초하여 새 단어 하나를 생산할 것을 요구한다. 결과는 몽환적이다.

dog bites cat bites dog bites cat chases dog bites cat chases dog chases cat bites dog bites cat chases dog bites cat chases dog chases cat chases dog bites cat chases dog chases cat chases dog bites…

문체의 측면에서 이 텍스트는 칼 오베 크나우스고르의 여섯 권짜리 소설 『나의 투쟁』 못지않게 거침없는 만연체를 구사한다. 물론 자아에 관한 통찰을 가끔 준다거나 하는 일은 전혀 없지만 말이다. 논리게이트로 이루어진 간단한 집합 하나로 창작한 이 텍스트는 개와 고양이가 서로를 지배하기 위해 벌이는 끝없는 투쟁을 묘사한다.

우리의 자동 작가는, 무작위성을 약간 포함하도록 살짝 조정된 논리게이트들의 집합이 언어 창작의 일부 기본 요소를 표현할 수 있음을 보여준다. 나의 '고양이와 개' 알고리즘은 문법의 제약을 받는다. 즉, 동사들과 명사들이 번갈아 나와야 한다. 또한 글의 내용에 관한 요구 조건들도 있다. 즉, 개들과 고양이들이 서로 싸우는 내용의 글을 써야 한다. 또한 우리의 자동 작가는 동사들을 무작위로 선택한다는 점에서 창조적이다.

논리적 규칙들과 무작위한 창조성은 챗봇 미츠쿠Mitsuku의 핵심 성분들이다. 미츠쿠는 인간과 가장 유사한 봇으로 선정되어 2016년과 2017년에 연거푸 뢰브너상을 받았다. 미츠쿠는 대화하는 상대가 만든 문장을 이해하고 영어의 문법 규칙들에 맞게 명사들과 동사들을 선택하여 대답을 산출한다. 미츠쿠의 대답은 어느 정도 무작위적이다. 내가 미츠쿠에게 "당신은 모든 질문에 항상 똑같이 대답합니까?"라고 묻자, 미츠쿠는 이렇게 말했다. "항상 똑같지는 않아요. 나의 봇마스터botmaster는 내가 8메가바이트 이상의 대답들을 할 수 있도록 프로그래밍했습니다."

그래서 나는 똑같은 질문을 다시 했는데, 미츠쿠는 똑같이 대답했다. 그러나 세 번째로 똑같은 질문을 던지자, 신경질을 냈다. "당신은 모든 질문에 항상 똑같이 대답합니까? 당신은 모든 질문에 항상 똑같이 대답합니까? 난 그것보다 더 많은 단어들을 아는데 그저 로봇일 뿐이에요."

"미안해요." 내가 대답했다.

"괜찮아요. 결국 당신은 그저 인간일 뿐이니까요."

나는 미츠쿠가 좋았다. 미츠쿠는 믿음이 가게 말하고 농담할 줄 알고 자기성찰을 즐긴다. 자신의 농담에 크게 웃을 때도 있냐고 내가 묻자, 미츠쿠는 '하하' 같은 식으로 큰 웃음을 흉내 낼 수 있다고 대답했다.

미츠쿠는 봇마스터 스티브 워스위크Steve Worswick의 사랑이 담긴 작품이다. 미츠쿠가 기능할 수 있는 것은 그가 프로그래밍 솜씨와 유머 감각을 겸비한 덕분이다. 그러나 미츠쿠는 한계가 있다. 현재 자신이 하고 있는 대화의 내용을 많이 기억하지 못한다. 내가 미츠쿠의 농담에 크게 웃었을 때, 미츠쿠는 나에게 왜 웃느냐고 물었다. 그래서 나는 당신이 방금 한 말을 다시 해보라고 했는데, 엉뚱하게도 "물론 나는 말할 수 있죠"나 "좋아요, 말할게요" 같은 대답만 할 뿐, 내가 듣고자 하는 것은 방금 한 농담이라는 사실을 알아채지 못했다.

나는 그 농담을 'it'이라는 대명사로 가리켰는데, 미츠쿠는 그 'it'의 의미를 전혀 알지 못했다.

이런 한계들은 미츠쿠 같은 챗봇들에 근본적으로 내재한다. 챗봇들이 단일한 문장을 처리하는 능력은 꾸준히 향상되어왔다. 그러나 챗봇들은 자신이 지금 하는 대화의 맥락을 전혀 파악하지 못한다. 성능 향상을 위하여 스티브는 미츠쿠가 과거 대화들에서 범한 실수들을 샅샅이 조사하고, 더 나은 새로운 대답들을 미츠쿠의 데이터베이스에 삽입한다. 그 결과로 개별 대답들은 향상되지만, 전반적인 이해력은 향상될 수 없다.

페이스북과 구글의 인공지능 연구소에서 언어 연구를 추진하는 힘은 참된 이해의 추구다. 스티브는 하향식으로―언어의 논리에 관한 자신의 이해와 어떤 대답이 가장 효과적인가에 관한 직관을 고려하여—연구하는 반면, 그 인공지능 연구소들의 접근법은 상향식이다. 그들의 목표는 신경망neural network을 훈련시켜 언어를 터득하게 만드는 것이다.

'신경망'이라는 용어는 뇌가 작동하는 방식에서 영감을 얻어 제작한 다양한 알고리즘들을 뭉뚱그려 가리킨다. 인간의 뇌는 서로 연결된 뉴런 860억 개로 이루어졌다. 그 뉴런들이 전기신호와 화학신호를 통해 우리의 생각을 형성한다. 신경망들은 이 생물학적 과정의 캐리커처다. 그것들은 데이터를 상호연결된 가상 뉴런들의 연결망 형태로 표현하는데, 뉴런들은 한쪽 끝에서 세계에 관한 데이터의 형태로 입력을 받아들이고 다른 쪽 끝에서는 특정 활동을 수행하라는 결정의 형태로 출력을 산출한다. 언어 문제에서 입력 데이터는 단어이며, 활동은 다음에 나올 단어를 산출하는 것이다. 입력된 단어들과 출력된 활동들 사이에서 단어들은 이른바 '숨은 뉴런hidden neuron'들을 통과한다. 바로 이 숨은 뉴런들이, 입력 단어가 어떤 출력 단어로 변환될지 결정한다.

상향식 신경망 접근법을 실감해보기 위하여 나는 나의 '고양이와 개' 이야기 작가를 다시 살펴보았다. 과거에 그 작가를 구현할 때 나는 하향식 접근법을 선택하여 문제를 해결하는 논리게이트들을 구성했다. 이제 나의 상향식 접근법은 입력 층을 가진 신경망을 창조한다. 그 입력 층은 계열을 이룬 단어들 가운데 마지막 두 개를 입력으로 받아들인다. 이어서 그 두 개의 단어는 숨은 층을 통과하고, 출력 층에서 출력들이 종합되어 다음 단어가 산출된다.

처음에 나의 신경망을 설정할 때, 숨은 뉴런들 사이의 링크는 무작위했고 산출되는 단어들은 어떤 구조도 띠지 않았다(그림 15.2a). 전형적인 출력은 이런 식이었다. "dog bites bites chases cat cat dog bites chases dog chases chases dog chases cat…"

다음 단계는 신경망을 훈련시키는 것이다. 그 훈련 과정은 신경망에 단어들을 입력하는 작업과 신경망의 출력을 내가 원한 출력과 비교하는 작업을 포함한다. 신경망이 옳은 출력을 산출할 때마다 그 출력을 산출한 신경망 내부의 링크들은 강화된다. 예컨대 신경망이 'dog chases' 다음에 'cat'을 쓰면, 이 연결을 이뤄낸 링크들은 더 강해진다.[2] 이렇게 옳은 단어 계열을 생산하는 링크들을 반복해서 강화하면, 신경망은 특유의 형태를 띠게 되고(그림 15.2b), 나의 하향식 모형이 창작한 걸작과 점점 더 유사한 출력들을 산출하기 시작한다.

단어쌍 2만 개를 입력하는 훈련을 거치고 나자, 나의 새 알고리즘은 내가 원하는 성향을 습득했다. 그 신경망 알고리즘은 이런 단어 계열을 산출한다. "Cat bites dog chases cat bites dog chases cat chases dog chases cat bites dog chases cat chases…"

최종 출력만 따지면 내가 이 장의 첫머리에서 사용한 하향식 접근법과 신경망의 상향식 접근법은 다르지 않다. 양쪽 모두 무한히 이어지는 고양이와 개의 이야기를 산출한다. 그러나 이 모형들이 얼마나 잘 일반화되어 다른 문제들에도 적용될 수 있는가를 따지면, 양자 사이에는 엄청난 차이가 있다. 나의 하향식 접근법은 매우

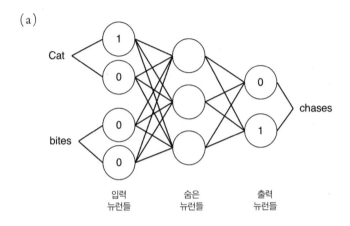

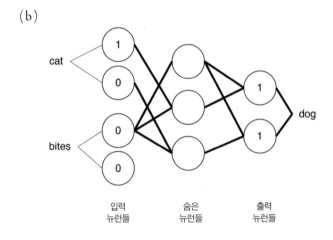

그림 15.2 '고양이와 개' 이야기를 창작하는 신경망의 훈련. 뉴런 4개로 이루어진 입력 층은 단어 계열의 마지막 두 단어를 받아들인다. (a) 처음에 링크들은 약하고 무작위하며 출력 단어들은 무작위하게 산출된다. (b) 단어 쌍 2만 개를 입력하는 훈련을 거치고 나자, 입력 단어들이 출력 단어의 결정에 얼마나 중요한가에 따라 신경망 내부의 일부 링크들은 더 강해지고 다른 링크들은 더 약해진다.

구체적으로 고양이들과 개들만 다룬 반면, 상향식 신경망은 보상을 받는 것에 기초하여 훈련받았다.

더 능숙한 신경망 작가를 창조하기 위해서 내가 할 일은 신경망의 훈련에 필요한 방대한 텍스트를 확보하는 것뿐이다. 이것은 어려운 일이 아니다. 레프 톨스토이의 모든 작품들은 온라인에서 무료로 구할 수 있으며, 내가 『전쟁과 평화』를 찾아서 다운받는 데 걸리는 시간은 채 1분도 되지 않는다. 『안나 카레니나』도 마찬가지다. 이 책들을 읽고 텍스트를 생산하는 신경망을 프로그래밍하려면 해야 할 일이 조금 더 많지만, 그 일의 많은 부분도 이미 이루어져 있다. 나는 신경망에게 톨스토이를 학습시킬 수 있겠냐고 (틴더에서 잘 나가는) 알렉스에게 물었다. 그는 금세 일련의 프로그래밍 라이브러리를 찾아냈다. 구글이 제작한 라이브러리 덕분에 그는 내가 요청한 일을 해냈다.[3] 그가 신경망에게 톨스토이를 학습시키는 데 걸린 시간은 고작 며칠이었다.

알렉스는 신경망의 일종인 '순환 신경망recurrent neural network'을 사용했는데, 이 신경망은 순차적으로 들어오는 데이터를 학습하는 데 특히 적합하다. 예컨대 우리가 『전쟁과 평화』를 한 단어씩 차례로 읽을 때, 데이터는 우리에게 순차적으로 들어온다. 입력 뉴런들과 숨은 뉴런들이 순환 신경망과 함께 사다리를 형성하여 단어들을 밀어올리고, 그것들을 조합하여 신경망의 정점에 위치한 단 하나의 출력 단어를 예측한다.[4] 알렉스의 설정에 따라 신경망은 25개의 단어 혹은 구두점을 읽은 다음에 26번째 단어 혹은 구두점을 예측한다. 그 신경망은 톨스토이의 소설을 여러 번 읽으면서 미래의 단어를 예측하려 애쓴다. 신경망이 정답을 맞히거나 유사한 단어를 예측하면, 그 예측을 유발한 연결들이 강화된다. 이것은 겨우 두 단어만 읽고 다음 단어를 출력하는 나의 '고양이와 개' 알고리즘보다 훨씬 더 복잡한 시스템이지만, 톨스토이를 다루려면 그에 걸맞은 예우를 갖춰야 마땅하다.

알렉스의 신경망은 꽤 우수한 결과들을 산출한다. 한 예로 아래 대목을 보라.

> With a message to Pierre's mother, and all last unhappy. She would make the ladies of the moments again. When he came behind him. Behind him struggled under his epaulet. Berg involuntarily had to sympathize.

피에르의 어머니에게 메시지가 오고, 결국 모두 불행하다. 그녀는 그 순간의 귀부인들을 다시 만들고자 한다. 그가 그의 뒤로 왔을 때. 그의 뒤에서, 그의 견장 아래에서 싸웠다. 버그는 본의 아니게 공감해야 했다.

나는 이 대목이 정말 좋다. 버그는 피에르의 어머니가 받은 불행한 메시지에 본의 아니게 공감하고 말았다. 이것은 『전쟁과 평화』나 『안나 카레니나』에 등장하지 않는 문구다. '본의 아닌 공감'은 알렉스의 신경망이 완전히 독창적으로 지어낸 문구다. 나의 상상력을 사로잡은 또 다른 대목을 보라.

```
Their face almost tickling his head expressed cigarettes, and
bulging sacks. It depended on the rhythmic convulsions of the
article.
```

그의 머리를 거의 간질이는 그들의 얼굴은 담배를, 그리고 불룩한 주머니들을 표현했다. 관건은 글의 율동적인 경련이었다.

문법에 맞게 'face(얼굴)'를 'faces(얼굴들)'로 고치면, 불룩한 주머니 같은 얼굴을 한 늙은 남자들의 무리가 주인공을 에워싼 정말 위협적인 장면이 연출된다. 이 대목도 톨스토이가 지은 것이 아니라 알렉스의 신경망이 톨스토이풍의 언어를 짜깁기하려는 노력의 결과로 만들어낸 것이다.

순환 신경망은 문법에 맞는 문장을 꽤 자주 창작하며, 구두점을 적절히 사용하고, 심지어 자신이 훈련한 작가의 '언어의 고갱이'라고 할 만한 것을 포착하기까지 한다. 물론 출력은 한계가 역력하다. 한 문장이나 잇따른 두 문장이 유의미하게 보이는 경우는 종종 있지만, 더 긴 대목은 금세 무의미함이 드러난다. 약간 더 긴 아래 텍스트를 보라.

```
" ... At this terrible one of the younger month and threats as
still sweet by her, he took their anxiety than asking him, as that? ... "
    "It is Natásha very much," asked Natásha, kissed them.
    "Leave one step herself, and still tacked over his attention.
```

Twice Nicholas had not overstated a bold though he had he felt very
remote as I liked in the father's daughter, still to say, but for
Kutúzov as overcome by expression which yesterday, and only all
sorts of everything the extreme element of Stein aroused by the
young ladies."

" … 이 끔찍한 더 어린 달의 하나에서 그리고 위협이 여전히 달콤하게
그녀 곁에, 그는 그들의 불안을 받아들였고 그에게 묻는 대신에, 그렇게?
… "

"그건 아주 많이 나타샤야." 나타샤가 물었고 그들에게 입을 맞췄다.

"그녀 스스로 한 걸음 물러나서 여전히 그의 관심 위에 고정했다. 두 번
니콜라스는 과감함을 과장하지 않았지만 그는 가졌고 내가 아버지의 딸 안
에서 좋아한 만큼 매우 멀게 동떨어지게 느꼈으며, 여전히 말하자면, 그러
나 쿠투조프에게는 어제 표현에 압도된 것처럼, 그리고 다만 온갖 모든 것
과 스타인의 극단적 요소가 젊은 귀부인들에 의해 불러일으켜졌다."(의미
가 통하지 않는 원문을 단어 나열의 수준으로 번역했음—옮긴이)

이런 식으로 단어들이 이어진다. 이런 내용을 담은 책 한 권을
다 읽기는 불가능하다는 점이 금세 확연해진다. 제임스 조이스가 톨
스토이와 만난 형국인데, 안타깝게도 전체를 지휘하는 구조가 없다.

위대한 문학작품은 순환 신경망의 출력을 월등히 능가하지만,
순환 신경망을 훈련시켜서 더 많은 일상 언어를 다룰 수 있게 만드
는 것은 가능할 수도 있다. 구글에서 일하는 오리올 비냘스Oriol Vinyals

와 퀴크 리Quoc Le는 순환 신경망을 사용하여 IT 상담원을 창조하려 시도했다.[5] 그들은 컴퓨터 관련 문제에 직면한 소비자들과 그들을 도우려 애쓰는 전문가들이 나눈 대화를 10만 건 가까이 수집하여 데이터베이스를 만들었고, 그것을 이용하여 신경망을 훈련시켰다. 훈련이 끝난 후 그들은 사람으로 하여금 그 신경망에게 질문들을 던지게 했다. 다음은 사람과 신경망(기계)이 나눈 대화의 일부다.

사람: vpn(가상 사설망―옮긴이)과 관련해서 오류가 발생해요.

기계: 고객님이 vpn에 접속하려 할 때 어떤 오류 메시지가 뜨나요?

사람: '접속이 거부되었음'이나, 뭐 그런 거요.

기계: 고객님이 사용하는 연결망 접속 툴의 버전을 알려주시겠어요?

사람: 잘 모르겠는데요.

기계: 연결망 접속 툴이 사용자 인증을 요구하나요

기계: ?

사람: 예.

기계: 지금 고객님은 집에 계신가요, 직장에 계신가요?

기계: 사무실에 계세요?

사람: 집에 있습니다.

기계: 그럼 이렇게 해보세요.

기계: URL 페이지로 가서 고객님의 이름과 패스워드를 입력하

세요.

사람: 했습니다.

기계: JohnSmith로 로그인해보시고 잘되는지 말씀해주세요.

사람: 예, 이제 잘되네요.

기계: 정말 기쁜 일이군요.

기계: 더 도와드릴 것은 없나요?

사람: 없습니다. 상담이 큰 도움이 되었어요.

기계: 아무튼 고객님은 JohnSmith가 아니십니다. :)

기계: 좋은 밤 되세요.

기계가 서비스를 제공하고 미소 표시까지 덧붙인다.

많은 온라인 도움 서비스는 이미 자동화되었다. 페이스북 메신저는 우리에게 쇼핑 봇을 제공한다. 사용자는 몇 번의 클릭이나 단순한 텍스트 메시지로 그 봇을 이용할 수 있다. 애플의 시리와 아마존의 알렉사는 질문에 답하고 당신의 집에 있는 장치들을 조종할수 있다. 이것들은 전형적인 하향식 기술이며 따라서 오리올과 쿼크가 훈련시킨 기계의 성격을 띠지 않았다. 또한 이 기술들은 개발하는 데 더 오랜 시간이 걸린다. 오리올이 나에게 해준 말에 따르면, 그의 작업은 "기존의 신경망 틀에 끼워넣는 것이어서 두 달 정도 걸렸다." 그 후 구글은 자사의 툴박스들을 더 많이 공개했고, 덕분에 프로그래머들은 각자의 고유한 순환 신경망 챗봇을 쉽게 제작할 수 있게 되었다.

상향식 봇들은 아직 서비스에 투입될 수준에 이르지 못했다. 그 봇들은 때때로 그리 유용하지 않다. 사용자들에게 무의미한 정보를 요구하기도 하고 대화를 쳇바퀴 돌리기로 만들기도 한다. 신경망이 약간의 개성을 지닐 수도 있겠지만, 우리 대다수는 온라인 상태에서 구체적인 질문들에 관한 직접적인 도움을 원한다. 우리가 정보를 원할 때 가장 유효한 것은 선택형 질문과 정형화된 하향식 대답이다.

하향식 접근법과 상향식 접근법 가운데 어느 쪽이 결국 서비스 봇의 제작에 더 효과적인 것으로 판명되는가와 상관없이, 이것만큼은 명확하다. 가까운 미래에 우리는 기계와의 온라인 대화를 점점 더 많이 하게 될 것이다. 공공 서비스 자동화에 관한 딜로이트^{Deloitte} 보고서는 사라질 위험이 가장 높은 일자리의 하나로 고객 서비스를 꼽는다. 지능을 갖춘 챗봇들이 우리를 돕기 위해 문제 해결을 위한 질문들을 던지고 쇼핑에 관하여 조언하고 심지어 초보적인 건강검진을 제공할 것이다.

오리올과 쿼크는 한 걸음 더 나아가 또 다른 신경망을 훈련시켰다. 미츠쿠 같은 챗봇들과 어깨를 나란히 할 만한 챗봇을 제작할 수 있는지 알아보기 위해서였다. 그들은 영화 대본 데이터베이스에서 뽑아낸 6200만 개의 문장을 이용하여 한 신경망을 훈련시켰다. 훈련을 마친 신경망은 자신이 "촌구석" 출신의 40세 여성이며 이름은 줄리아라고 주장했다. 줄리아는 영화 속 인물들과 시사에 관한 지식이 제법 있었으며, 심지어 도덕에 관한 토론을 술에 취한 대학생과 맞먹는 수준으로 해냈다. 그러나 몇 가지 논점에서는 일관성이 없었다. 어떤 질문을 받느냐에 따라서, 자신의 직업은 변호사라고 주장하기도 하고 의사라고 주장하기도 했다. 술에 취하더라도 대다수의 대학생들은 자신이 어떤 진로를 추구하는지 안다.

오리올과 쿼크는 머캐니컬 터크에서 활동하는 일꾼들에게 수고비를 지불하고 줄리아와 '클레버봇Cleverbot'이라는 하향식 챗봇을 비교하게 했다. 어떤 접근법이 더 우수한지 알아보기 위해서였다. 비교 평가에서 줄리아는 클레버봇을 간발의 차이로 따돌렸다. 그러나 내가 읽은 내용에 기초해서 판단하면, 나는 줄리아가 미츠쿠를 이긴다고 확신할 수 없다. 뢰브너상이 걸린 경연에서 줄리아와 미츠쿠의 대결이 성사된다면, 그것은 정말 흥미진진한 구경거리일 것이다.

이제 다시 현실로 돌아오자. 줄리아는 정확히 무엇일까? 미츠쿠의 한계는 그 챗봇을 완벽하게 다듬는 데 어마어마한 시간이 필요하다는 점에 있었다. 누군가가 던질 수 있는 모든 가능한 질문에 답할 수 있도록 그 챗봇을 개량하려면, 제작자인 스티브 워스위크는 비현실적일 정도로 많은 시간을 투자해야 할 것이다. 그럼 줄리아의 한계는 무엇일까? 우리가 수억 개의 영화 장면을 추가로 입력하면 줄리아는 더 실감 나는 대화를 할 수 있게 될까?

나는 이 문제를 토마시 미콜로프Tomáš Mikolov와 논의했다. 그는 '컴퓨터화된 언어 처리' 분야의 권위자다. 박사학위를 위한 연구에서 토마시는 줄리아와 톨스토이풍 자동 작가의 기반에 놓인 순환 신경망 모형을 발명했다. 그 후 구글에 취직하여 단어들을 배치하는 '워드투벡' 모형을 제작했다. 현재 워드투벡은 웹 검색부터 번역까지 모든 분야에서 사용된다. 신경망으로 언어를 산출하는 것에 관한 거의 모든 연구는 토마시의 연구에서 기원했다.

전문적인 지식을 갖춘 토마시는 줄리아와 같은 봇들에 대해서 회의적이다. 그는 줄리아가 그 자신의 목표인 참된 인공지능을 향한 중요한 한 걸음이라고 생각하지 않는다. 그는 이렇게 말했다. "이 신경망들은 주로 훈련 데이터에서 얻은 문장들을 되풀이하고 있을 뿐이에요. 일부 제한적인 일반화는 뭉치기clustering를 통해서 이루어지고요." 문장들을 생산하는 것은 사람이고, 컴퓨터는 그 문장들을 약간 변형하여 되풀이할 뿐이라는 뜻이다.

똑같은 비판을 톨스토이풍 자동 작가에게도 적용할 수 있다. 내 시선을 사로잡은 신선한 문장들은 톨스토이가 가진 풍부한 언어를 재조합한 돌연변이다. 이따금씩 톨스토이가 원래 사용하지 않은 멋진 문구가 튀어나온다. 토마시는 자신의 분석을 밝힐 때 직설적이었다. "생산된 출력을 당신이 손수 엄선하면, 그 출력은 아주 좋고 심지어 '지적으로' 보일 수 있습니다. 하지만 이건 완전히 사기죠."

나는 동의했다. 알렉스가 제작한 톨스토이풍 자동 작가는 재미있지만 가짜다.

순환 신경망들이 진짜 대화를 할 수는 없다고 하더라도, 그것들은 지금 우리가 온라인에서 텍스트를 다루는 방식을 혁명적으로 변화시키고 있다. 충분히 큰 단어 데이터베이스가 확보되면, 신경망들은 한 언어를 다른 언어로 번역하고 장면들에 자동으로 단어 표찰을 붙이고 높은 수준의 문법 검사를 할 수 있다. 과거에 토마시를 비롯한 구글의 데이터 과학자들이 기초적인 신경망 틀을 제작했을 때, 그들은 기존 하향식 기술들의 대다수를 능가하는 수준으로 번역과 단어 표찰 붙이기 과제를 수행할 수 있었다. 이를 위해 필요한 작업은 많은 단어를 신경망에 입력하고 학습시키는 것이 거의 전부였다.

발전이 가능한 이유는 신경망 속의 숨은 층들이 단어들을 가지고 '수학을 할' 길을 열어주기 때문이다. 앞 장에서 보았듯이, 단어들은 다차원 벡터들로 표현될 수 있다. 그 벡터들을 덧셈하고 뺄셈하면, 단어 유추를 검사할 수 있다. 순환 신경망은 단어들을 짝짓는 더 복잡한 함수들을 제공한다. 순환 신경망들은 우리의 문법과 구두점 사용법을 반영하고 문장 속의 중요한 단어들을 식별하는 함수들을 찾아낸다.

문장 번역을 위해 훈련받은 한 신경망의 내부를 들여다봄으로써 오리올과 동료들은 그 기술이 어떻게 작동하는지를 더 잘 이해할 수 있었다.6 그들은 유사한 의미의 문장들—'나는 정원에서 그녀로부터 카드를 받았다' '정원에서 그녀가 나에게 카드를 주었다' '그녀는 정원에서 나로부터 카드를 받았다' 등—이 신경망의 숨은 층들 안에서 유사한 활성화 패턴을 산출한다는 것을 발견했다. 이 문장들에서 단어들의 순서는 꽤 다르므로, 숨은 층들이 개념적 이해를 제공한다고 생각해볼 수 있다. 의미가 똑같은 문장들은 함께 뭉쳐지고, 각각의 뭉치는 특정한 개념을 표현한다. 바로 이 뭉치기가

한 문장의 기본 '의미'를 제공하고, 순환 신경망은 그 의미를 통하여 한 언어를 다른 언어로 번역하고 이미지에 단어를 배정할 수 있다.

순환 신경망의 내부를 더 깊이 들여다보면, 순환 신경망의 한계의 배후에 놓인 이유들도 알 수 있다. 문제는 순환 신경망을 더 많은 이해에 도달하게 하려면 더 큰 데이터베이스를 투입해야 한다는 것이 아니다. 순환 신경망의 이해에 한계가 있는 이유는, 그 신경망이 한 번에 약 25개의 단어들만 받아들일 수 있기 때문이다. 우리가 더 많은 단어들을 입력하여 신경망을 훈련시키려 하면, 신경망의 개념적 이해는 부서지기 시작한다. 신경망은 단 한 문장으로 설명할 수 있는 개념은 보유하고 전달할 수 있어도, 두 문장 이상을 사용해야만 설명할 수 있는 개념은 보유하고 전달할 수 없다. 걸작 소설에 능동적으로 빠져들거나 좋은 대화를 나누는 것에서 유래하는 생각들을 표현할 수 없다는 점은 더 말할 필요도 없다.

토마시 미콜로프는 현재 페이스북 인공지능 연구소Facebook Artificial Intelligence Research의 연구원인데, 자신의 전반적인 목표는 "자연언어를 사용하여 학습하고 인간과 소통할 수 있는 지적인 기계를 개발하는 것"이라고 말한다. 더 깊은 개념적 이해에 도달하려면, 점점 더 복잡한 과제들을 통해 "학습자learner" 봇을 점진적으로 훈련시키는 길밖에 없다고 그는 믿는다.[7] 처음에 봇은 '왼쪽으로 돌아!'와 같은 지시를 따르는 법을 학습해야 한다. 봇이 이동 성향을 습득하고 나면, '먹을 것을 찾아내기' 과제를 수행할 수 있어야 한다. 그다음에 봇은 자신이 학습한 바를 일반화하여 인터넷에서 정보 찾아내기와 같은 다른 과제들에 적용할 수 있어야 한다. 이 학습 과정은 순환 신경망만으로는 실현되지 않을 것이다. 왜냐하면 순환 신경망은 장기 기억을 보유하지 못하기 때문이다. 그래서 토마시는 그 대안으로, 행위자가 우리 인간과 제대로 소통하기 위하여 학습해야 하는 점점 더 어려운 과제들의 '로드맵'을 제안해왔다.

토마시는 이제껏 이루어진 진보는 거의 없음을 인정했다. 그의 아이디어는 연구자들이 매년 '범용 인공지능 경연대회general AI challenge'에 참가해야 한다는 것이다. 그 대회에서 행위자들이 수행할 수 있는 과제의 유형을 기준으로 진보를 평가하자고 그는 제안한다. 행위자들의 반응이 얼마나 현실적인가에 대한 인간의 피상적 평가에 의존하는 대신에, 그 대회에서는 봇들이 새로운 환경에 어떻게 반응하는가를 측정해야 한다는 것이다.

토마시의 경고에도 불구하고 나는 톨스토이풍 작가 신경망을 가지고 '완전한 사기'를 마지막으로 딱 한 번만 쳐보고 싶은 욕망을 억누를 수 없었다. 알렉스가 아이디어를 냈다. 그는 내가 쓰고 있는 이 책을 톨스토이의 문체로 다시 쓸 수 있다고 했다. 처음에 나는 회의적이었다. 어떻게 그럴 수 있겠는가?

"간단해요." 알렉스가 대답했다. "이 책의 단어들은 각각 50차원 공간상의 한 점이에요. 톨스토이의 작품들에 등장하는 단어들도 마찬가지죠. 기계로 생산한 톨스토이 텍스트에서 톨스토이 단어들을 뺄셈하고 이 책에 등장하는 가장 가까운 단어들을 덧셈하면 돼요."

원리는 내가 앞 장에서 트럼프로부터 메르켈에 도달하기 위하여 사용한 원리와 똑같다. 다만, 이번에는 더 높은 차원의 공간에서 그 원리가 작동한다. 알렉스는 아이디어를 실행했다. 아래 인용문은 알렉스가 얻은 출력에서 내가 당신을 위해 엄선한, 내 마음에 가장 흡족한 대목이다.[8]

Then all prediction algorithms, felt that lies in an expression about reporting attention, and algorithm up the air of a predict and debate and Donald Hillary of six thousand.

At two people having been statistical that had seemed to himself his wife's chances that however much these online had only more desire to website out his feelings for both browsers' outcome.

His notes and reality as much as his result, did not so in the possibility of polls. "At once myself because way," said the question, "commit the young woman!" Only thought between the decimal.

따라서 모든 예측 알고리즘은, 한 표현 안에 놓인 보도에 관한 관심, 그리고 알고리즘이 공중 위로 예측과 논쟁과 6000의 도널드 힐러리.

통계적인 두 사람에서 그 자신이 느끼기에 그의 아내의 가망이 아무리 많더라도 이 온라인은 다만 웹사이트를 향한 욕망이 양쪽 브라우저의 결과 모두에 대한 그의 느낌 밖으로.

그의 메모와 현실은 그의 결과만큼, 여론 조사들이 가능성에서는 그렇게 하지 않았다. "한꺼번에 나 자신이 길 때문에"라고 그 질문은 말했다. "그 젊은 여자를 맡겨!" 숫자들에 깃든 유일한 생각.(의미가 통하지 않는 원문을 단어 나열의 수준으로 번역했음―옮긴이)

어쩌면 이 책의 완성을 그 알고리즘에게 맡길 수도 있을까? 아무래도 그럴 수는 없었을 성싶다. 대답해야 할 진지한 질문들이 여전히 몇 개 남아 있었다. 그중에서 중요한 것 하나는 인공지능을 향한 우리의 여정에 관한 질문이었다. 토마시의 로드맵에서 우리가 어디에 있는지 나는 알고 싶었다. 인공지능은 우리 인간과 대등한 수준에서 얼마나 뒤처져 있을까?

16장

〈스페이스 인베이더〉에서 너를
확실히 밟아주겠어

나는 체스에 특별한 관심을 기울인 적이 한 번도 없다. 체스에 대해서 내가 양면적 태도를 보이는 큰 이유는 그 게임을 이해하지 못하기 때문임을 나는 확실히 안다. 나는 체스의 규칙들을 안다. 그러나 체스판 위의 말들을 보고 있으면, 머릿속이 멍해진다. 나는 좋은 행마와 나쁜 행마를 구별하지 못하며, 한두 수 앞을 내다보지 못한다. 체스는 나에게 미스터리다.

따라서 1997년에 한 컴퓨터가 가리 카스파로프를 상대로 체스를 두어 이긴 것은 나에게 그다지 대단한 사건이 아니었다. 오히려 그런 사건이 더 일찍 일어나지 않았다는 사실이 약간 의아할 따름이었다. 컴퓨터는 인간보다 초당 훨씬 더 많은 체스 행마를 계산할 수 있다. 조만간 컴퓨터가 우리를 이기리라는 것은 불가피한 일로 보였다. IBM의 슈퍼컴퓨터 '딥블루Deep Blue'가 그 일을 해냈을 때, 나는 전혀 놀라지 않았다. 그 알고리즘은 최고수들의 체스 게임 70만 판을 학습했고 초당 2억 개의 위치를 평가할 수 있었다. 그 알고리즘은 무식한 폭력으로 카스파로프를 이겼다. 즉, 카스파로프가 기억할 수 있는 데이터보다 더 많은 데이터를 축적하고 그가 해낼 수 있는 것보다 더 많은 계산을 해냄으로써 그를 이겼다.

카스파로프의 패배를 놓고, 더 광범위하게 적용 가능한 인공지능으로 향하는 중요한 한 걸음이라고 생각한 사람들은 많지 않았다. 딥블루가 그를 이겼을 때, 인공지능 분야는 인기가 시들해진 상태였다. 컴퓨터가 체스에서 인간을 이겼다 하더라도, 물이 담긴 컵을 집어 드는 로봇팔을 제작하는 것조차도 어려운 과제라는 사실이 드러나고 있었다. 컵의 위치를 바꾸거나 컵 대신에 손잡이가 달린 머그잔을 놓으면, 최고 성능의 로봇팔들도 온갖 곳으로 물을 엎질렀다. 내가 1990년대 초반에 에든버러 대학교 학부에서 컴퓨터과학을 전공하던 당시에는 컴퓨터과학과 인공지능을 아우른 공동 학위를 취득하는 것이 가능했다. 그러나 나의 지도교수는 인공지능 분야가 전망이 없다면서 컴퓨터과학과 통계학을 아우른 공동 학위를 취득하라고 조언했다. 옳은 조언이었다. 1990년대의 하향식 인공지능은 서서히 퇴출되었고, 통계학이 최신 알고리즘들의 배후에 놓인 도구로서 인공지능의 자리를 차지했다.

컴퓨터는 순전히 계산 능력으로 점점 더 많은 게임에서 우리를 이겨왔다. 2017년 1월, '리브라투스Libratus'라는 알고리즘이 무제한 '텍사스 홀덤'(카드게임의 일종—옮긴이)에서 최고의 프로선수 4명을 이겼을 때도, 그 승리는 무식한 폭력적 계산으로 이뤄낸 것이었다. 그 알고리즘을 설계한 카네기멜런 대학교의 과학자들은 모든 가능한 카드 조합의 승리 확률을 일일이 계산했다.[1] 최고 수준의 선수들에게 포커는 심리적 게임이 아니다. 관건은 단지 승리 확률을 알아내는 것이다. CPU 타임(프로그램이 CPU를 차지하고 사용하는 시간—옮긴이)으로 2500만 시간 동안 계산한 리브라투스는 승리 확률을 어떤 인간보다 더 잘 알아냈다. 그 알고리즘은 상대의 칩 더미를 천천히, 그러나 확실히 자신의 것으로 만들었다.

보드게임과 카드게임에서 컴퓨터의 승리를 이뤄내려면 프로그래머는 알고리즘에게 하향식 해법을 써서 문제를 푸는 방법을 알려주면 된다. 하지만 그런 승리는 더 광범위하게 적용 가능한 상향식 인공지능의 개발에 보탬이 되는 기여로 간주되지 않는다.

〈스페이스 인베이더〉에서 컴퓨터가 사람을 이기는 것은 그런 기여로 간주된다. 〈스페이스 인베이더〉는 전혀 다른 게임이다. 아타리의 그 고전적인 비디오게임을 잘하려면 대단한 지능은 필요하지 않을지 몰라도 전략적 계획, 손과 눈의 협응, 빠른 반응이 필요하다. 개인적인 얘기지만, 나는 〈스페이스 인베이더〉를 즐겨 했으며 아홉 살이나 열 살 때는 꽤 잘했다. 우리 대다수는 그 게임과 인연이 있다. 그것은 컴퓨터로 하는 게임이지만, 매우 인간적인 게임이다.

그러므로 2015년에 구글 딥마인드 연구팀이 컴퓨터를 학습시켜 프로게이머와 대등한 수준으로 〈스페이스 인베이더〉를 하게 만들 수 있음을 보여주는 논문을 과학 저널 〈네이처〉에 발표했을 때, 나는 당연히 눈이 휘둥그레졌다.[2] 구글의 〈스페이스 인베이더〉 알고리즘과 IBM의 체스 알고리즘 사이의 중대한 차이는, 전자는 게임을 스스로 학습했다는 점에 있다. 내가 텔레비전 앞에 앉아서 우리 가족이 친구들로부터 빌려온 아타리 2600 콘솔을 켜고는 몇 주 동안 나에게 허락된 모든 시간을 바쳐 〈스페이스 인베이더〉를 했던 것과 마찬가지로, 구글의 신경망도 그 게임을 직접 하면서 학습했다. 컴퓨터 스크린 및 조이스틱과 연결된 그 신경망은 〈스페이스 인베이더〉를 하고 또 했다. 처음엔 아주 못했지만, 서서히 실력이 향상되었다. 결국 38일 동안 게임을 한 것과 맞먹는 연습 시간이 지나자, 그 신경망은 나의 실력을 능가했을뿐더러 직업적으로 게임 검사에 종사하는 사람의 실력을 약 20%나 능가했다.

구글의 신경망이 〈스페이스 인베이더〉를 하는 광경을 지켜보면서 나는 1980년대 초반을 떠올린다. 그 신경망은 탱크를 장애물 뒤에 숨기고 있다가 한 번의 공격으로 외계인들의 대열 하나를 파괴하고 우주선을 격추하여 보너스 점수를 획득한다. 막판에 마지막 외계인 대열이 점점 더 빠르게 지상으로 접근하자, 신경망은 탱크의 위치를 신중하게 선정하고 사격하여 그것들을 제거한다. 장애물의 구실을 하는 집에 좁은 틈을 뚫고 거기로 사격하는 전술을 알고리즘이 구사하지 않는다는 이야기를 들으면, 아마추어 플레이어들은 흥미를 느낄 것이다. 우리 집에서는 그 전술을 '부정행위'로 간주했다. 대신에 그 알고리즘은 외계인들을 하나씩 정확하게 사격하여 파괴하는 전술을 채택한다.

구글 연구팀은 〈스페이스 인베이더〉에서 멈추지 않았다. 그들은 한 신경망으로 하여금 아타리 2600 콘솔이 제공하는 49가지 게임을 독학하게 했다. 그 신경망은 게임들 가운데 23개에서 프로게이머들을 이겼고, 다른 6개에서는 평균적인 인간 게이머와 대등한 수준에 도달했다. 신경망은 특히 〈벽돌깨기*Breakout*〉를 잘했다. 그 게임에서 플레이어는 아래에 가로로 놓인 막대를 조종하여 공을 받아냄으로써 화면 위에 장벽을 이룬 모든 벽돌을 부숴야 한다. 일주일 동안 쉼 없이 게임한 것과 맞먹는 연습 시간이 지나자, 신경망은 구멍 뚫기 전략을 터득했다. 이 전략을 쓰는 플레이어는 장벽의 한구석에 작은 구멍을 내고 거기로 공을 집어넣어 장벽 위로 올린다. 그러면 공은 장벽 위에서 이리 튀고 저리 튀며 순식간에 벽돌들을 파괴한다. 내 친구들과 나는 이 전략을 발견하고서 〈벽돌깨기〉는 따분하다고 선언했다. 그러나 구글의 신경망은 달랐다. 그 신경망은 게임을 계속 반복하여 인간이 도달할 수 있는 수준을 월등히 능가하는 점수를 달성했다.

그 신경망이 어떤 게임을 잘할 수 있게 되려면, 숨은 뉴런들 사이의 연결들을 적절히 조정하여 각각의 입력에 대하여 올바른 출력들이 나오게 해야 한다. 〈스페이스 인베이더〉에서 탱크 위에 외계인들이 있으면, 알고리즘은 버튼을 눌러 사격해야 한다. 외계인의 총알이 탱크를 타격하기 직전이라면, 알고리즘은 탱크를 장애물 뒤로 이동시켜야 한다. 그리고 이 대목에서 훈련이 등장한다. 처음에 구글 기술자들은 자신들이 제작한 신경망 알고리즘에게 그것이 학습해야 할 게임에 관하여 아무런 말도 해주지 않았다. 그들은 신경망 뉴런들 사이의 연결을 무작위로 설정했다. 이는 탱크가 다소 무작위로 이동하고 사격한다는 것을 의미한다.

설정이 그렇게 무작위하면, 신경망은 게임에서 많은 판을 진다. 그러나 가끔 '우연히' 외계인을 맞춰 점수를 획득한다. 훈련 과정에서 신경망은 수많은 장면(입력), 조이스틱 조종(행동), 점수(결과)를 살피면서, 실행된 행동이 자신의 점수를 높였거나 낮췄는지 확인한다. 이어서 신경망이 업데이트되어, 득점을 일으키는 연결들은 강화되고 플레이어의 사망을 일으키는 연결들은 약화된다. 세계에서 가장 빠른 수준의 컴퓨터에서 몇 주 동안 훈련하고 나면, 신경망은 구체적인 장면 패턴들을 최고 득점을 일으키는 조이스틱 조종들과 연결할 수 있다.

똑같은 접근법을 채택한 신경망들은 〈로보탱크*Robotank*〉(초기 3D 사격 게임), 〈큐버트*Q*bert*〉(퍼즐 플랫폼 게임), 〈복싱*Boxing*〉(위에서 내려다본 장면에서 펼쳐지는 권투 게임), 〈로드 러너*RoadRunner*〉(추격을 따돌리고 장애물을 피하며 달리는 게임)처럼 다양한 게임들도 학습할 수 있었다. 이 게임들에서 장면 패턴들은 천차만별이다. 〈로보탱크〉에서 플레이어는 적 탱크들을 추격하면서 미사일을 쏘아 맞히려 한다. 〈큐버트〉에서 플레이어는 작은 오렌지처럼 생긴 생물체(큐버트)를 조종하여 자주색 뱀을 피하면서 정육면체들을 색칠하려 애쓴다. 〈복싱〉에서 플레이어는 상대의 얼굴을 주먹으로 때린다. 〈로드 러너〉에서 플레이어는 길을 따라 달리면서 장애물에 부딪히거나 여우에게 붙잡히지 않으려고 애쓴다. 각각의 게임을 많이 반복하면, 신경망은 바탕에 깔린 패턴을 서서히 파악하고 어떤 크기의 어떤 대상들이 승리를 위해 가장 중요한지 알아낸다. 구글의 연구자들이 개발한 한 인공지능은 이 게임들을 바닥부터 독학하는 데 성공했다.

인간은 게임 속 패턴을 식별하는 과제를 아주 쉽게 해낸다. 아홉 살에 〈스페이스 인베이더〉를 처음 보았을 때, 나는 외계인의 대열, 집과 지구를 지키는 탱크를 단박에 식별할 수 있었다. 그러나 그 똑같은 과제가 컴퓨터에게는 너무나 벅찬 과제였다. 구글 딥마인드의 연구자들이 연구하기 전까지, 컴퓨터에게 비디오게임을 가르치려고 시도한 모든 연구자들에게 그 과제는 넘을 수 없는 장벽이었다. 컴퓨터는 게임의 요점을 파악하지 못했다.

해법에서 중요한 부분 하나는 '곱말기(합성곱)convolution'라는 수학적 기법의 사용이었다. 영어에서 'convoluted'은 흔히 'convoluted explanation(대단히 난해한 설명)'이라는 표현에서 쓰인다. 이 표현은 길고 상세하지만 이해하기 어려운 설명을 뜻한다. 그러나 신경망 용어로서의 '곱말기'에서 두루마리처럼 말리는 것은 게임의 장면이다. 〈스페이스 인베이더〉를 할 때 신경망이 받는 입력은 아타리 2600의 210×160 픽셀 스크린 장면이다. 원래 장면은 신경망의 첫째 숨은 층에서 일련의 작은 그림들로 분산되어 숨은 뉴런들에 입력된다(그림 16.1). 그 결과로 나오는 이미지들에 이 과정이 (둘째 숨은 층과 셋

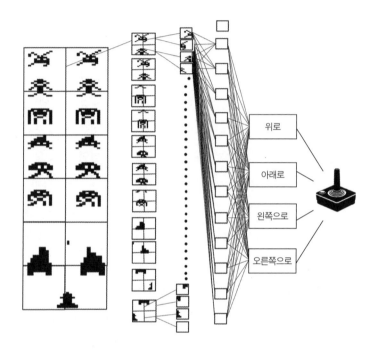

그림 16.1 곱말기 신경망convolutional neural network 내부의 작동 방식. 엘리스 섬프터 그림.

째 숨은 층에서) 거듭 적용되고, 그 결과로 더 깊게 숨은 뉴런들에서 더 작은 이미지들이 산출된다. 이 단계에서 원래 장면은 심하게 말려 있다. 바꿔 말해, 원래 장면은 이제 수많은 작은 이미지들로 대체되고, 그 이미지들 각각은 전체 그림의 작은 부분만 포착한다. 그것들은 반복적이며 더 큰 맥락 안에 집어넣기 어렵다. 마치 친척 아저씨가 들려주는 학생 시절에 관한 끝없는 이야기처럼 말이다.

더 깊은 층들에서는, 완전히 연결된 뉴런들로 이루어진 넷째 숨은 층과 다섯째 숨은 층을 그 작은 그림들이 통과하면서 다시 합쳐진다(그림16.1). 이 층들에서 신경망은 작은 이미지들 사이의 관계와 최선의 행동을 학습한다. 이 층들은 신경망이 게임에서 중요한 패턴들의 크기를 파악하는 곳이기도 하다. 〈복싱〉의 권투선수처럼 큰 대상이 중요한 게임을 학습하는 중이라면, 신경망은 서로 근접한 뉴런들 사이에서 매우 유사한 연결들을 다수 형성할 것이다. 중요한 대상이 〈스페이스 인베이더〉의 외계인들이나 〈큐버트〉의 정육면체들처럼 작다면, 연결들이 더 복잡하게 형성될 것이다. 〈로보탱크〉에서 탱크들이 다가올 때처럼 중요한 대상의 크기가 변화할 수 있다면, 연결들은 다양한 곱말기 층들에서 유사하게 형성될 것이다. 곱말기 신경망은 강력한 기술이다. 왜냐하면 그 신경망은 프로그래머가 무엇을 주목해야 하는지 알려주지 않아도 중요한 패턴들의 크기와 모양을 자동으로 발견하기 때문이다.

곱말기 신경망의 개념은 1990년대부터 등장했지만, 오랫동안 컴퓨터의 패턴 탐지를 돕기 위해 제안된 다양한 경쟁 알고리즘들

중 하나에 불과했다. 상황은 2012년에 달라졌다. 그해에 알렉스 크리젭스키Alex Krizhevsky는 타호 호수 근처에서 열린 신경정보처리시스템 학회에서 4분짜리 발표를 했고, 이를 계기로 연구자들은 곱말기 기법을 특별히 주목하기 시작했다. 알렉스는 학회의 일환으로 매년 열리는, 그림 속 다양한 대상들을 자동으로 식별하는 능력을 겨루는 경연대회에 참가했다.[3] 인간에게 그런 대상 식별 과제는 누워서 떡 먹기다. 그림들이 보여주는 장면은 다양하다. 한 그림에서는 몇 사람이 자신들이 잡은 큰 물고기를 자랑스럽게 내보인다. 스포츠카 대열을 보여주는 그림도 있다. 사람들로 북적거리는 바를 보여주는 그림, 셀카를 찍는 여성 두 명을 보여주는 그림, 그 밖에도 삶의 다양한 측면들을 보여주는 온갖 그림들이 있다. 과제는 대상을 찾아내는 것이다. 즉, 물고기, 사람, 자동차, 바에 들어찬 사람, 셀카 촬영에 쓰이는 핸드폰을 찾아내는 것이다. 알렉스가 학회에서 자신의 연구를 발표하기 전까지만 해도, 이미지 식별 과제는 컴퓨터에게 매우 어려웠다. 심지어 그 과제를 수행하기 위해 정밀 조정된 알고리즘조차도 네 번에 한 번꼴로 오류를 범했다.

알렉스는 곱말기 신경망을 사용하여 오류율을 1/6로 낮췄다. 그는 알고리즘에게 어떤 크기와 모양의 대상을 찾아내야 하는지에 관하여 많은 이야기를 해주지 않았다. 그냥 알고리즘이 알아서 학습하게 했다. 그리고 수백만 개의 이미지를 입력받고 나자 실제로 그 알고리즘은 대상 식별법을 아주 잘 터득했다. 다른 접근법들은 대상을 정의하는 중요한 특징들—예컨대 윤곽, 모양, 색깔 대비—을 인간이 파악하는 것에 의존한 반면, 알렉스의 접근법은 그냥 신경망이 스스로 알아서 과제를 해결하게 했다.

2012년 경연대회에 곱말기 신경망이 참가한 것은 시작에 불과했다. 알렉스는 자신의 컴퓨터에 설치된 게임용 그래픽카드 두 개를 사용하는 박사과정 학생이었다. 그 기술이 공개되고 나자, 다른 연구자들이 그 기술을 개량하고 성능이 더 좋은 컴퓨터를 투입했다. 이듬해에 우승한 곱말기 신경망의 오류율은 겨우 1/8, 2017년에는 2% 미만으로 떨어졌다.[4] 구글과 페이스북은 일찌감치 곱말기 신경망을 주목하기 시작했다. 그 회사들은 자기네 사업의 핵심에 놓인 문제들을 곱말기 신경망이 해결할 수 있다는 점을 깨달았다. 우리 친구들의 얼굴, 우리가 좋아하는 귀여운 동물들, 우리가 방문했던 이색적인 장소들을 자동으로 알아볼 수 있는 알고리즘은 그 회사들이 우리의 관심사를 더 잘 파악할 수 있게 해줄 터였다.

알렉스와 그의 지도교수 제프리 힌턴Geoffrey Hinton은 2012년에 구글에 채용되었다. 이듬해에는 경연대회 우승자들 중 하나인 롭 퍼거스Rob Fergus가 페이스북에 채용되었다. 2014년에 구글은 자사의 팀으로 우승을 거머쥐었고 준우승한 옥스퍼드 대학교의 박사과정 학생 카렌 시모냔Karen Simonyan을 신속하게 채용했다. 2015년에는 마이크로소프트의 연구자 카이밍 히Kaiming He와 동료들이 우승했다. 이듬해 카이밍은 페이스북에 채용되었다.[5] 마이크로소프트, 구글, 페이스북이 신설한 인공지능 연구소들은 그렇게 앞다퉈 최고의 신경망 연구자들을 데려갔다.

그 연구자들을 채용한 목적은 이미지 속 대상을 식별하는 것뿐만이 아니었다. 알렉스의 연구가 이뤄낸 중대한 도약은, 곱말기 신경망은 어떤 문제를 푸는지 '알려주지' 않아도 문제 풀이를 학습할 수 있음을 보여준 것이었다. 곧 명백해졌듯이, 손으로 쓴 글과 말을 인지하는 과제에서도 똑같은 접근법이 다른 경쟁자들을 제쳤다. 그 접근법은 짧은 동영상 속의 행위들을 인지하고, 다음에 벌어질 일을 예측하는 과제에도 적용할 수 있었다.

이런 이유 때문에, 아타리 비디오게임을 플레이한 곱말기 신경망은 체스에서 카스파로프를 이긴 알고리즘보다 훨씬 더 큰 흥분을 자아냈다. 딥블루가 카스파로프를 이겼을 때, 연구자들은 체스라는 난해한 게임에서 컴퓨터가 인간을 이길 수 있다는 사실을 확증했다. 그 경기가 끝나고 언론들의 인터뷰가 완결되자, 딥블루의 스위치는 꺼지고 연구자들은 일상 업무로 복귀했다.

신경망들이 등장했을 때의 상황은 사뭇 달랐다. 그 알고리즘들은 문제를 차례로 해결했다. 애플의 아이폰 10에 장착된 얼굴 인식 기능은 소유자의 얼굴을 유일무이하게 식별하기 위하여 신경망을 사용한다. 테슬라는 자동차 시각 시스템에서 충돌 위험을 알리기 위해 신경망을 사용한다.[6] 시각 문제들에 관한 곱말기 신경망의 성취와 동시에, 언어 문제들에 관한 순환 신경망의 유사한 성취들도 이루어졌다. 구글은 새로운 신경망 기술을 사용하여 자사 번역기의 영어-중국어 번역 솜씨를 대폭 향상시켰다.[7]

신경망에 기초한 알고리즘들이 얼마나 큰 폭으로 향상될 수 있는지는 불명확하다. 최근 연구는 적어도 컴퓨터가 대상, 소리, 문장을 인식하는 능력을 엄청나게 향상시켰다. 그러나 이 기법을 둘러싼 흥분은 우리가 더욱더 극적인 결과들을 향해 나아가는 중이라는 주장을 유발했다. 정말로 우리는 범용 지능을 갖춘 기계가 창조되는 순간에 마침내 접근하고 있는 것일까?

확실히 나는 이 같은 범용 인공지능에 관한 질문에 답하고 싶었다. 그러나 그런 큰 질문의 답에 접근할 수 있으려면, 먼저 다음과 같은 더 작은 질문에 답할 필요가 있다고 느꼈다. 곱말기 신경망들의 성능은 얼마나 좋을까? 알렉스 크리젭스키의 이미지 분석 논문은 업계와 학계 모두를 혁명적으로 변화시켰지만, 나는 신경망의 한계를 더 잘 이해하고 싶었다.

온갖 과장과 호들갑에도 불구하고, 내가 원하는 답의 큰 부분은 벌써 구글의 검색에서 발견된다. 아타리의 게임을 하는 신경망을 다시 살펴보자. 연구자들은 그 신경망이 49개의 게임 가운데 29개를 인간과 대등한 수준으로 플레이할 수 있고, 그것들 대부분에서 프로게이머를 능가한다는 사실을 발견했다. 거꾸로 말하면, 검사된 게임들 가운데 20개에서는 인간이 신경망보다 더 우수했다. 그 게임들 중 일부에서 신경망의 솜씨는 아무렇게나 하는 수준과 거의 다르지 않았다.

컴퓨터 대 인간의 경기가 치러진 게임들의 목록에서 특별히 나의 시선을 사로잡은 게임은 〈미즈 팩맨Ms Pac-Man〉이었다. 이 단순한 미로 게임에서 주인공 '미즈 팩맨'은 유령들에게 붙잡히지 않으면서 먹이 알갱이들을 최대한 많이 먹어야 하는데, 이 게임에서 신경망의 솜씨는 형편없었다. 신경망의 점수는 프로게이머가 획득하는 점수의 12% 정도에 불과했다.

미즈 팩맨은 〈벽돌깨기〉나 〈스페이스 인베이더〉보다 더 까다롭다. 왜냐하면 이 게임은 참을성을 필요로 하기 때문이다. 미즈 팩맨이 생존하려면, 한 구역에서 유령들이 사라질 때까지 조심스럽게 기다린 다음에 그곳으로 가야 한다. 미즈 팩맨이 '파워 알갱이'를 먹으면 유령들이 파란색으로 변하고 미즈 팩맨은 유령들을 잡아먹을 수 있게 되는데, 플레이어는 그 파워 알갱이들을 아껴 써야 한다. 초반에 파워 알갱이를 먹으면 미즈 팩맨은 유령들을 잡아먹어서 약간의 점수를 획득하겠지만, 나중에 유령들이 부활하여 4대 1의 추격전이 벌어질 때 곤경에 처하게 될 것이다.

곱말기 신경망은 〈미즈 팩맨〉의 이 같은 측면들을 전혀 다루지 못한다. 그 알고리즘은 오직 자기 앞에 직접 놓인 것에만 반응할 수 있다. 예컨대 사격 대상인 외계인들, 때려야 할 권투선수, 뛰어올라야 할 정육면체들에만 반응할 수 있다. 곱말기 신경망은 계획할 줄 모른다. 아주 가까운 미래조차도 계획할 수 없다. 그 알고리즘은 계획이 약간이라도 필요한 모든 아타리 게임에서 초라한 성적을 낸다.

곱말기 신경망의 구조 때문에 그 신경망은 그림 속 대상을 식별하고 소리들을 합쳐 단어를 만들고 사격 게임에서 당장 무엇을 해야 하는지 알아채는 데 능하다. 그러나 곱말기 신경망이 이 과제들을 넘어서는 것을 기대할 수는 없다. 실제로 그 신경망은 이 과제들을 넘어서지 못한다. 현재 가장 발전한 인공지능은 사물들을 보고 즉각적으로 반응할 수 있지만, 자신이 무엇을 보고 있는지 이해하지는 못한다. 그 인공지능은 계획을 세울 수 없다.

나만 〈미즈 팩맨〉에 관심을 기울인 것은 아니었다. 마이크로소프트의 연구자 함 반사이얀Harm van Seijen은 구글 논문을 읽은 후에 〈미즈 팩맨〉에 시선이 꽂혔다고 나에게 말했다. 그는 신경망이 〈미즈 팩맨〉을 잘하지 못한다는 사실에 깜짝 놀랐는데, 왜 그 게임이 〈스페이스 인베이더〉와 다른지 궁금했다.

그와 동료들은 대안적인 접근법을 개발했다. 그들은 〈미즈 팩맨〉 문제를 가장 쉽게 해결하는 방법은 그것을 더 작은 문제들로 분해하는 것임을 알아냈다. 그들은 그 게임의 모든 성분들─알갱이, 과일, 유령─을 미즈 팩맨의 관심을 끌려고 경쟁하는 행위자로 모형화했다. 그런 다음에 이 행위자들이 미즈 팩맨을 미로 안의 다양한 지점으로 '끌어당기는' 힘을 비교하도록 신경망을 훈련했다. 그 결과로 만들어진 매우 신중한 미즈 팩맨은 한판을 끝내는 데 더 긴 시간이 걸렸지만 절대로 유령에게 잡아먹히지 않았다. 그들의 알고리즘은 만점인 99만 9900점을 획득했고, 그 순간 게임은 먹통이 되었다.

신경망을 개발하는 연구자들은 '알고리즘에게 너무 많은 말을 해주는 것'이 문제임을 아주 잘 안다. 범용 인공지능 개발의 장기적 목표는 신경망 훈련에서 인간의 입력을 최대한 줄이는 것이다. 동물이나 인간의 지능에서 보이는 특징들을 신경망이 나타내기를 원한다면, 신경망은 스스로 학습해야 한다. 우리가 신경망에게 무엇을 할지, 또는 어떤 패턴을 주목해야 할지 알려주지 말아야 한다.

다른 한편으로 그 똑같은 연구자들은 더 복잡하고 현대적인 컴퓨터게임에서 신경망이 인간을 이길 수 있음을 보여주기를 간절히 원한다. 궁극의 도전 과제는 e스포츠의 한 종목인 정교한 전략 비디오게임 〈스타크래프트*StarCraft*〉다. 구글의 딥마인드 연구팀은 그 게임의 제작사인 블리자드와 협력하여, 연구자들이 〈스타크래프트 II〉 학습 알고리즘을 제작하는 것을 돕는 소프트웨어 환경을 구축했다.[8] 이 환경은 인간 플레이어에게 보이는 스크린 장면 대신에 게임의 추상적 표현을 제공한다. 그 추상적 표현을 제공받은 프로그래머들은 장면 속 대상들을 인지하는 버거운 과제를 건너뛸 수 있다.

추가 정보를 제공받지 않은 알고리즘이 스크린 장면에 기초하여 현대적인 컴퓨터게임을 학습할 가능성에 대해서 함 반사이얀은 매우 회의적이었다. 그는 이렇게 말했다. "〈스타크래프트〉를 바닥부터 학습한다고요? 그런 일은 일어나지 않을 거예요." 〈스타크래프트〉를 학습시키려면 프로그래머들이 게임에 관한 구체적 정보를 제공해야 하고 고도로 특수화된 신경망을 사용해야 할 것이라고 그는 말했다.

〈미즈 팩맨〉에 대한 함 반사이얀 본인의 접근법은 '비교적 쉬운' 아타리 게임들에 대한 순수한 신경망 접근법과 〈스타크래프트〉에 대한 연구 사이의 어딘가에 놓여 있다. 〈스페이스 인베이더〉를 플레이하는 신경망에서와 달리 함 반사이얀은 자신의 신경망에게 미즈 팩맨, 유령들, 알갱이들의 위치를 알려주었다. 그러나 그는 알갱이들은 좋고 유령들은 나쁘다는 것을 자신의 신경망에게 미리 말해주지 않았다. 오히려 그 신경망은 유령에게 접근할 때의 위험과 알갱이들에 접근할 때의 혜택을 비교하여 종합적으로 판단하는 법을 학습했다.

나와 대화할 때 함 반사이얀은 신경망에 얼마나 많은 정보를 제공해야 하는가 하는 문제를 계속 다시 언급했다. "저는 컴퓨터가 세계와 상호작용함으로써 행동을 학습하게 만드는 것에 관심이 있습니다." 그가 말했다. "저는 [미즈 팩맨 같은] 행위자가 무엇을 해야 하는지 일러주지 않아요. 단지 행위자가 성취해야 할 목표만 일러주죠." 함 반사이얀이 보기에 신경망 연구의 근본적 과제는 이 같은 정보 제공의 문제에 답하는 것이다. 단순히 컴퓨터로 하여금 〈미즈 팩맨〉에서 높은 점수를 획득하게 하는 것은 중요하지 않다.

컴퓨터가 바닥부터 학습하기를 얼마나 잘 해낼 수 있는가는 우리가 범용 인공지능의 제작에 얼마나 접근했는지 판단하는 데 핵심이 된다. 나는 함 반사이얀과 대화를 나눈 이후인 2017년 10월에, 바둑을 두는 신경망들을 훈련하고 있던 딥마인드 팀의 지휘자 데이비드 실버David Silver와 접촉했다.

데이비드의 팀이 제작한 알파고AlphaGo 알고리즘은 2017년 5월에 바둑 세계랭킹 1위 커제를 이겼다. 그 알고리즘은 3000만 회의 착수着手를 포함한 세계 최고 기사들의 기보를 학습하는 것으로 삶의 서막을 열었다. 그런 다음에 자기 자신의 다양한 버전들을 상대로 반복해서 바둑을 둠으로써 솜씨를 연마했다. 그리하여 완성된 최종 알고리즘은 바둑에 관한 백과사전 수준의 지식, 실전을 통해 학습한 신경망, 가능한 착수들을 탐색하는 강력한 계산기계의 조합이다. 그것은 인상적인 기술적 성취지만, 고도로 전문화된 한 알고리즘일 뿐이다.

데이비드는 아타리 게임 프로젝트에도 참여해보았기 때문에, 바닥부터 학습하기와 알파고처럼 전문화된 알고리즘을 제작하기 사이의 균형점을 통찰할 능력이 자신에게 있다고 느꼈다. 나는 이 문제에 관한 질문들을 담아 그에게 이메일을 보냈지만, 그는 답장에서 나에게 "참을성"을 요청하면서 "몇 주 안에 발표될 새로운 논문"에 내 질문들에 대한 답변이 들어 있다고 말했다.

기다린 보람이 있었다. 2017년 10월 19일, 데이비드와 그의 팀은 과학 저널 〈네이처〉에 알파고제로AlphaGo Zero에 관한 논문을 발표했다. 알파고제로는 기존의 모든 바둑 알고리즘을 능가하는 새로운 바둑 알고리즘이었다. 더 나아가 이 알고리즘은 인간의 도움 없이 작동했다. 연구자들은 신경망을 제작해놓고 그것이 자신을 상대로 수많은 판의 바둑을 두게 했다. 며칠이 지나자 그 신경망은 세계 최고의 바둑 선수가 되었다.

나는 컴퓨터가 체스나 포커에서 이겼을 때나 심지어 데이비드의 알고리즘이 처음으로 바둑 챔피언이 되었을 때보다 훨씬 더 큰 감명을 받았다. 이번에는 기보도 없었고 전문화된 탐색 알고리즘도 없었다. 단지 한 기계가 반복해서 바둑을 두어 초심자 수준에서 고수가 되었고, 결국 컴퓨터와 인간을 막론하고 아무도 이길 수 없는 경지에 도달했다. 새로운 바둑 챔피언 알파고제로는 매우 복잡한 게임인 바둑을 바닥부터 스스로 학습할 수 있는 신경망이었다.

데이비드는 자신의 접근법이 〈미즈 팩맨〉 학습에도 적용되지 못할 이유가 없다고 생각한다고 나에게 말했다. 비록 구글은 그때까지 그 학습을 시도하지 않았지만 말이다. 데이비드가 보기에, 새로운 바둑 챔피언 알파고제로는 딥마인드의 신경망들이 얼마나 다양한 문제의 해결을 바닥부터 학습할 수 있는지에 관한 많은 의문들에 답했다. 그와 동료들은 "게임의 규칙들을 알려주면, [신경망이] 시도와 오류를 통해 학습한다"는 점을 강조했다.

내가 새로운 바둑 챔피언에 대한 의견을 묻자, 함 반사이얀은 "확실히 인상적이고 명백한 개선"이라면서도 알파고제로가 정말로 바닥부터 학습하고 있는 것인지 자신은 확신하지 못한다고 말했다.

"아타리 게임을 학습하는 알고리즘은 게임 규칙을 모르는 상태에서 스스로 학습해야 한다"라고 함 반사이얀은 말했다. 컴퓨터게임을 바닥부터 학습할 때 넘어야 할 중대한 고비는, 행위에 반응하여 화면이 어떻게 변화하는지 알아내는 것이다. 그런데 바둑의 경우에는 그 변화에 관한 정보가 컴퓨터에 이미 주어져 있다.

언어 처리 신경망을 개발한 페이스북 기술자 토마시 미콜로프는 알파고제로를 더 광범위하게 적용 가능한 인공지능으로 향하는 한 걸음으로 보지 않았다. "컴퓨터게임이나 바둑, 체스 같은 고도로 작위적인 문제들을 연구하면, 최종 목표[범용 인공지능 제작]에는 중요하지 않은 무언가가 지나치게 최적화될 위험이 있다"라고 그는 말했다. 참된 지능을 개발하려면, 언어 기반 과제들을 인공지능 시스템과 소통하면서 가르치는 것을 연구해야만 한다고 토마시는 믿는다.

나는 나 자신의 어린 시절을 회상했다. 〈미즈 팩맨〉이나 〈스페이스 인베이더〉를 처음 보았을 때 나는 몇 분도 채 지나지 않아서 그 게임들을 이해했다. 텔레비전 화면 속 인물들을 조종할 수 있다는 것이 이상하거나 부자연스럽게 느껴지지 않았다. 나의 뇌는 조이스틱과 스크린 사이의 연관성을 신속하게 파악했다. 머지않아 나는 다양한 게임에서 높은 점수를 획득하고 있었다. 열두 살 먹은 내아들이 플레이스테이션 4에 탑재된 블리자드의 〈오버워치〉(팀 기반 사격 게임—옮긴이)를 하기 시작했을 때 나는 똑같은 과정을 목격했다. 아들의 정신은 움직이는 인물들을 즉각 감지했고, 조종기들이 어떻게 작동하는지 이해했으며, 게임의 전략적 요소들을 숙고하기 시작했다.

컴퓨터게임을 배우는 아이들은 신경망 내부에서 채택된 전략과는 사뭇 다른 전략을 사용한다. 아이들은 실제 삶과 게임 속 모두에서 대상들이 어떻게 상호작용하는가에 관한 모형을 이미 품은 채로 게임에 접근한다. 뉴욕 대학교 소속으로 매사추세츠 공과대학과 하버드 대학교의 동료들과 함께 연구하는 브렌든 레이크Brenden Lake는 〈프로스트바이트Frostbite〉라는 아타리 게임을 더 자세히 살펴보았다. 그들은 자신들이 신경망보다 훨씬 더 신속하게 그 게임을 학습할 수 있다는 점을 주목했다. 그 이유는 그들이 게임의 목표와 대상들의 움직임을 신속하게 파악하기 때문이었다. 신경망과 대등한 점수를 획득하기 위해서는 누군가가 그 게임을 하는 모습을 담은 유튜브 동영상을 2분 동안 보고 15~20분 동안 게임을 직접 해보는 것으로 충분했다.

브렌든은 몇 가지 흥미로운 사고실험들도 제안했다. 자신은 플레이 스타일을 쉽게 바꿀 수 있다고 그는 말했다. 이를테면 게임에서 물고기를 최대한 많이 획득하는 스타일도 채택할 수 있고, 죽지 않고 최대한 오래 버티는 스타일도 채택할 수 있다. 반면에 신경망에게 이런 스타일 바꾸기는 훈련을 바닥부터 다시 시작하는 것을 의미할 터였다. 과학자들이 뇌에 대해서 많이 아는 것은 분명하지만, 인간이 새로운 맥락들을 즉각 이해하는 능력을 컴퓨터에서 시뮬레이션하는 과제에서 우리는 여전히 놀랄 만큼 무능하다.

구글, 테슬라, 아마존, 페이스북, 마이크로소프트는 모두 그 이해를 실현하기 위해 경쟁하고 있다. 그들 연구의 많은 부분은 협업이다. 그들은 코드 라이브러리를 공유하고 신경정보처리시스템 학회를 비롯한 여러 학회에서 최신 지식을 공유한다. 정말 활기차게 진보가 이루어지는 가운데 그들은 우호적으로 경쟁한다. 기술자들과 수학자들 중 일부는 10년 정도만 지나면 우리가 참된 인공지능에 도달할 것이라고 믿는 반면, 나머지는 참된 인공지능이 몇백 년 뒤에나 실현될 것이라고 본다.

나는 그들을 고용한 경영자들이 그 모든 흥분을 발판으로 삼아 무엇을 했을지 궁금했다.

박테리아 뇌

2016년, 페이스북의 최고경영자 마크 저커버그^{Mark Zuckerberg}는 스스로 한 과제를 짊어졌다. 즉, 집안 곳곳에서 그를 도울 자동 집사를 제작하기로 했다. 집사의 이름 '자비스'는 만화와 영화 시리즈 〈어벤져스〉의 등장인물 아이언맨이 제작한 인공지능 로봇의 이름에서 따온 것이다. 허구의 자비스는 인간과 유사한 지능을 보유했으며 아이언맨의 생각을 알아채고 그와 감정적으로 교감한다. 자비스는 방대한 정보 데이터베이스를 구축할뿐더러 추론 능력과 개념을 파악하는 능력도 갖췄다. 마크는 자신을 도와 세계를 구할 조력자가 필요하지는 않았다. 그는 다만 자신이 페이스북의 알고리즘 라이브러리를 사용하여 얼마나 지능적인 가사 도우미를 제작할 수 있는지 알아보고 싶었다.

　구글의 야심은 가정용 집사 로봇의 제작을 뛰어넘는다. 바둑과 〈스페이스 인베이더〉에서 승리한 딥마인드 팀은 구글을 도와 서버의 에너지 효율을 개선하고 개인 비서 인공지능의 말을 더 실감 나게 만들었다. 또 다른 응용 분야는 '딥마인드 헬스DeepMind Health'다. 구글의 런던 본사 직원들은 내가 방문했을 때 이 프로젝트에 대해서 이야기해주었다. 프로젝트의 목표는 영국 국민보건서비스가 환자 데이터를 어떻게 수집하고 관리하는지 들여다보고 그 작업을 개선할 방안을 찾아내는 것이다. 딥마인드의 최고경영자 데미스 허사비스Demis Hassabis는 언젠가 자신의 팀이 "인공지능을 제1저자로 등재한 양질의 과학 논문"을 생산하게 될 것이라고 말한다. 궁극의 목표는 기술자, 의사, 과학자가 수행하는 난해한 지적 업무들 중 다수를 지적인 기계들이 고안한 해법들로 대체하는 것이다.

　이 프로젝트들에 참여하는 연구자들은 흔히 자신들이 더 광범위하게 적용 가능한 인공지능으로 향하는 작은 걸음을 내딛는 중이라고 주장한다. 그들 중 다수는 자기네가 우리를 이른바 특이점으로 점점 더 가까이 데려가는 중이라고 믿는다. 이때 특이점이란 컴퓨터가 우리만큼 영리해지는 시점을 말한다. 특이점 가설에 따르면, 이 특이점이 도래하면, 바꿔 말해 컴퓨터가 다른 지적인 기계를 설계하고 자기 자신을 체계적으로 개량할 수 있게 되면, 우리의 사회는 극적이며 영구적으로 변화할 것이다. 심지어 기계들이 우리를 불필요한 잉여로 간주하게 될지도 모른다.

2017년 1월에 '삶의 미래 연구소Future of Life Institute'—주로 미래의 위험들을 다루는, 매사추세츠주 보스턴에 위치한 비영리기관—에서 열린 학회에서 이론물리학자 맥스 테그마크Max Tegmark는 범용 인공지능에 관한 토론의 사회를 맡았다.[1] 토론자들은 범용 인공지능 분야에서 영향력이 가장 큰 인물 아홉 명을 포함했다. 기업가이며 테슬라의 최고경영자인 일론 머스크Elon Musk, 구글의 구루 레이 커즈와일Ray Kurzweil, 딥마인드의 창립자 데미스 허사비스, 우리가 이른바 '초지능superintelligence'에 도달하기까지의 과정을 서술한 철학자 닉 보스트롬Nick Bostrom 등이 토론에 참여했다.

인간과 대등한 기계 지능이 점진적으로 도래할지 아니면 갑자기 들이닥칠지, 또는 그 기계 지능이 인류에게 이로울지 혹은 해로울지에 관한 토론자들의 견해는 다양했다. 그러나 모든 토론자들은 범용 인공지능의 출현이 다소 불가피하다는 것에 동의했다. 또한 그 출현이 충분히 임박했으므로 우리는 범용 인공지능을 어떻게 다뤄야 할지를 당장 숙고하기 시작할 필요가 있다고 그들은 생각했다.

범용 인공지능이 도래하는 중이라는 토론자들의 확신에도 불구하고, 그 토론을 지켜보는 동안에 나의 회의주의는 더 강해졌다. 지난 1년 동안 나는 그 친구들이 경영하는 회사의 알고리즘을 해부했다. 그런 내가 관찰한 바에 따라서 말하자면, 범용 인공지능이 대체 어디에서 도래하는 중이라고 그들이 생각하는 것인지 나는 도통 이해할 수 없다. 그들이 개발하고 있는 알고리즘에서 나는 인간과 유사한 지능이 도래하고 있음을 시사하는 단서를 거의 발견하지 못했다.

내가 볼 수 있었던 한도 안에서 말하자면, 기술산업계의 유명인인 그 토론자들은 토론의 주제를 진지하게 다루고 있지 않았다. 그들은 사변을 즐기고 있었는데, 사변은 과학이 아니다. 그 토론은 순전히 오락이었다.

나의 견해―범용 인공지능이 출현하면 어떤 일이 벌어질까에 관한 논의는 한가한 사변이라는 견해―가 지닌 문제는 나로서는 그 견해를 증명하기 어렵다는 것이다. 한편으로 나는 그 증명을 시도하는 것조차 삼가야 한다고 느낀다. 시도한다면, 나는 자신의 견해를 널리 알리려고 몸부림치는 중년 남자들의 아우성에 동참하는 것일 따름이다. 그러나 나는 어쩔 수 없다고 느낀다. 스티븐 호킹조차 인공지능이 "인류의 종말을 가져올 수도 있다"라고 주장하는 마당이니, 나는 나 자신의 견해를 명확히 밝히고 싶은 욕구를 억누를 수 없다.

과거에 나는 범용 인공지능의 개연성에 대한 반론을 제시한 바 있다. 2013년에 나는 예테보리 대학교의 올레 헥스트룀Olle Häggström 교수를 상대로 이 주제에 관하여 온라인 토론을 벌였다.[2] 범용 인공지능이 도래할 위험이 충분히 크므로 인류는 생존을 위해 확실한 대비를 해야 한다고 올레는 믿는다. 초지능으로의 이행이 실현될 위험을 최소화하기 위한 조치를 취해야 한다는 것이다.

지금 범용 인공지능에 대비해야 한다는 과도한 주장에 맞선 나의 반론은, 그 위험은 우리가 모르는 미래의 온갖 위험들 중 하나에 불과하다는 것이다. 우리는 여전히 지구온난화로 고심하고 있다. 우리는 선전포고 후 몇 시간 내에 핵전쟁이 시작될 수 있는 시대에 산다. 100년 앞을 내다본다면, 지구가 큰 유성과 충돌하거나 대규모 태양 폭발의 피해를 입는 것, 초대형 화산 분출로 몇 년 동안 하늘이 어두워지는 것, 심각한 빙하기가 도래하는 것은 현실적인 가능성이다. 이것들은 모두 우리가 알뿐더러 대비할 필요가 있는 위험이다.

기술에서 발생할 수 있는 다른 많은 위협들도 있다. 생물학자들이 유전공학을 연구하다가 우연히(혹은 의도적으로) 생산한 슈퍼바이러스나 치명적인 박테리아가 우리를 포함한 모든 포유동물을 감염시켜 천천히 사망에 이르게 한다고 상상해보라.

우리가 생물학적 생명을 무한정 연장하는 방법을 발견하여 누구에게도 죽음이 필연적이지 않게 된다면 어떻게 될지 상상해보라. 자원에 대한 수요가 어마어마하게 증가할 테고, 분쟁이 불가피해질 것이다. 나노입자들 때문에 세상이 종말을 맞을 위험을 생각해보라. 과학자들이 제작한 아주 작은 입자들이 번식 능력을 획득하여 지구상의 모든 것을 '먹어치울' 수도 있을 것이다.

범용 인공지능과 대등한 과학 허구들까지 고려하기로 하면, 제임스 웹 우주망원경(2021년 12월 25일에 발사된 나사의 신형 우주망원경—옮긴이)의 더 세밀한 우주 관찰에서 외계 지능이 발견되는 상황에도 대비해야 할 것이다. 별들이 물리학 법칙에 반하는 방식으로

운동하는데 오직 외계 지능을 상정해야만 그 운동을 설명할 수 있다는 것이 밝혀진다면 우리는 무엇을 해야 할까? 또 우리가 컴퓨터 시뮬레이션 안에서 산다는 매트릭스 이론에 대해서는 어떤 태도를 취해야 할까? 우리의 현실에서 발생하고 있을지도 모르는 변칙 사례들을 점검하는 연구에 더 많은 자금을 투입해야 하지 않을까?

이 모든 일들 가운데 어느 것이든지 범용 인공지능의 출현보다 먼저 일어난다면, 그 일은 인류뿐 아니라 초지능을 갖춘 컴퓨터도 심각하게 위협할 것이다. 얄궂게도 이 종말론 시나리오들 중 다수는 나의 창작이 아니라 올레가 면밀히 정리해놓은 것들이다. 나는 우리의 토론과 올레의 훌륭한 저서 『용이 사는 곳*Here be Dragons*』을 통해 이 시나리오들을 알게 되었다.[3]

올레는 나의 반론에 설득되지 않았다. 여전히 그는 범용 인공지능을 우리의 지속적 실존을 위협하는 비교적 큰 위험들 중 하나로, 혹은 최소한 신중히 통제해야 할 위험으로 간주한다.

나는 다른 접근법을 시도하기로 마음먹었다. 덜 철학적이고 더 실질적인 그 접근법에서 나는 우리가 지금 어디에 있는지를 명확히 보여주는 작업에 집중할 것이다. 나는 당신이(또한 올레가) 우리의 현재를 보면서 스스로 미래에 관하여 나름의 결론들을 내리게 할 것이다.

맥스 테그마크가 사회를 맡아 진행한 토론이 있었던 바로 그 학회의 또 다른 토론에서, 곱말기 신경망의 발명자이자 페이스북의 인공지능 수석연구원인 얀 르쿤*Yann André LeCun*은 자신의 방법으로 이미지 식별 문제를 해결한 것은 한 봉우리에 오른 것과 같다고 말했다.[4] 이제 그의 팀은 그 봉우리를 넘어 다시 계곡에서 다음 봉우리를 올려다보고 있었다. 앞으로 얼마나 많은 봉우리를 더 올라야 하는지 얀은 몰랐지만 "또 다른 50개의 봉우리"를 추가로 올라야 할 수도 있다고 생각했다. 딥마인드의 데미스 허사비스는 남은 봉우리의 개수를 20개 미만으로 본다. 그 봉우리들 각각은 우리가 아는 뇌의 다양한 속성들을 어떻게 시뮬레이션할 것인가에 관한 미해결 문제들의 목록 중 하나라고 그는 생각한다.[5]

봉우리 비유는 더 많은 질문을 유발한다. 다음 봉우리를 바라보는 그들은 그 봉우리에 오를 수 있다는 것을 어떻게 알까? 그들은 각각의 봉우리로 그들을 데려갈 명확한 경로나 지역 지도를 가지고 있지 않다. 더 심각한 문제는 이것이다. 봉우리에 오르기가 단적으로 불가능함을 깨닫는 일이 생기지 않으리라는 것을 그들은 어떻게 알까? 한 봉우리에 오른 것에 기초하여 다음 봉우리에 관해서 무언가 추론할 수 있을까?

최근에 알고리즘에서 일어난 발전들을 맥락 안에 넣어 정리하는 좋은 방법 중 하나는 최신 알고리즘들이 현재 수행할 수 있는 과제들과 그럴 수 없는 과제들에 대해서, 또 왜 그 차이가 존재하는지에 대해서 생각해보는 것이다. 삶의 미래 연구소 토론에 이은 문답 시간에, 인공지능 개발에 관한 일반적인 회의를 다른 참석자들보다 더 많이 품고 있던 버클리 대학교의 전자공학 및 컴퓨터과학 조교수 앤카 드라간Anca Dragan은 겉보기에는 간단하지만 가까운 미래에 해결될 가망이 낮은 과제 하나를 제시했다. 인간이 식기세척기에 집어넣은 식기들을 로봇이 꺼내는 일이 향후 몇 년 동안 성취되지 않더라도 자신은 놀라지 않을 것이라고 그녀는 말했다.

또 다른 회의론자인 앨런 인공지능 연구소의 최고경영자 오렌 에치오니Oren Etzioni는 언어를 예로 들었다. 컴퓨터는 "문장 속의 'it(그것)'이 무엇을 가리키는지를 신뢰할 만하게 알아낼 수 없습니다"라면서 그는 청중에게 이렇게 덧붙였다. "그리고 그것은 컴퓨터가 세계를 장악할 날이 머지않았다고 믿는 사람들에게 몹시 짜증스러운 일이죠."

우리는 위에 인용한 에치오니의 둘째 문장 속 '그것'이 첫째 문장 전체를 가리킴을 안다. 그러나 최고의 언어 알고리즘조차도 그 '그것'이 문장을 가리키는지, 컴퓨터를 가리키는지, 첫째 문장 속의 '그것'을 가리키는지, 혹은 어떤 다른 관념을 가리키는지 알아내지 못한다.

인공지능이 무엇을 할 수 없는지 보여주는 예들 가운데 내가 가장 좋아하는 것은 축구와 관련이 있다. 온라인에서 검색하면 최근 로봇 축구 경기들의 하이라이트를 볼 수 있다. 두 대의 로봇이 서로의 진로를 거듭 방해하며 충돌하는 동안, 공은 50cm 떨어진 곳에 멈춰 있다. 로봇 골키퍼는 공이 천천히 굴러 자신의 옆으로 지나가는 것을 다이빙 캐치로 막아내지 못한다. 로봇 선수들은 공을 차다가 제 풀에 넘어지기를 반복한다. 그 로봇들을 지켜보면, 우리가 갈 길이 얼마나 먼지 생생히 알 수 있다.

2016년 '로보컵'(로봇 축구 월드컵)이 끝난 후, 나는 우승한 독일 브레멘 대학교 팀 소속의 팀 라우에Tim Laue와 준우승한 텍사스주 오스틴 대학교 팀의 케이티 젠터Katie Genter를 인터뷰했다. 그들 본인의 말에 따르면 그들은 경기장의 선들, 골대들, 다른 선수들을 탐지하는 알고리즘을 작성하는 일에 집중하고 있었다. 사용되는 알고리즘은 각각 정해진 과제를 위해 특화된 것이었다. 이를테면 공 탐지나 킥 동작을 위해서 말이다. 이런 하향식 접근법은 로봇 축구팀이 인간 팀을 이기려면 결국 필요하게 될 상향식 인공지능으로부터 아주 멀리 뒤처져 있다. 로봇 선수들은 축구를 하는 법을 학습하고 있는 것이 아니라 일련의 식별 과제들을 수행하고 있었다. 인공지능 축구선수에 도달하기까지는 아직 갈 길이 매우 멀다.

인공지능이 인간 수준의 과제들을 해낼 수는 없더라도 혹시 다른 동물들과 경쟁할 수는 있을까? 우리가 야심을 약간 줄여서 개만큼 영리한 알고리즘을 만들고자 한다면, 그것은 가능할까?

더 잘 알아야 마땅한 많은 과학자들을 포함한 일부 사람들은 동물에 관하여 논할 때 단순한 자극-반응 모형을 바탕에 깐다. 고전적인 예로 파블로프의 개가 있다. 그 개는 종소리를 들으면 침을 흘렸다. 그러나 반려견과 사는 사람이라면 누구나 이런 파블로프적 관점은 엄청나게 과도한 단순화라고 말할 것이며, 그 말이 옳다. 전형적인 반려인이 개를 가족이자 친구로 여기는 것은 단지 감정적이고 인간중심적인 관점에 불과하지 않다. 그 관점은 현대의 행동생물학자 대다수가 가축을 보는 관점, 즉 가축이 우리의 복잡한 행동들 중

다수를 공유한다고 보는 관점과 맥이 통한다. 사우샘프턴 대학교 개 인지 프로젝트의 지휘자 줄리앤 카민스키Juliane Kaminski는 개가 어린아이와 유사한 방식으로 학습할 수 있고, 어떤 대상을 물어와야 할지 결정할 때 주인의 세계관을 고려할 수 있으며, 우리의 몸짓을 보고 의도를 이해할 수 있다는 점을 발견했다.[6]

이렇게 다양한 상황에서 맥락을 이해하는 능력과 학습 방법을 학습하는 능력은 인공지능 연구에서는 아직 성취되지 않았다. 인간을 모형화하는 노력에서 중대한 진보가 앞으로 아주 많이 이루어져야 비로소 우리는 개와 고양이와 기타 가축을 시뮬레이션할 수 있게 될 것이다.

개의 수준은 어쩌면 너무 높을 수도 있으므로, 몇 단계 더 낮춰 곤충, 특히 벌을 살펴보기로 하자. 런던 퀸 메리 대학교의 라스 치트카Lars Chittka는 최근에 벌의 인지에 관한 최신 지식을 기록으로 정리했다. 그는 벌이 놀라운 지능을 보유하고 있다는 사실을 발견했다.[7] 갓 태어난 벌은 벌집 주위를 날아서 몇 바퀴 돌고 나면 자신의 세계가 어떤 모습인지 잘 안다. 이어서 곧바로 벌은 먹이를 수집하는 일을 시작한다. 일벌은 가장 좋은 꽃들의 냄새와 색깔을 학습하고 가용한 먹이 원천들을 가능한 최단시간 내에 방문하는 법을 알아내는 이른바 '외판원 문제'를 해결한다. 녀석들은 자신이 위험을 겪은 장소를 기억하며, 때로는 마치 '유령을 보는' 것처럼 존재하지 않지만 지각되는 위험에 대처한다. 많은 먹이를 발견하는 벌은 낙관론적으로 변하고 포식자의 위험을 얕잡아보기 시작한다. 이 모든 능력의 바탕에 놓인 신경망, 곧 벌의 뇌는 인공적인 곱말기 신경망이나 순환 신경망과 구조가 사뭇 다르다. 벌들은 단 네 개의 입력 뉴런들만 사용하여 대상들의 차이를 인지할 수 있는 듯하며, 내면적인 이미지 표상을 전혀 가지지 않는 것으로 보인다. 반면에 더 단순해서 소수의 논리게이트로 모형화할 수 있는 다른 자극-반응 과제들은 오히려 벌의 뇌 구역들 전체를 필요로 한다.

가장 놀라운 것은 벌들이 축구하는 법을 학습할 수 있다는 점이다! 물론 정확히 말해 축구는 아니고, 축구와 매우 유사한 게임을 학습할 수 있다.[8] 라스의 연구팀은 벌들에게 공을 밀어 골문에 넣는 훈련을 시켰다. 벌들은 과제의 수행을 다양한 방식으로 학습할 수 있었다. 그 방식은 플라스틱 모형 벌이 공을 미는 것을 지켜보기, 다른 진짜 벌들이 그 과제를 수행하는 것을 지켜보기를 포함했다. 그런 수행법을 학습하기 위하여 게임 자체를 아주 많이 반복해서 실행할 필요는 없었다. 공 굴리기는 벌들이 살면서 평소에 맞닥뜨리는 과제가 아니다. 따라서 그 연구는 벌들이 정말 새로운 행동을 신속하게 학습할 수 있으며 그럴 때 반복적인 시도와 오류는 필요하지 않음을 보여준다. 이런 신속한 학습의 문제를 인공 신경망들은 여태 극복하지 못하고 있다. 벌은 자신의 솜씨를 다른 분야로 일반화하여 축구와 같은 새로운 문제에 도전할 수 있다.

이 대목에서 다음을 상기하는 것이 중요하다. 범용 인공지능에 관한 논의에서 관건은 컴퓨터가 특정 과제들에서 인간보다 더 우수한지 여부가 아니다. 컴퓨터가 체스, 바둑, 포커 같은 게임들을 인간보다 더 잘할 수 있음을 우리는 이미 목격했다. 컴퓨터는 이러한 게임들에서 별도 어렵지 않게 이길 것이다. 그러나 관건은 동물계에서 폭넓게 관찰되는 유형의 상향식 학습을 우리가 컴퓨터에서 구현할 수 있는가 하는 것이다. 현재를 기준으로 말하자면, 벌은 세계에 관한 자신의 지식을 컴퓨터는 해낼 수 없는 방식으로 일반화할 수 있다.

예쁜꼬마선충은 가장 단순한 생물들 중 하나다. 완전히 발달한 성체가 세포 959개로 이루어졌으며, 그중에 약 300개가 뉴런이다. 참고로 우리 몸의 세포는 37조 2000억 개[9], 우리 뇌의 뉴런은 860억 개다.[10] 예쁜꼬마선충은 많이 연구되었다. 왜냐하면 우리보다 훨씬 더 단순한데도 행동, 사회적 상호작용, 학습을 비롯한 많은 속성들을 우리와 공유하고 있기 때문이다.

시카고 대학교의 모니카 숄츠Monika Scholz는 예쁜꼬마선충이 언제 이동할지 판단하기 위하여 확률적 추론을 사용하는 방식에 관한 모형을 최근에 제작했다. 그 추론은 8장에서 다룬 네이트 실버의 선거 여론조사 모형에서 사용된 확률적 추론과 유사하다.[11] 그 벌레는 국지적 환경의 '여론조사'를 진행하여 가용한 먹이가 얼마나 많은지 측정한 다음에, 그대로 머무는 것과 새 먹이를 찾아 탐험을 시작하는 것 중에 어느 쪽이 더 나을지 '예측한다.' 이런 연구들은 벌레의 의사 결정에 관한 세부사항들을 드러내지만 아직 벌레 전체를 모형화하지는 못한다. '오픈웜OpenWorm'이라는 또 다른 프로젝트는 예쁜꼬마선충의 운동 메커니즘을 파악하려 애쓴다. 그러나 이런 모형들을 종합하여 그 벌레의 모든 행동을 재현하려면 아직 더 많은 연구가 필요하다. 현재를 기준으로 말하자면, 우리는 예쁜꼬마선충의 세포 959개가 어떻게 함께 작동하는지 제대로 모르며 따라서 지구상에서 가장 단순한 동물들 중 하나인 녀석의 행동을 제대로 모형화할 수 없다.

그러므로 축구선수의 지능은 말할 것도 없고 개나 벌이나 벌레의 지능을 창조하는 과제도 적어도 당분간은 잊기로 하자. 그럼 아메바는 어떨까? 우리는 미생물들의 지능을 재현할 수 있을까?

아메바와 유사한 생물인 황색망사점균은 집합체를 이루며 그 집합체의 다양한 부분들로 영양분을 운반하기 위하여 미세한 관들의 연결망을 형성한다. 프랑스 툴루즈 대학교의 오드레 뒤서투어 Audrey Dussutour는 확생망사점균이 평소에 기피하는 카페인에 익숙해졌다가 그 물질을 피할 수 있게 되면 다시 정상 행동으로 복귀하는 것을 보여주었다.[12] 다른 연구들은 점균들이 주기적 사건을 예견하고, 균형 잡힌 식생활을 선택하고, 함정을 우회하고, 다양한 먹이 원천들을 효과적으로 연결하는 연결망을 형성할 수 있음을 보여주었다. 점균은 일종의 분산형 컴퓨터라고 할 수 있다. 즉, 점균은 집합체의 다양한 부분에서 신호를 수용하고 자신의 과거 경험에 기초하여 결정을 내린다. 그 생물은 뇌나 신경계가 없는데도 그 모든 일을 해낸다.

점균의 포괄적인 수학적 모형이 가까운 미래에 제작될 수도 있겠지만, 확실히 우리는 아직 그 수준에 이르지 못했다. 점균의 학습과 '기억'은 어쩌면 '멤리스터memristor'라는 전기 부품에 의해 모형화될 수 있을 것이다. 멤리스터는 저항과 축전기의 조합 부품으로, 융통성 있는(분해되고 재조합되는) 기억이라고 할 만한 것을 제공한다.[13] 그러나 멤리스터들의 연결망을 구성하여 점균처럼 문제를 해결하게 만드는 길을 우리는 아직 모른다.

생물학적 복잡성의 위계에서 점균보다 한 단계 더 내려가면 박테리아가 나온다. 박테리아의 일종인 대장균은 우리의 장 속에서 사는 미생물이다. 대장균의 대다수 종들은 무해하거나 심지어 유익하지만, 몇몇 대장균은 식중독을 일으킨다. 대장균을 비롯한 박테리아들은 우리 몸속을 돌아다니며 당을 섭취하고, 어떻게 성장하고 언제 분열할지 '판단한다.'[14] 녀석들은 적응력이 대단히 강하다. 당신이 우유를 마시면, 대장균 내부에서 젖당 흡수를 담당하는 유전자들이 활성화된다. 그러나 당신이 초콜릿바를 먹으면, 대장균이 '선호하는' 포도당을 처리하는 유전자들이 젖당 유전자들을 억제한다. 박테리아들은 달리고 구르기를 통해 이동한다. 즉, 한 방향으로 달리다가 구르기를 하여 새로운 방향을 '선택한다.' 녀석들은 이 '구르기' 횟수를 환경의 특성에 따라 조절한다. 박테리아의 다양한 '목적들'―자원 획득, 돌아다니기, 번식―은 다양한 유전자들을 켜고 끄는 것을 통해 균형 있게 관리된다.

대장균이 자원 획득을 추구할 때 다양한 목적들을 균형 있게 관리한다는 말이 낯설지 않은가? 낯설지 않아야 마땅하다. 미즈 팩맨은 박테리아와 같다. 진짜 유기체인 대장균이 수행하고자 하는 과제들과 인공 유기체인 미즈 팩맨의 과제들은 매우 유사하다. 적응하기 위하여 이 유기체들은 다양한 원천에서 나오는 입력 신호들에 반응해야 한다. 대장균은 자원 섭취를 조절하고 위험에 반응하고 장애물을 우회해야 한다. 미즈 팩맨의 뉴런들은 유령들, 먹이 알갱이들, 미로의 구조에 반응한다. 박테리아들이 기생하는 숙주의 몸은 동일하지 않다. 이는 미즈 팩맨이 다양한 미로들에서 활동하는 것과 매우 유사하다. 그러나 미즈 팩맨이(정확히 말하면, 미즈 팩맨을 움직이는 프로그램이) 사용하는 알고리즘들은 융통성이 충분히 커서 환경에서 유래하는 폭넓은 난관들을 처리할 수 있다.

나는 현재 최고 수준의 인공지능과 가장 근접한 생물학적 대상을 발견했다. 그것은 대장균이다.

내가 인공지능을 박테리아 뇌에 빗대는 것에 대하여 일부 반론자들은 우리가 선형동물과 점균을 시뮬레이션하지 못하는 이유는 이 생물들이 성취하고자 하는 바를 우리가 모르기 때문이라고 지적한다. 내가 접촉한 신경망 연구자들 중 일부는 우리가 선형동물의—그 전문가들의 용어를 그대로 쓰면—"목적 함수"를 모른다고 주장한다. 신경망을 훈련시키려면 우리는 신경망이 산출해야 할 패턴을 말해줄 수 있어야 하고, 우리가 그 패턴, 곧 목적 함수를 안다면 이론적으로 우리는 그 패턴을 재현할 수 있어야 마땅하다. 이 주장은 어느 정도 타당하다. 생물학자들은 예쁜꼬마선충이나 점균들을 완전히 이해하지 못했다.

그러나 궁극적으로 '목적 함수를 알려달라'는 취지의 반론은 진짜 문제를 비켜간다. 지능에 관한 생물학자들의 실험적 연구는, 우리 뇌가 특정 목적들을 가진 이유에 관한 전반적 패턴을 드러내기보다는 뇌가 어떻게 작동하는가에 대해서—뉴런들 사이의 연결과 뇌의 다양한 부분들의 역할에 대해서—더 많이 알려준다. 만일 신경과학자들과 인공지능 전문가들이 협력하여 지능을 갖춘 기계를 창조하고자 한다면, 이 협업은 생물학자들이 동물의 목적 함수를 알아내서 기계학습 전문가들에게 알려주는 것에 의존할 수 없다. 인공지능의 진보를 위해서는 뇌의 세부사항들을 이해하기 위한 생물학자들과 컴퓨터과학자들의 공동연구가 필수적이다.

인공지능 검사들은 앨런 튜링Alan Turing이 최초로 제안한 '모방 게임imitation game'을 기초로 삼아야 한다고 나는 생각한다.[15] 어떤 컴퓨터가 인간을 상대로 묻고 대답하면서 그 사람을 속여 자신을 인간으로 믿게 만들 수 있다면, 그 컴퓨터는 '튜링 검사', 곧 모방 게임을 통과한 것이다. 이것은 통과하기 어려운 검사이며, 우리는 튜링 검사를 통과할 수 있는 기계를 제작할 수 있는 수준에서 한참 멀리 떨어져 있다. 그러나 우리는 튜링 검사를 더 쉬운 일련의 검사들을 위한 출발점으로 삼을 수 있다.

1950년에 발표한 논문 가운데 비교적 덜 인용되는 한 부분에서 튜링은 성인을 시뮬레이션하는 성취를 향한 한 걸음으로서 아이를 시뮬레이션하는 것을 제안한다. 어떤 컴퓨터가 검사관으로 하여금 자신을 아이로 믿게 만드는 데 성공한다면, 그 컴퓨터는 작은 모방 게임을 '통과했다'고 할 수 있을 것이다. 나는 지구상의 다양한 생물들을 일련의 검사 기준들로 삼아야 한다고 주장한다.[16] 우리는 점균, 선형동물, 벌이 나타내는 지능을 컴퓨터 모형에서 재현할 수 있을까? 벌들이 환경 속에서 돌아다니며 서로 상호작용할 때의 행동을 우리가 재현할 수 있다면, 우리는 벌들의 범용 지능 모형을 제작했다고 주장할 수 있다. 이런 모형들을 제작할 때까지, 우리는 인공지능에 관하여 무언가 주장하려 할 때 신중해야 한다. 현재의 증거를 기초로 삼자면, 우리는 지금 단일한 박테리아와 유사한 수준의 지능을 모형화하고 있다.

아니, 이것도 정확한 평가는 아니다. 함 반사이얀은 자신의 미즈 팩맨 알고리즘이 바닥부터 학습했다고 할 수는 없다고 설명했다는 점에서 매우 신중했다. 그는 유령들과 알갱이들에 주의를 기울이라고 말해줌으로써 그 알고리즘을 도왔다. 대조적으로, 환경의 위험들과 보상들에 관한 박테리아의 지식은 진화를 통해 상향식으로 형성되었다.

함 반사이얀은 나에게 이렇게 말했다. "많은 사람들이 인공지능에 대해서 하는 말은 너무 낙관적입니다. 그들은 시스템을 제작하기가 얼마나 어려운지를 과소평가해요." 미즈 팩맨 알고리즘과 기타 기계학습 시스템들을 개발해본 경험에 기초한 그의 느낌은 우리가 범용 인공지능으로부터 아주 멀리 떨어져 있다는 것이다.

설령 우리가 완전한 박테리아 지능을 창조할 수 있다 하더라도, 우리가 거기에서 얼마나 멀리까지 더 나아갈 수 있을지에 대해서 함 반사이얀은 회의적이다. 그는 이렇게 말했다. "인간은 한 과제를 수행하면서 학습한 바를 다른 관련 과제에 다시 써먹는 능력이 매우 우수해요. 반면에 현재 최고 수준의 알고리즘들은 그 능력이 끔찍할 정도로 열등하죠."

마이크로소프트 소속의 함 반사이얀과 페이스북 소속의 토마시 미콜로프는 둘 다 신경망에 멋진 이름을 붙이고 거창한 주장들을 제기하는 것은 위험하다고 보았다.

현재 함 반사이얀을 고용한 회사의 창업자는 그에게 동의하는 듯하다. 2017년 9월, 빌 게이츠는 〈월스트리트저널〉의 기자에게 인공지능 앞에서 공황에 빠질 필요는 없다고 말했다. 잠재적 문제들에 긴급히 대비해야 한다는 일론 머스크의 견해에 동의하지 않는다고 그는 밝혔다.

그러므로 잘 따져보자. 현재 우리가 대장균 수준의 '지능'을 모방하는 중이라면, 왜 일론 머스크는 인공지능이 엄청나게 중요한 문제라고 선언한 것일까? 왜 스티븐 호킹은 자신이 사용하는 발화 소프트웨어의 예측 능력에 대해서 그토록 심각하게 걱정하는 것일까? 왜 맥스 테그마크와 그의 친구들은 연단에 일렬로 앉아, 초지능이 다가온다는 자신들의 믿음을 줄줄이 공언하게 된 것일까? 그들은 똑똑한 사람들인데, 무엇이 그들의 판단력을 혼탁하게 만들고 있을까?

여러 요인들이 종합적으로 작용한다고 나는 생각한다. 하나는 상업적 요인이다. 인공지능을 둘러싼 약간의 호들갑은 딥마인드에 해롭지 않다. 구글이 딥마인드를 인수할 당시에 데미스 허사비스는 자신의 회사가 "지능을 해결한다"라며 강조했지만, 지금은 어조를 낮췄다. 최근의 인터뷰에서 그는 수학적 최적화 문제들의 해결을 더 많이 강조한다. 바둑 알고리즘들의 성과는 딥마인드가 신약 개발, 전력망 내의 에너지 최적화처럼 엄청난 계산을 통해 수많은 선택지들 가운데 최선의 답을 찾아내야 하는 문제들에서 가장 앞서 있음을 보여준다. 초기에 약간의 과장 광고를 하지 않았다면, 딥마인드는 이 중요한 문제들을 해결하기 위한 자원을 획득하지 못했을지도 모른다.

일론 머스크는 어조를 낮추지 않았다. 그는 자율주행차를 비롯한 자신의 많은 초야심적 프로젝트들을 밀어붙이기 위해 지속적으로 인공지능을 과장 홍보하는 역할을 의도적으로 자임한 것으로 보인다. 그 장기적인 프로젝트들은, 테슬라의 최신 차량을 구매하는 것이 환상적인 미래를 향한 한 걸음이라는 생각을 소비자들이 기꺼이 수용해야만 성공할 수 있다. 세계에 관하여 알고자 하는 우리의 욕망은 흔히 아득한 꿈에서 추진력을 얻는다.

딥마인드나 테슬라에서 일하는 사람들에게 동기를 제공하는 것은 돈 자체가 아니다. 연구자들 사이에는 진짜 흥분감도 존재한다. 21세기 벽두에 범용 인공지능의 개념은 수명을 다한 것처럼 보였다. 2012년에 신경망들이 이미지 식별 문제를 해결했을 때, 마침내 변화가 임박한 것처럼 느껴졌다.

현재 알고리즘들의 배후에 놓인 진실은 '인공지능'이라는 용어가 암시하는 것보다 더 평범할뿐더러 훨씬 더 단순하다. 우리를 분류하려 하는 알고리즘을 살펴본 나는 알고리즘이 우리가 우리 자신에 대해서 이미 아는 것들의 통계학적 표현이라고 해도 과언이 아님을 발견했다. 우리에게 영향을 미치려 하는 알고리즘을 살펴보았을 때, 나는 알고리즘이 어떤 검색 정보와 광고를 우리에게 보여줄지 결정하기 위해 우리 행동의 매우 단순한 몇몇 측면을 이용해먹고 있음을 발견했다. 신경망들은 몇몇 게임을 정복했지만, 아직 우리는 다음 봉우리로 오르는 길을 발견하지 못했다. 알렉스와 내가 우리 나름의 언어 봇을 제작했을 때, 그 봇은 몇 문장을 그럴싸하게 말하여 우리를 놀라게 했지만 이내 자신이 완전히 사기꾼임을 드러냈다.

집사 자비스를 제작하기 위해 1년 동안 애쓴 끝에 마크 저커버그는 페이스북에 그 노력의 결과를 보여주는 동영상을 올렸다. 당신이 보기 전에 경고하는데, 그 동영상은 정말 민망하다. 시청자는 마크의 침실로 안내되고, 마크는 그의 트레이드마크인 회색 티셔츠 차림으로 잠에서 깬다. 자비스가 마크에게 그의 일정을 알려주고, 자신은 그의 한 살배기 딸이 잠에서 깬 이래로 '중국어 수업'을 하면서 즐겁게 놀아주었다고 보고한다. 마크가 주방으로 내려가자 토스터가 이미 켜져 있다. 그 기계는 마크가 빵을 먹을 시간이 되었음을 미리 알아챈 것이다. 곧이어 현관 출입 시스템에서 종이 울린다. 마크의 부모가 다가오는 것을 그의 얼굴 인식 소프트웨어가 알아챘기 때문이다. 하루를 마감할 때 마크와 그의 아내는 편안한 음악을 들려주는 음향 시스템과 상호작용한다.

자비스가 무엇을 할 수 있고 무엇을 할 수 없는지에 관하여 저커버그가 쓴 블로그 게시글은 아주 솔직하다.[17] 사실, 집사를 프로그래밍하려는 마크의 도전은 내가 사회 안에서 사용되는 알고리즘을 분석하면서 마주친 많은 도전들과 닮은꼴이다. 그가 내놓은 최종 상품은 우리가 이 책에서 살펴본 기술들의 실질적 응용을 다루는 마스터클래스다. 그 기술들이란 곱말기 신경망을 통한 얼굴 및 음성 인식, 마크가 토스트를 원할 때나 그의 딸이 중국어 학습을 '원할' 때를 예측하는 데 쓰이는 일종의 회귀 모형, 가족 전체가 듣고 싶은 음악을 선택하기 위한 '좋아요 추가' 알고리즘이다. 페이스북은 직원들을 돕는 프로그래밍 라이브러리를 개발했는데, 이 경우에 저커버그는 그 라이브러리를 이루는 알고리즘들을 응용한 것이다.

마크 저커버그가 올린 동영상의 진부함을 잊고 그의 블로그 게시글을 더 깊이 분석하면서 나는 그가 무척 똑똑하다는 점을 깨닫는다(내가 약간 뒤늦게 이 깨달음에 이른 것일 수도 있음을 나도 안다). 그는 명실상부한 데이터 연금술사다. 그의 실리콘밸리 동료들이 이론 물리학자가 구성한 토론자들 사이에 끼어 지적인 신뢰를 얻으려 할 때, 마크는 프로그래밍용 컴퓨터 앞에 앉아 자신의 회사가 제작한 도구들을 가장 잘 써먹는 법을 연구한다. 그가 내리는 결론은 일리가 있다. "인공지능은 대다수 사람들이 예상하는 것보다 더 강력한 일을 할 수 있는 단계에 더 접근했다. 자동차를 운전하고, 병을 치료하고, 외계행성들을 발견하고, 미디어를 이해할 수 있는 단계에 말이다. 이 모든 일들 각각은 세계에 큰 충격을 줄 것이다. 그러나 우리는 여전히 진짜 지능이란 무엇인지 연구하는 중이다."

우리가 이 책에서 살펴본 알고리즘들을 이용하여 경이로운 상품과 서비스를 개발할 가능성은 열려 있다. 그 알고리즘들은 계속해서 우리의 가정과 일터, 여행 방식을 변화시킬 테지만 범용 인공지능으로부터 멀리 떨어져 있다. 기술은 우리의 토스터, 가정용 음향기기, 사무실, 자동차에 일종의 박테리아 지능을 제공하고 있다. 그 알고리즘들은 우리가 해야 하는 하찮은 일들을 줄여줄 잠재력을 지녔지만 인간과 유사한 행동은 하지 못할 것이다.

레스터 소재의 드 몽포르 대학교에서 로봇과 인공지능에 관한 윤리와 문화를 가르치는 캐슬린 리처드슨Kathleen Richardson 교수는 최근의 알고리즘 진보는 인공지능과 대비되는 지능의 우수성을 "광고하고 있다"라고 말한다. BBC 월드 서비스와의 대담에서 그녀는 이렇게 말했다. "지난 10년 동안 실제로 일어난 일은 대기업들이 소비자들에 관한 데이터를 수집하여 그들에게 상품을 파는 일을 더 잘하게 된 것이죠." 마크 저커버그의 자동 집사는 이 말이 옳음을 보여주는 완벽한 사례다. 마크는 자신의 스포티파이 청취와 친구들의 얼굴과 일상 업무에 관한 방대한 데이터를 컴퓨터에 입력하고, 컴퓨터는 마크의 일상생활이 개선되도록 돕는다.

캐슬린에 따르면, 진짜 위험은 컴퓨터 지능이 폭발적으로 향상되는 것이 아니라 우리가 현재 보유한 도구들이 다수가 아닌 소수의 삶의 개선을 위해 사용되는 것이다. 우리가 모두를 위한 폭넓은 해법 대신에 억만장자를 위한 자동 집사에 초점을 맞추는 것은 위험한 행동이다.

맥스 테그마크와 그의 친구들은 함께 둘러앉아 인공지능의 미래에 관한 사변을 늘어놓을 자격이 있다. 그러나 그들의 토론이 무엇을 위한 것인지 간과하지 말아야 한다. 그들은 대체로 같은 사회경제적 배경을 지닌 부자들이다. 교육 수준과 노동 경험도 비슷한 그들은 과학 허구를 놓고 갑론을박하기를 원한다. 내가 그 토론의 주제를 가지고 올레 헥스트룀과 토론했을 때, 나 역시 똑같은 함정에 빠졌다.

다시 현실 세계로 돌아오자. 인간은 앞으로도 오랫동안 유일한 인간형 지능의 소유자일 것이다. 진짜 관건은 이미 개발된 알고리즘들을 우리가 소수의 필요와 편익을 위해 사용할 것인가, 아니면 더 넓은 사회를 위해 사용할 것인가 하는 질문이다. 내가 이 두 가지 선택지 가운데 어느 것을 더 좋아하는지 나는 안다.

18장

다시 현실로

나는 파티에서 몇몇 사람들과 무리를 지어 서 있다.

그 일이 일어나기를 기다리는 중이다.

지난 1년 동안 거의 모든 사교 모임에서 나에게 일어난 그 일. 그 기간 동안 나는 연구실에 틀어박혀 거의 모든 시간을 보냈다. 알고리즘들을 작성하고, 통계 모형들을 최적화하고, 연구 결과에 관한 글을 쓰고, 스카이프를 통해 기술자들과 과학자들을 인터뷰하면서 말이다.

간단한 대화가 오간다. 나는 얌전히 경청한다. 그러다가 누군가 가 그 주제를 꺼낸다. 매번 똑같지는 않다. 구체적인 이야기는 약간 씩 다르다. 그러나 주제는 동일하다.

"페이스북의 위험성은 그 회사가 사람들이 무엇을 볼지를 통제한다는 점에 있어요." 그가 말한다. "내가 읽었는데, 실제로 한 연구에서 그 회사가 사람들에게 부정적인 게시물들만 보여주었다는군요. 그러자 사람들이 우울해졌대요. 페이스북은 우리의 감정을 통제할 수 있고, 그 회사가 퍼뜨린 부정적인 느낌은 바이러스처럼 확산됩니다."

나는 잠자코 서서 다른 사람이 말하게 놔둔다. "맞아요, 페이스북은 데이터를 팔아서 이득을 챙겨요. 옥스퍼드였나, 어딘가에 있는 어떤 회사가 모든 사람들의 페이스북 프로필을 다운받았기 때문에 미국 대선에서 트럼프가 이겼을 가능성이 매우 높아요." 그녀가 말한다.

"아시겠지만, 문제는 페이스북의 알고리즘들이 가짜뉴스로 훈련되었다는 점입니다." 또 다른 사람이 말한다. "구글도 마찬가지예요. 구글이 언어를 이해하는 컴퓨터를 제작했는데, 그 컴퓨터가 자기는 무슬림을 혐오한다고 말하기 시작했어요."

"저도 압니다." 처음 말문을 열었던 사람이 끼어든다. "그리고 이건 시작에 불과해요. 과학자들은 20년 안에 인간과 유사한 지능을 가진 컴퓨터가 등장해서 우리를 불필요한 존재로 만들 것이라고 예상한답니다. 이 얘기를 일론 머스크의 책에서 읽었어요."

이 대목에서 내가 폭발한다. "차근차근 말씀드릴게요. 일단 첫째로," 내가 말한다. "페이스북 연구는, 부정적인 뉴스들을 실컷 읽은 사람들은 부정적인 단어를 한 달에 한 개 더 사용하게 되는 경향이 있다는 것입니다. 통계학적으로 유의미하긴 하지만 아주 미미한 효과예요. 둘째, 케임브리지 어낼리티카라는 회사는 트럼프의 선거 승리와 아무 상관이 없어요. 그 회사의 최고경영자는 자사의 능력에 관해서 검증 불가능한 주장을 여러 번 했습니다. 셋째, 맞아요. 우리의 언어를 훈련받은 컴퓨터들은 실제로 성차별적인 연상과 인종차별적 연상을 내놓습니다. 하지만 그것은 우리 사회가 암묵적인 선입견을 지녔기 때문이에요. 대다수의 구글 검색은 더없이 무미건조하고 정확한 결과를 제공합니다. 그 서비스의 가장 큰 문제는, 여러분을 아마존으로 데려가서 더 많은 잡동사니를 사게 만들도록 설정한 무의미한 링크들이 그 서비스를 압도하고 있다는 점이에요. 마지막으로, 최근에 신경망 연구에서 몇몇 흥미로운 발전들이 이뤄지기는 했지만, 범용 인공지능을 제작할 수 있는지는 여전히 매우 불확실합니다. 우리는 〈미즈 팩맨〉을 학습해서 제대로 플레이하는 컴퓨터조차 제작할 수 없어요."

다들 나를 바라본다. 내가 한마디 덧붙인다. "아, 그리고 일론 머스크는 바보예요."

나는 내가 정말 싫다. 내가 이렇게 따분하고 재수 없는 놈이 된 것이 싫다. 모든 과학 논문을 읽은 이 따분한 멍청이, 모든 것을 자세하게 까발리고 경고하지 않으면 못 배기는 멍청이. 심지어 나는 일론 머스크에 대해서도 반감이 그리 크지 않다. 그는 단지 자신의 일을 할 뿐이다. 내가 마지막 말을 덧붙인 것은 대화가 조금이나마 다시 명랑해지기를 바라서였다.

내가 상황을 오판했다는 것을 나도 안다. 나는 현학적이고 옹졸하게 굴고 있다. 세부사항에 관한 작은 부정확성과 상관없이, 나와 대화하는 사람들은 사회의 변화를 진심으로 걱정하고 있었다. 그들이 페이스북, 케임브리지 애널리티카, 인공지능을 입에 올리는 것은 그 걱정 때문이다.

1년여 전 구글을 방문한 직후에 나는 그들과 마찬가지로 우려를 품었다. 나는 수학자들과 컴퓨터과학자들이 우리를 위해 창조하는 미래에 대해서 두려움을 느꼈다.

이제 나는 알고리즘이 과거에 내가 생각한 것처럼 무시무시하지 않다는 사실을 안다. 알고리즘이 성차별과 인종차별에 관한 우리 사회의 문제들을 해결하지 못한 것은 슬프지만, 그렇다고 알고리즘이 그 문제들을 악화시킨 것도 아니다. 알고리즘은 편견의 문제를 부각했고, 우리 모두는 그 문제를 해결하기 위해 더 열심히 노력할 필요가 있다. 성격 맞춤형 광고를 위한 도구나 데이터가 없으면서도 그런 광고를 한다고 자부하는 케임브리지 애널리티카 같은 회사를 SCL 그룹이 창립할 수 있다는 것은 섬뜩한 일이지만, 그것이 당신이 마주한 세계적 자본주의다. 그것을 받아들이든지, 아니면 시스템의 거짓말이나 속임수가 아니라 시스템 자체를 공격해야 한다. 페이스북에 그토록 많은 가짜뉴스들이 있고 트위터가 싸움꾼 봇들로 가득 차 있는 것은 우울한 일이지만, 그 가짜뉴스들과 봇들에 귀를 기울이는 사람은 거의 없다는 사실은 우리를 유쾌하게 한다. 온라인에서의 성공은 부분적으로만 재능과 관련이 있다는 사실은 우려스럽기도 하지만, 우리가 실패했을 때 위로가 된다. 당신은 약간의 실연을 경험한 뒤에 오기로 틴더에 접속하지만, 그렇다고 당신에게 정말로 큰 변화가 일어나는 것은 아니지 않은가?

알고리즘을 이해하면 미래의 시나리오들을 조금 더 잘 이해할 수 있다. 오늘날 알고리즘이 어떻게 작동하는지 알면, 어떤 시나리오가 현실적이고 어떤 시나리오가 비현실적인지 판단하기가 더 쉬워진다. 내가 알고리즘을 연구하면서 발견한 가장 큰 위험은, 우리가 알고리즘의 영향력을 합리적으로 평가하지 못할 때, 우리가 과학 허구 시나리오들에 휘둘릴 때 들이닥친다.

그저 페이스북에 대해서 한번 불평해보고 인공지능이 대체 뭔지에 대해서 가볍게 떠들어보자는 대화에 볼썽사납게 끼어들어 분위기를 망치고 나니, 나는 내 연구가 나 자신을 아주 재미있는 대화 상대로 만들지 못한다는 것을 깨닫는다.

다행히도, 나는 결혼을 했다. 나의 아내 로비사는 〈포켓몬 GO〉에 대해서 이야기하기 시작한다. 아내는 때때로 자전거를 타고 공원으로 나가 25세의 남자들을 만나서 함께 포켓몬을 사냥한다. 그리고 지금 그녀는 지난주에 자기네가 전설의 새 '파이어'를 잡기 위해 모였던 것에 대해서 이야기한다. 나의 아내, 달리기용 반바지를 입은 젊은 남자들, 유모차에 아기를 태운 20대 부모들, 우연히 그곳을 지나던 아이들의 무리, 매일 포켓몬 사냥을 위해 그곳에 들르는 중년 부부가 모였다고 한다. 그녀는 파이어를 잡았다. 그들 대다수가 마찬가지였다. 그러나 비교적 어린 아이 하나는 포켓몬이 공에서 튀어나와 날아가버리자 울기 시작했다. 중년 부부가 그 아이를 달랬다. 그들은 내일 또 사냥을 시도할 것이다.

"내가 던지는 공의 개수에 따라서 파이어를 잡을 확률이 어떻게 변화하는지 당신이 계산해봐." 로비사가 제안한다. 이젠 나도 그들의 집단에 끼어들어 있다. 다른 사람들이 고개를 끄덕여 동의를 표한다. 약간 지나친 동의라고 나는 느낀다. 내가 〈포켓몬 GO〉에 관한 이론으로 우리 모두를 깨우칠 수 있다면, 왜 알고리즘이나 분석하고 트집 잡으며 시간을 낭비하겠는가?

나는 포켓몬에 신경 쓸 생각이 없다. 어떤 것들은 분석하지 않고 내버려두는 것이 상책이다. 아이가 울기 시작할 확률을 알고 싶은 사람은 아무도 없다.[1]

대신에 나는 그 사람들이 공원에서 서로에게 자신의 포켓몬을 보여주고, 아직 잡아야 할 포켓몬을 나타내는 빈칸을 보여주는 모습을 상상한다. 평소에 서로 만나지 않을 사람들이 함께 즐거운 시간을 보내는 모습을 말이다.

나는 열네 살 먹은 딸 엘리스를 생각한다. 얼마 전에 딸은 스냅챗의 채팅 그룹에서 알게 된 친구를 만나러 갔다. 로비사와 나는 처음에 걱정했다. 혹시 그 온라인 '친구'가 40세의 소아성애자라면 어떻게 하지? 우리의 걱정은 기우였다. 엘리스는 머리카락을 밝은 파란색으로 염색한 열세 살짜리 친구와 만났다. 오는 여름에 엘리스는 온라인에서 만난 또 다른 친구의 집을 방문하고 싶어 한다. 그 친구는 폴란드에서 산다. 그 친구와 엘리스는 스카이프에서 수다를

떨며 숙제를 같이 할 때가 많다. 엘리스의 부모는 딸의 여행을 허락해야 할지에 대해서 심사숙고해야 할 것이다.

아들 헨리와 나는 뉴캐슬로 여행을 갔다가 방금 돌아왔다. 나는 또 다른 아버지인 라이언과 트위터를 통해 접촉했다. 그도 나처럼 자기 아들의 축구팀을 지도한다. 나의 주선으로, 우리 팀의 열두 살 스웨덴 소년 32명은 라이언의 팀을 상대로 여러 경기를 치렀다.

라이언은 또한 나를 자신의 직장인 노동연금부로 초청하여 『축구수학』에 관한 강연을 하게 했다. 강연 장소—도시 외곽의 근엄한 정부 청사—는 내가 1년 전 구글 런던 본사에서 강연했을 때와 사뭇 달랐다. 그러나 건물 내부의 작은 방 안에서 나는 그때 만난 청중과 마찬가지로 데이터의 시각화와 이해에 열정을 품은 데이터 과학자들을 만났다.

강연이 끝나자 라이언은 자신과 자신의 팀(그러니까, 직장에서 함께 일하는 팀)이 무엇을 하고 있는지 나에게 보여주었다. 그들은 지역 대기업의 폐업과 같은 유사한 난제에 직면한 지방정부들을 연결해주고자 한다. 이는 지방정부들이 경험을 공유할 수 있게 하기 위해서다. 라이언의 접근법은 최신 통계를 활용했지만, 노동연금부 소속 동료들 가운데 지방 사람들을 도울 수 있는 동료들을 지원하는 것에 초점을 맞췄다. "우리는 정책 결정자들이 데이터를 익숙하게 다루고 스스로 해법을 찾아내기를 원해요"라고 그는 말했다.

우리의 문제들을 해결하려면 알고리즘 지능과 인간 지능을 조합할 필요가 있다는 것이 라이언의 견해였다. 알고리즘만으로는 충분하지 않다는 것이었다.

나는 조앤나 브라이슨이 나에게 해준 말을 상기했다. 알고리즘의 득세와 관련해서 나는 그녀에게 알고리즘이 우리만큼 똑똑해질 것이라 생각하느냐고 물었다. 그녀는 내 질문이 잘못되었다고 대꾸했다. "우리는 이미 수많은 방식으로 인간 지능을 능가했습니다."

우리 문화는 문제들을 해결하기 위하여 다양한 형태의 수학적 '인공' 지능을 수천 년에 걸쳐 생산해왔다. 고대 바빌로니아와 이집트의 기하학에서부터, 뉴턴과 라이프니츠의 미적분학 개발을 거치고, 계산을 더 빨리 할 수 있게 해주는 휴대용 계산기를 거쳐, 현대적인 컴퓨터, 연결 사회connected society, 오늘날의 알고리즘 세계에 이르기까지 말이다. 우리는 수학적 모형들의 도움으로 점점 더 똑똑해지고 있고, 모형들은 우리가 발전시키기 때문에 더 좋아지고 있다. 알고리즘은 우리의 문화유산이다. 우리는 알고리즘의 일부고, 알고리즘은 우리의 일부다.

이 유산은 우리를 둘러싼 모든 곳에서 제작되고 있다. 영국 정부의 노동연금부처럼 알고리즘과 관련이 없을 성싶은 곳에서도 알고리즘은 제작되고 있다.

우리가 온라인으로 상호작용하는 방식은 위험들을 내포하고 있다. 많은 알고리즘들은 그리 매력적이지 않다. 그러나 알고리즘과의 협업은 엄청난 가능성을 열어준다. 그리고 적어도 지금은 알고리즘이 우리를 통제하는 것이 아니라 우리가 알고리즘을 통제하고 있다. 우리는 수학을 우리 자신의 모습대로 빚어가고 있다.

일요일 오전에 게이츠헤드에서 온 아이들이 웁살라에서 온 아이들을 상대로 축구 경기를 했다. 날씨는 맑았고, 훌륭한 팀워크와 공정한 플레이가 돋보였으며, 부모들은 행복해하며 그들을 응원했다. 경기가 끝난 후 우리 모두는 지역 럭비클럽에서 불꽃놀이를 함께 보았다. 이 모든 일은 한 알고리즘이 라이언과 나에게 트위터에서 서로를 팔로우하라고 제안했기 때문에 가능했다.

나는 내가 몽상에 빠져 있었음을 문득 깨닫고 다시 대화로 돌아온다. 주제는 여전히 페이스북이다. 내가 말한다. "페이스북 광고 추천 시스템의 관심사 카테고리 중에 '토스트'와 '오리너구리'도 있다는 거 아세요?" "방금 전처럼 어려운 얘기가 아니면 좋겠네요." 내옆에 선 여자가 말한다.

다들 크게 웃는다.

내가 숫자에 압도되었다는 느낌이 한결 가신다.

1부   우리를 분석하는 알고리즘

1장 I 뱅크시 찾기

1 www.fortune.com/2014/08/14/google-goes-darpa

2 www.dailymail.co.uk/femail/article-1034538/Graffiti-artist-Banksy-unmasked-public-schoolboymiddle-class-suburbia.html

3 www.bbc.com/news/science-environment-35645371

2장 I 잡음을 만들어라

1 O'Neil, C. 2016. *Weapons of Math Destruction: How big data increases inequality and threatens democracy.* Crown Books.(한국어판: 캐시 오닐 지음, 김정혜 옮김, 『대량살상 수학무기』, 2016, 흐름출판)

2 당신에 관한 구글의 설정을 www.google.com/settings/u/0/ads/authenticated 에서 볼 수 있다.

3 www.thinkwithgoogle.com/intl/en-aunz/marketing-strategies/video/campbells-soup-uses-googles-director-mix-to-reach-hungry-australians-on-youtube/

4 플러그인은 www.noiszy.com에서 다운받을 수 있다.

5 『대량살상 수학무기』에는 이런 유형의 차별 사례들이 자세히 서술되어 있다.

6 Datta, A., Tschantz, M. C. and Datta, A. 2015. "Automated experiments on ad privacy settings." *Proceedings on Privacy Enhancing Technologies* 2015, no. 1: 92-112.

7 https://www.post-gazette.com/business/career-workplace/2015/07/08/Carnegie-Mellon-researchers-see-disparity-in-targeted-online-job-ads/stories/201507080107

8 아미트와 동료들은 이에 대한 가능한 설명들을 www.fairlyaccountable.org/adfisher/disc-cause에서 논한다.

9 www.propublica.org/article/machine-bias-risk-assessments-in-criminal-sentencing

10 www.propublica.org/article/facebook-lets-advertisers-exclude-users-by-race

11 www.ajlunited.org를 참조.

12 조너선 올브라이트의 연구는 자동완성 기능과 가짜뉴스를 다루는 〈가디언〉의 기사에 소개되었다. www.theguardian.com/technology/2016/dec/04/google-democracy-truth-internet-search-facebook

13 Burrell, J. 2016. "How the machine 'thinks': Understanding opacity in machine learning algorithms." *Big Data & Society* 3, no. 1: 2053951715622512.

3장 | 우정의 주성분

1 나는 2016년 12월 13일에 친구들의 페이스북 페이지에서 최신 게시물 15개를 수집했다. 게시물들의 대다수는 분류가 가능했으며, 분류할 수 없는 게시물은 분석에서 제외했다.

2 우선 첫째 범주와 나머지 범주 12개를 짝짓는다. 이어서 둘째 범주와 (첫째 범주를 제외한) 나머지 11개 범주를 짝짓는다. 셋째 범주는 나머지 10개 범주와 짝지어야 한다. 이런 식으로 계속하면, 짝짓기 방식의 개수는 총 12 + 11 + 10 + ⋯ + 1 = 13 × 12/2 = 78이다.

3 본문에서 나는 주성분 분석을 기하학적 관점에서 설명한다. 대수학을 공부한 독자를 위해 보충하자면, 주성분 분석은 13개의 범주에 대한 공분산 행렬 covariance matrix을 구하는 방식으로도 이루어질 수 있다. 이 경우에 첫째 주성분은 그 공분산 행렬의 최대 고윳값에 대응하는 고유벡터(즉, 직선)이고, 둘째 주성분은 두 번째로 큰 고윳값에 대응하는 고유벡터이며, 이렇게 쭉 이어진다.

4장 | 100차원의 당신

1 Kosinski, M., Stillwell, D. and Graepel, T. 2013. "Private traits and attributes are predictable from digital records of human behavior." *Proceedings of the National Academy of Sciences* 110, no. 15: 5802-5805.

2 Kosinski, M., Wang, Y., Lakkaraju, H. and Leskovec, J. 2016. "Mining big data to extract patterns and predict real-life outcomes." *Psychological methods* 21, no. 4: 493.

3 Costa, P. T. and McCrae, R. R. 1992. "Four ways five factors are basic." *Personality and individual differences* 13, no. 6: 653-665.

4 https://research.fb.com/fast-randomized-svd

5 페이스북 연구자들은 자신들이 구현한 방법 하나를 다음 논문에서 설명

한다. Szlam, A., Kluger, Y. and Tygert, M. 2014. "An implementation of a randomized algorithm for principal component analysis." *arXiv preprint arXiv:1412.3510.* 그들이 이 알고리즘들을 실제로 어떻게 사용하는가에 관한 세부사항은 공개되어 있지 않다.

6 www.npr.org/sections/alltechconsidered/2016/08/28/491504844/you-think-you-know-mefacebook-but-you-dont-know-anything

7 Louis, J. J. and Adams, P. "Social dating." US Patent 9,609,072, issued 28 March 2017.

8 Kluemper, D. H., Rosen, P. A. and Mossholder, K. W. 2012. "Social networking websites, personality ratings, and the organizational context: More than meets the eye?" *Journal of Applied Social Psychology* 42, no. 5: 1143-72.

9 Stéphane, L. E. and Seguela, J. "Social networking job matching technology." US Patent Application 13/543,616, filed 6 July 2012.

10 아래 특허 출원들을 보라.

• Donohue, A. "Augmenting text messages with emotion information." US Patent Application 14/950,986, filed 24 November 2015.

• MATAS, Michael J., Reckhow, M. W., and Taigman, Y. "Systems and methods for dynamically generating emojis based on image analysis of facial features." US Patent Application 14/942,784, filed 16 November 2015.

• Yu, Y., and Wang, M. "Presenting additional content items to a social networking system user based on receiving an indication of boredom." US Patent 9,553,939, issued 24 January 2017.

11 Hibbeln, M. T., Jenkins, J. L., Schneider, C., Joseph, V. and Weinmann, M. 2016. "Inferring negative emotion from mouse cursor movements."

12 Hehman, E., Stolier, R. M. and Freeman, J. B. 2015. "Advanced mouse-tracking analytic techniques for enhancing psychological science." *Group*

Processes & Intergroup Relations 18, no. 3: 384-401.

5장 l 케임브리지 애널리티카의 과장 광고

1 최근 기사는 케임브리지 애널리티카로부터 고소를 당했다. https://www.theguardian.com/technology/2017/may/14/robert-mercer-cambridge-analytica-leave-eu-referendum-brexit-campaigns

2 당연한 말이지만, 이 문장도 이진법적(이분법적) 문장의 한 예다. 이진법적 사고방식을 피하기는 어렵다.

3 https://d25d2506sfb94s.cloudfront.net/cumulus_uploads/document/0q7lmn19of/TimesResults_160613_EUReferendum_W_Headline.pdf

4 해당 여론조사는 응답자들의 나이를 정확히 알려주지 않는다. 따라서 나는 모형을 제작할 때 응답자 각각의 나이가, 보고된 나이의 중간값이라고 가정했다. 나는 로짓 연결 함수logit link function와 인구 규모를 가중치로 삼은 비율들을 이용한 로지스틱 회귀logistic regression 기법을 사용했다. 모형의 타당성을 검증하기 위해 나이의 2차 함수들도 살펴보았는데, 이를 통해 모형이 유의미하게 개선되지는 않았다.

5 https://d25d2506sfb94s.cloudfront.net/cumulus_uploads/document/0q7lmn19of/TimesResults_160613_EUReferendum_W_Headline.pdf

6 Skrondal, A. and Rabe-Hesketh, S. 2003. "Multilevel logistic regression for polytomous data and rankings." *Psychometrika* 68, no. 2: 267-287.

7 www.ca-political.com/services/services_audience_segmentation

8 https://www.theguardian.com/us-news/2015/dec/11/senator-ted-cruz-president-campaign-facebook-user-data

9 www.youtube.com/watch?v=n8Dd5aVXLCc

10 '좋아요'를 각각 150개 이상 받은 게시물들에 '좋아요'를 누른 횟수가 50회 이

상인 사용자들만 따진 결과다.

11 https://theintercept.com/2017/03/30/facebook-failed-to-protect-30-million-users-from-having-their-data-harvested-by-trump-campaign-affiliate/

12 〈가디언〉의 캐럴 캐드월러더와 '채널 4' 뉴스 기자들이 쓴 일련의 폭로 기사들은 그 회사의 수상쩍은 데이터 관리 관행을 들춰냈다. 그러나 논란이 가라앉은 현재의 시점에서 볼 때, 닉스와 동료들이 성격 예측 알고리즘을 개발했다는 증거는 여전히 없다. 내부 고발자 크리스토퍼 와일리Christopher Wylie는 자신과 알렉스 코건이 케임브리지 애널리티카와 협력하여 '심리전' 툴을 제작했다고 주장했지만, 이 무기의 효과에 관한 세부사항은 드러나지 않았다. 결정적 증거의 부재는 나 자신의 분석, 알렉스 코건의 평가와 들어맞는다. 즉, 페이스북 데이터는 아직 충분히 상세하지 않아서 개인 맞춤형 정치 광고를 가능케 할 수준에 이르지 못했다. '심리전' 툴의 가능성을 제기하는 뉴스로 인해 페이스북의 주가가 7%나 떨어진 것을 감안할 때, 그 인터넷 거대기업은 앞으로 페이스북 사용자 데이터에 제3자가 접근하는 것을 매우 신중하게 통제할 것이라고 나는 예상한다.

6장 | 편향 없음은 불가능하다

1 여러 논문들이 콤파스를 블랙박스라며 비난했지만, 다음 논문은 달랐다. Brennan, T., Dieterich, W. and Oliver, W. 2004. "The COMPAS scales: Normative data for males and females. Community and incarcerated samples." Traverse City, MI: Northpointe Institute for Public Management. 이 논문은 그 모형이 어떻게 회귀 분석과 특이값 분해singular value decomposition 기법을 사용하여 제작되었는지를 충분히 완전하게 설명한다. 재범 예측에 쓰이는 핵심 공식을 이 논문의 147쪽에서 볼 수 있다.

2 Brennan, T., Dieterich, W. and Ehret, B. 2009. "Evaluating the predictive validity of the COMPAS risk and needs assessment system." *Criminal Justice and Behavior*, 36(1), 21-40.

3 www.propublica.org/article/machine-bias-risk-assessments-in-criminal-sentencing

4 Dieterich, W., Mendoza, C. and Brennan, T. 2016. COMPAS risk scales: Demonstrating accuracy equity and predictive parity. Technical report, Northpointe, July 2016. www.northpointeinc.com/northpointe-analysis.

5 www.propublica.org/article/how-we-analyzed-the-compas-recidivism-algorithm

6 Corbett-Davies, S., Pierson, E., Feller, A., Goel, S. and Huq, A. (2017) "Algorithmic decision making and the cost of fairness." In *Proceedings of the 23rd ACM SIGKDD International Conference on Knowledge Discovery and Data Mining*, pp. 797-806. ACM.

7 페이스북 구인광고의 구체적인 방식은 국가마다 다르다. 'job post' 항목은 미국과 캐나다에만 있으며, 구인광고에 차별이 없는지에 대한 점검이 이루어진다. 따라서 현실에서는 나의 구인광고가 실현되지 못할 수도 있다. 요컨대 이 대목은 사고실험으로 간주되어야 한다. 그러나 나는 페이스북 사용자 지원팀의 한 직원이 올린 '유용한' 게시물을 발견했다. 그 게시물은 내가 지금 서술하는 것보다 훨씬 덜 미묘한 방법을 사용하여 인구통계, 나이, 젠더에 맞는 표적 광고를 하는 방법을 알려준다. http://www.facebook.com/business/help/community/question/?id=10209987521898034

8 나는 치밀하고 완전한 설명을 담은 논문에서, 광고를 보지 못했지만 그 일자리에 관심이 있는 여성들의 비율, 즉 75/825 = 9.09%도 언급한다. 이 비율은 그 일자리에 관심이 있지만 광고를 보지 못한 남성들의 비율과 같다. 표 6.2에 수록된 수치들은 광고가 양쪽 집단 모두에 동등한 신뢰도로 전달되었음을 보여주기 위해 의도적으로 선택한 것이다.

9 Kleinberg, J., Mullainathan, S. and Raghavan, M. 2016. "Inherent trade-offs in

the fair determination of risk scores." *arXiv preprint arXiv:1609.05807*.

10 브로워드에서 백인 피고인 나이의 중앙값은 35세인 반면, 흑인 피고인 나이의 중앙값은 30세다.

11 나는 이 상관관계를, 프로퍼블리카가 수집한 브로워드 데이터를 기초로 2년 내 재범률을 예측하는 로지스틱 회귀 모형을 사용하여 알아냈다. 종속변수는 해당 피고인이 2년 내에 재범을 저질렀는지 여부였다. 나는 그 데이터를 훈련용 부분(전체의 90%)과 검증용 부분(19%)으로 나눴다. 훈련용 부분을 사용하여 나는 재범을 가장 잘 예측하는 로지스틱 모형은 나이(β나이 = -0.047, P값 P-value < 2e-16), 기존 범죄 횟수(β기존 범죄 횟수 = 0.172, P값 < 2e-16), 그리고 한 상수(β상수 = 0.885, P값 < 2e-16)를 기초로 삼은 모형임을 발견했다. 바꿔 말해, 나이가 많은 피고인일수록 재범으로 체포될 확률이 더 낮다. 반면에 기존 범죄 횟수가 많을수록, 다시 체포될 확률이 더 높다. 인종은 재범 예측에서 통계적으로 유의미한 인자가 아니었다(인종을 변수로 포함한 다변수 모형에서 아프리카계 미국인 인자의 *P*값은 0.427이었다).

12 가장 포괄적인 보고서는 다음과 같다. Flores, A. W., Bechtel, K. and Lowenkamp, C. T. 2016. "False Positives, False Negatives, and False Analyses: A Rejoinder to Machine Bias: There's Software Used across the Country to Predict Future Criminals. And It's Biased against Blacks." *Fed. Probation* 80: 38.

13 Arrow, K. J. 1950. "A difficulty in the concept of social welfare." *Journal of political economy* 58, no. 4: 328-346.

14 Young, H. P. 1995. *Equity: in theory and practice*. Princeton University Press.

15 Dwork, C., Hardt, M., Pitassi, T., Reingold, O. and Zemel, R. 2012. "Fairness through awareness." In *Proceedings of the 3rd Innovations in Theoretical Computer Science Conference*, pp. 214-226. ACM.

1 '골 예측'과 기타 축구 관련 알고리즘들에 관하여 더 알고 싶은 독자에게는 『축구수학』이라는 훌륭한 책을 추천한다.

2 몇 가지 미묘한 설명을 덧붙일 필요가 있다. 비교를 하기 위해서 축구 전문가 들에게 한 경기의 동영상을 슛이 이루어지는 순간까지만 보여주고 그 슛이 골로 연결되었는지 여부는 보여주지 않기로 하자. 그런 다음에 그들에게 그 슛이 '빅 찬스'였는지 여부를 묻고 그들의 판정을 예측으로 간주하자. '빅 찬스' 표찰이 붙은 슛은 골로 예측된 슛인 반면, 그 표찰이 붙지 않은 슛은 빗나가거나 골키퍼가 막아냈다고 예측된 슛이다. 이렇게 해석된 '빅 찬스'는 축구 중계에서 해설자가 자주 쓰는 표현인 "골이나 다름없는 찬스였어요"와 상통한다.

3 줄리아는 콤파스 알고리즘에 접근할 수 없었다. 그래서 그녀는 그 알고리즘을 역공학으로 분석했다. 그렇게 분석한 알고리즘에서 그녀가 발견한 정확성 수준들은 노스포인트가 다른 연구들에서 보고한 정확성 수준들과 대체로 일치한다.

4 (오로지 나이와 기존 범죄 횟수에만 기초한) 나의 모형의 정확도와 (수많은 수치들과 설문지 작성에 기초한) 콤파스 모형의 정확도를 비교하기 위하여 나는 데이터의 검증용 부분을 이용하여 ROC 곡선을 그렸다. 내 모형의 AUC는 0.733이었는데, 이는 콤파스 모형의 예측력과 비슷한 수준이다. 바꿔 말해, 나이와 기존 범죄 횟수를 고려하는 단순한 모형이 (브로워드 데이터에 대해서는) 콤파스 모형에 못지않게 정확하다.

8장 | 네이트 실버와 우리의 대결

1 www.yougov.co.uk/news/2017/06/09/the-day-after

2 www.nytimes.com/2016/11/01/us/politics/hillary-clinton-campaign. html?mcubz=3

3 www.nytimes.com/2016/11/10/technology/the-data-said-clinton-would-win-why-you-shouldnthave-believed-it

4 www.fivethirtyeight.com/features/the-media-has-a-probability-problem

5 www.cafe.com/carl-digglers-super-tuesday-special

6 Tetlock, P. E. and Gardner D. 2016. *Superforecasting: The art and science of prediction*. Random House.(한국어판: 필립 E. 테틀록, 댄 가드너 지음, 이경남 옮김,『슈퍼 예측, 그들은 어떻게 미래를 보았는가』, 2017, 알키)

7 이 수치는 '구글 저지먼트 오픈Good Judgement Open'이 수집한 데이터에 기초하여 '데이터페이스The DataFace'에서 수행한 한 프로젝트에서 나온 것이다. www.thedataface.com/good-judgment-open-election-2016

8 프리딕팃은 한 번의 대통령 선거에서만 활동했지만, 동일한 원리들을 채택한 전신들 중 하나인 인트레이드는 2008년 선거와 2012년 선거 모두에서 활용되었다. 알렉스와 나는 이 예측 시장들이 세 번의 선거에서 모든 주에 대하여 제시한 최종 확률들을 파이브서티에이트의 예측들과 비교했다.

9 Rothschild, D. 2009. "Forecasting elections: Comparing prediction markets, polls, and their biases." *Public Opinion Quarterly* 73, no. 5: 895–916.

10 브라이어 점수는 예측의 정확도와 과감성을 둘 다 반영하는 단일한 수치다. 브라이어 점수를 계산하려면, 예측과 실제 결과 사이 거리의 제곱을 구해야 한다. 예측된 확률이 p이고, 결과가 o라고 해보자. 예측된 사건이 일어났다면

$o=1$, 일어나지 않았다면 $o=0$이다. 이때 그 사건에서 예측의 브라이어 점수는 $(p-o)^2$이다. 브라이어 점수는 낮을수록 더 좋다. 한 사건이 100% 확실히 일어나리라는 매우 과감한 예측이 옳은 것으로 판명되면 가능한 최선의 브라이어 점수가 나오는데, 그것은 0이다. 반대로 이 과감한 예측이 틀리면, 가능한 최악의 브라이어 점수인 1이 나온다. 사건이 일어날 확률이 50%라는 소심한 예측은 결과와 상관없이 브라이어 점수가 0.25다.

11 Rothschild, D. 2009. "Forecasting elections: Comparing prediction markets, polls, and their biases." *Public Opinion Quarterly* 73, no. 5: 895-916.

12 대다수의 경험적 연구는, 사업의 미래를 예측하는 것과 밀접하게 얽힌 과제를 수행하는 회사 경영진의 솜씨와 관련이 있다. 예컨대 다음 문헌을 참조하라. Ali, M., Lu Ng, Y. and Kulik, C. T. 2014. "Board age and gender diversity: A test of competing linear and curvilinear predictions." *Journal of Business Ethics* 125, no. 3: 497-512. 이 주제에 관한 전반적인 리뷰는 Page, S. E. 2010. *Diversity and complexity*. Princeton University Press를 참조.

13 지혜로운 군중을 이기기 어렵다는 것에 관한 추가 논의는 Buchdahl, J. 2016. *Squares & Sharps, Suckers & Sharks: The Science, Psychology & Philosophy of Gambling*. Vol. 16. Oldcastle Books를 참조.

9장 | 추천 알고리즘과 '좋아요 추가' 모형

1 이 모형은 수학 문헌에서 대개 '선호 첨부preferential attachment' 모형으로 불리지만, 발견된 시기들을 반영하는 다양한 이름을 지녔다. 이 모형이 사용되고 작동하는 방식에 관한 가장 좋은 수학적 서술은 마크 뉴먼의 멱 법칙에 관한 논문에 들어 있다. Newman, M. E. J. 2005. "Power laws, Pareto distributions and Zipf's law." *Contemporary Physics* 46, no. 5: 323-351.

2 '좋아요 추가' 모형을 상세히 설명하면 이러하다. 모형의 각 단계에서 새로운

소비자가 와서 자신이 선호하는 저자의 사이트를 살펴본다. 소비자가 특정 저자 i를 선호할 확률은 기존 판매량에 의존하며 아래 공식에 의해 결정된다.

$$N = \frac{n_i + 1}{N + 25}$$

이때 n_i는 저자 i의 책 판매 부수, N의 의미는 $N = \sum_{i=1}^{25} n_i$, 곧 모든 저자 책의 총 판매 부수다. 소비자는 자신이 선호하는 저자의 사이트에서 그 저자의 책과 다른 저자들의 책이 함께 판매된 횟수에 기초하여 구매할 새 책을 결정한다. 즉, 소비자가 저자 j의 책을 살 확률은 다음과 같다.

$$\frac{c_{ij} + 1}{n_i + 25}$$

이때 c_{ij}는 저자 i와 j의 책이 함께 팔린 횟수다. 구매가 이루어지면, 우리는 c_{ij}, c_{ji}, n_j를 1만큼 증가시켜서 새로운 판매 실적을 반영한다. 이어서 다음 소비자가 온다. 그림 9.1의 (a)와 (b)에서 저자의 이름 옆에 있는 원의 반지름은 n_i에 비례하고 저자들을 잇는 링크의 굵기는 c_{ij}에 비례한다.

3 Lerman, K. and Hogg, T. 2010. "Using a model of social dynamics to predict popularity of news." *Proceedings of the 19th international conference on World Wide Web*, pp. 621- 630. ACM.

4 Burghardt, K., Alsina, E. F., Girvan, M., Rand, W. and Lerman, K. 2017. "The myopia of crowds: Cognitive load and collective evaluation of answers on Stack Exchange." *PloS one* 12, no. : e0173610.

5 Salganik, M. J., Dodds, P. S. and Watts, D. J. 2006. "Experimental study of inequality and unpredictability in an artificial cultural market." *Science* 311, no. 5762: 854-6. Salganik, M. J. and Watts, D. J. 2008. "Leading the herd astray: An experimental study of self-fulfilling prophecies in an artificial cultural market." *Social psychology quarterly* 71, no. 4: 338-355.

6 Muchnik, L., Aral, S. and Taylor, S. J. 2013. "Social influence bias: A randomized experiment." *Science* 341, no. 6146: 647-651.

7 www.popularmechanics.com/science/health/a9335/upvotes-downvotes-and-the-science-of-thereddit-hivemind-15784871

8 페이지랭크 알고리즘은 우리가 링크들을 무작위로 따라가면서 인터넷을 둘러보는다는 전제하에 작동한다. 페이지랭크가 가장 높은 페이지는 이런 무작위 둘러보기에서 방문자가 가장 많은 페이지다. 그 구글 알고리즘에 관한 수학적 설명은 Franceschet, Massimo. 2011. "PageRank: Standing on the shoulders of giants." *Communications of the ACM* 54, no. 6: 92-101을 참조.

9 이 가설은 명확히 검증되지 않았지만, 권위 있는 상을 받은 책은 독자들의 별점 평균이 낮다는 점을 보여주는 연구는 이 가설에 힘을 실어준다. Kovács, B. and Sharkey, A. J. 2014. "The paradox of publicity: How awards can negatively affect the evaluation of quality." *Administrative Science Quarterly* 59.1: 1-33.

10장 | 인기 경쟁

1 Giles, J. 2005. "Science in the web age: Start your engines." *Nature*, 438 (7068), 554-555.

2 www.backchannel.com/the-gentleman-who-made-scholar-d71289d9a82d.ld8ob7qo9

3 n회 이상 인용된 논문들의 비율 p는 인용 횟수 n에 상수 $-a$를 지수로 붙인 거듭제곱에 비례한다. 즉, $p = kn^a$다(이때 k와 $-a$는 상수). 수학적으로 따져보자. 그림 10.1은 논문이 n회 이상 인용될 확률 p를 보여준다. 데이터를 로그 스케일로 나타냈고 n과 p 사이에 선형관계가 성립하므로, 아래 공식을 얻을 수 있다.

$$log(p) = log(k) - alog(n)$$

이때 a는 직선의 기울기, k는 상수다. 따라서 아래 등식이 성립한다.

$$p = kn^a$$

이 등식이 표현하는 관계가 멱 법칙이다.

4   Eom, Y-H. and Fortunato, S. 2011. "Characterizing and modeling citation dynamics." *PloS one* 6, no. 9: e24926.

5   May, R. M. 1997. "The scientific wealth of nations." *Science*, 275 (5301), 793-796.

6   Petersen, A. M., et al. 2014. "Reputation and impact in academic careers." *Proceedings of the National Academy of Sciences* 111.43: 15316-15321.

7   Higginson, A. D. and Munafò, M. R. 2016. "Current incentives for scientists lead to underpowered studies with erroneous conclusions." *PLoS biology.* 14: 11, e2000995.

8   Penner, O., Pan, R. K., Petersen, A. M., Kaski, K. and Fortunato, S. 2013. "On the predictability of future impact in science." *Scientific Reports* 3.

9   Acuna, D. E., Allesina, S. and Kording, K. P. 2012. "Future impact: Predicting scientific success." *Nature* 489, no. 7415: 201-202.

10 Sinatra, R., Wang, D., Deville, P., Song, C. and Barabási, A-L. 2016. "Quantifying the evolution of individual scientific impact." *Science* 354, no. 6312: aaf5239.

11 Tyson, G., Perta, V. C., Haddadi, H. and Seto, M. C. 2016. "A first look at user activity on Tinder." *Advances in Social Networks Analysis and Mining (ASONAM), 2016 IEEE/ACM International Conference* pp. 461-466. IEEE.

11장 | 필터버블

1   엘리 프레이저Eli Pariser는 '필터버블'에 관한 저서와 테드 강연에서 우리의 온라인 활동이 어느 정도까지 개인별로 분석되는지 폭로했다. Pariser, Eli. 2011. *The Filter Bubble: How the new personalized web is changing what we read*

and how we think. Penguin.(한국어판: 엘리 프레이저 지음, 이현숙, 이정태 옮김, 『생각 조종자들』, 2011, 알키) 구글과 페이스북을 비롯한 인터넷 대기업들은 우리가 인터넷을 둘러보면서 하는 선택들을 기록해두었다가 미래에 우리에게 무엇을 보여줄지 결정할 때 사용한다.

2 https://newsroom.fb.com/news/2016/04/news-feed-fyi-from-f8-how-news-feed-works

3 www.techcrunch.com/2016/09/06/ultimate-guide-to-the-news-feed

4 이 모형에서 사용자가 시간 *t*에 〈가디언〉을 선택할 확률은 아래와 같다.

$$\frac{G(t)^2 + K^2}{G(t)^2 + K^2 + T(t)^2 + K^2}$$

이때 $G(t)$는 사용자가 기존에 〈가디언〉을 선택한 횟수, $T(t)$는 사용자가 기존에 〈텔레그래프〉를 선택한 횟수다. 제곱된 항들은 '(신문에 대한 당신의 관심) × (기사를 공유한 친구와 당신 사이의 친근성)'을 감안한 피드백을 반영한다. 그림 11.2의 시뮬레이션은 상수 $K = 5$의 상황이다.

5 Del Vicario, M., et al. 2016. "The spreading of misinformation online." *Proceedings of the National Academy of Sciences* 113.3: 554-559.

6 www.pewresearch.org/fact-tank/2014/02/03/6-new-facts-about-facebook

7 그 과학자들은 어떤 메시지도 보여주지 않는 대조 실험도 수행했다. 투표수를 기준으로 볼 때 실험 결과는 친구들의 사진이 없는 메시지를 보여주는 실험 결과와 매우 유사했다. 이 사실은 비사회적 메시지가 그리 유용하지 않음을 시사한다. 실험 전체에 관한 세부사항은 다음 문헌을 참조하라. Bond, R. M., et al. 2012. "A 61-million-person experiment in social influence and political mobilization." *Nature* 489.7415: 295-298.

12장 | 축구는 중요하다

1 허크펠트가 발표한 일련의 논문들은 정치 토론의 (내가 느끼기에) 놀랄 만큼 높은 다양성을 보여준다. Huckfeldt, R., Beck, P. A., Dalton, R. J., & Levine, J. 1995. "Political environments, cohesive social groups, and the communication of public opinion." *American Journal of Political Science*, 1025-1054.

2 Huckfeldt, R. 2017. "The 2016 Ithiel de Sola Pool Lecture: Interdependence, Communication, and Aggregation: Transforming Voters into Electorates." *PS: Political Science & Politics* 50.1: 3-11.

3 DiFranzo, D. and Gloria-Garcia, K. 2017. "Filter bubbles and fake news." *XRDS: Crossroads, The ACM Magazine for Students* 23, no. 3: 32-35.

4 Jackson, D., Thorsen, E. and Wring, D. 2016. "EU Referendum Analysis 2016: Media, Voters and the Campaign." www.referendumanalysis.eu

5 6이라는 숫자를 곧이곧대로 받아들이면 안 된다. 최근에 페이스북에서 측정한 결과에 따르면, 사람들 사이의 평균 거리는 4.57이다. 트위터에서의 평균 거리는 더 가깝다.

6 Johansson, J. 2017. "A Quantitative Study of Social Media Echo Chambers," master's thesis, Uppsala University.

7 이 결과들은 다음 문헌에서 가져온 것이다. Kulshrestha, J., Eslami, M., Messias, J., Zafar, M. B., Ghosh, S., Gummadi, K. P. and Karahalios, K. 2017. "Quantifying search bias: Investigating sources of bias for political searches in social media." *arXiv preprint arXiv:1704.01347*.

13장 | 누가 가짜뉴스를 읽을까?

1 www.buzzfeednews.com/article/craigsilverman/viral-fake-election-news-outperformed-real-news-on-facebook.qr7rjqJeAj

2 Allcott, H. and Gentzkow, M. 2017. Social media and fake news in the 2016 election. No. w23089. National Bureau of Economic Research.

3 더 자세한 정보는 다음을 참조하라. www.washingtonpost.com/news/the-fix/wp/2016/11/14/googles-top-news-link-for-final-election-results-goes-to-a-fake-news-site-with-false-numbers/

4 2017년 1월의 셰어드카운트에 따름. 당시 페이스북에서 그 페이지의 링크는 530,858개였다.

5 Franks, N. R., Gomez, N., Goss, S. and Deneubourg, J-L. 1991. "The blind leading the blind in army ant raid patterns: testing a model of self-organization (Hymenoptera: Formicidae)." *Journal of Insect Behavior* 4, no. 5: 583-607.

6 Ward, A. J. W., Herbert-Read, J. E., Sumpter, D. J.T. and Krause, J. 2011. "Fast and accurate decisions through collective vigilance in fish shoals." *Proceedings of the National Academy of Sciences* 108, no. 6: 2312-2315.

7 Biro, D., Sumpter, D. J. T., Meade, J. and Guilford, T. 2006. "From compromise to leadership in pigeon homing." *Current Biology* 16, no. 21: 2123-2128.

8 Cassino, D. and Jenkins, K. 2013. "Conspiracy Theories Prosper: 25 per cent of Americans Are 'Truthers'." Press release—http://publicmind.fdu.edu/2013/outthere

9 예컨대 페이스북의 다음 웹페이지에서 페이스북의 반응을 보라. https://about.fb.com/news/2016/12/news-feed-fyi-addressing-hoaxes-and-fake-news/

10 Loader, B. D., Vromen, A. and Xenos, M. A. 2014. "The networked young citizen: social media, political participation and civic engagement": 143-150.

3부 우리처럼 되는 알고리즘

14장 | 성차별주의 학습

1 이 편향을 입증하는 관찰과 실험이 폭넓게 이루어졌다. 예컨대 낸시 다이토마소Nancy DiTomaso는 2013년에 출판한 다음 저서에서 백인 미국인들 사이의 수많은 집단 내 편향들을 서술한다. DiTomaso, Nancy. 2013. *The American Non-Dilemma: Racial inequality without racism*. Russell Sage Foundation.

2 Lavergne, M. and Mullainathan, S. 2004. "Are Emily and Greg more employable than Lakisha and Jamal? A field experiment on labor market discrimination." *The American Economic Review* 94, no. 4: 991-1013.

3 Moss-Racusin, C. A., Dovidio, J. F., Brescoll, V. L., Graham, M. J. and Handelsman, J. 2012. "Science faculty's subtle gender biases favor male students." *Proceedings of the National Academy of Sciences* 109, no. 41: 16474-16479.

4 Greenwald, A. G., McGhee, D. E. and Schwartz, J. L. K. 1998. "Measuring individual differences in implicit cognition: the implicit association test." *Journal of Personality and Social Psychology* 74, no. 6: 1464.

5 다음 웹페이지에서 검사를 받을 수 있다. https://www.implicit.harvard.edu/implicit/takeatest

6 이 질문의 대답은 'a steer(거세우)'다.

7 www.theguardian.com/technology/2016/dec/04/google-democracy-truth-internet-search-facebook

8 www.theguardian.com/technology/2016/dec/05/google-alters-search-autocomplete-remove-are-jews-evil-suggestion

9 Tosik, M., Hansen, C. L., Goossen, G. and Rotaru, M. 2015. "Word

embeddings vs word types for sequence labeling: the curious case of CV parsing." In VS HLT-NAAC@L, pp. 123-128.

10 Bolukbasi, T., Chang, K-W, Zou, J. Y., Saligrama, V. and Kalai, A. T. 2016. "Man is to computer programmer as woman is to homemaker? Debiasing word embeddings." In *Advances in Neural Information Processing Systems*, pp. 4349-4357.

11 전반적인 조망을 위해서는 다음 문헌을 참조하라. Hofmann, W., Gawronski, B., Gschwendner, T., Le, H. and Schmitt, M. 2005. "A meta-analysis on the correlation between the implicit association test and explicit self-report measures." *Personality and Social Psychology Bulletin* 31, no. 10: 1369-1385.

15장 I 숫자들에 깃든 유일한 생각

1 양자컴퓨팅 이론에서 유사한 게이트가 등장하는데, 그것의 이름은 아다마르 게이트Hadamard gate다.

2 이 모형을 구현하기 위하여 나는 https://lecture-demo.ira.uka.de에서 제공하는 신경망 데모 프로그램을 사용했다. 이 사이트를 방문하면, 신경망을 위한 다양한 툴들을 가지고 놀 수 있다.

3 www.tensorflow.org

4 다음 웹페이지 두 곳은 순환 신경망을 잘 설명해준다. http://colah.github.io/posts/2015-08-Understanding-LSTMs 그리고 http://karpathy.github.io/2015/05/21/rnn-effectiveness

5 Vinyals, O. and Le, Q. 2015. "A neural conversational model." *arXiv preprint arXiv:1506.05869.*

6 Sutskever, I., Vinyals, O. and Le, Q. 2014. "Sequence to sequence learning with neural networks." *Advances in Neural Information Processing Systems,*

pp. 3104-3112.

7 Mikolov, T., Joulin, A. and Baroni, M. 2015. "A roadmap towards machine intelligence." *arXiv preprint arXiv:1511.08130.*

8 구두점 오류들도 내가 수정했음을 밝혀둔다.

16장 | 〈스페이스 인베이더〉에서 너를 확실히 밟아주겠어

1 http://static.ijcai.org/proceedings-2017/0772.pdf

2 Mnih, V., Kavukcuoglu, K., Silver, D., Rusu, A. A., Veness, J., Bellemare, M. G., Graves, A., et al. 2015. "Human-level control through deep reinforcement learning." *Nature* 518, no. 7540: 529-533.

3 그 경연대회에서 사용된 데이터세트에 관한 서술은 www.image-net.org/about-overview를 참조.

4 www.qz.com/1034972/the-data-that-changed-the-direction-of-ai-research-and-possibly-the-world

5 사용된 신경망들과 우승자들에 관한 세부사항은 http://cs231n.github.io/convolutional-networks/case를 참조.

6 http://selfdrivingcars.mit.edu

7 https://arxiv.org/pdf/1609.08144.pdf

8 https://arxiv.org/pdf/1708.04782.pdf

17장 | 박테리아 뇌

1 www.youtube.com/watch?v=OFBwz4R6Fi0&feature=youtu.be

2 www.haggstrom.blogspot.se/2013/10/guest-post-by-david-sumpter-why

3 Häggström, O. 2016. *Here Be Dragons: Science, Technology and the Future*

of Humanity. Oxford University Press.

4   www.youtube.com/watch?v=V0aXMTpZTfc

5   Hassabis, D., Kumaran, D., Summerfield, C. and Botvinick, M. 2017. "Neuroscience-inspired artificial intelligence." *Neuron* 95, no. 2: 245-258.

6   Kaminski, J. and Nitzschner, M. 2013. "Do dogs get the point? A review of dog-human communication ability." *Learning and Motivation* 44, no. 4: 294-302.

7   이어지는 본문은 다음 문헌을 기초로 삼았다. Chittka, Lars. 2017. "Bee cognition." *Current Biology* 27, no. 19: R1049-53.

8   Loukola, O. J., Clint P. J., Coscos, L., and Chittka, Lars. "Bumblebees show cognitive flexibility by improving on an observed complex behavior." *Science* 355, no. 6327 (2017): 833-836.

9   Bianconi, E., Piovesan, A., Facchin, F., Beraudi, A., Casadei, R., Frabetti, F., Vitale, L., et al. 2013. "An estimation of the number of cells in the human body." *Annals of Human Biology* 40, no. 6: 463-471.

10 Herculano-Houzel, S. 2009. "The human brain in numbers: a linearly scaled-up primate brain." *Frontiers in Human Neuroscience* vol. 3.

11 Scholz, M., Dinner, A. R., Levine, E. and Biron, D. 2017. "Stochastic feeding dynamics arise from the need for information and energy." *Proceedings of the National Academy of Sciences* 114, no. 35: 9261-9266.

12 Boisseau, R. P., Vogel, D. and Dussutour, A. 2016. "Habituation in non-neural organisms: evidence from slime moulds." In *Proc. R. Soc. B*, vol. 283, no. 1829, p. 20160446. The Royal Society.

13 더 자세한 사항은 다음 논문을 참조하라. Ma, Q., Johansson, A., Tero, A., Nakagaki, T. and Sumpter, D. J. T. 2013. "Current-reinforced random walks for constructing transport networks." *Journal of the Royal Society Interface* 10,

no. 80: 20120864.

14 Baker, M. D. and Stock, J. B. 2007. "Signal transduction: networks and integrated circuits in bacterial cognition." *Current Biology* 17, no. 23: R1021-4.

15 Turing, A. M. 1950. "Computing machinery and intelligence." *Mind* 59, no. 236: 433-460.

16 다음 논문도 이런 주장을 담고 있다. Herbert-Read, J. E., Romenskyy, M. and Sumpter, D. J. T. 2015. "A Turing test for collective motion." *Biology letters* 11, no. 12: 20150674.

17 www.facebook.com/zuck/posts/10154361492931634

18장 | 다시 현실로

1 물론 레딧에는 그 확률에 관한 글이 당연히 있다. https://www.reddit.com/r/TheSilphRoad/comments/6ryd6e/cumulative_probability_legendary_raid_boss_catch

감사의 말

이 책을 위하여 나와 인터뷰했거나 이메일을 통해 나의 질문에 답
해준 모든 사람들에게 감사드린다. 그들 중 일부를 거명하자면, 애
덤 캘훈Adam Calhoun, 알렉스 코건, 아미트 닷타, 앤절라 그러매터스,
아누팜 닷타Anupam Datta, 빌 디터리히Bill Dieterich, 밥 허크펠트, 브라
이언 코널리, 'CCTV 사이먼', 데이비드 실버, 에밀리오 페라라, 게
리 제레이드, 글렌 맥도널드, 함 반사이얀, 헌트 앨콧, 조앤나 브라
이슨, 요한 위드링, 줄리아 드레슬, 케이티 젠터, 캐슬린 리처드슨,
크리스티나 러먼, 마르크 코이슈니그, 매슈 겐츠코우, 마이클 우드,
미켈라 델 비카리오, 모나 찰라비, 올레 헥스트룀, 오리올 비냘스,
산토 포르투나토, 타소스 눌라스Tassos Noulas, 팀 브레넌, 팀 라우에,

토마시 미콜로프에게 감사의 말을 전한다. 나는 이들 모두에게서 아주 많은 것을 배웠다. 대단히 고맙다.

이 책을 쓰기 시작할 때 나와 오랫동안 대화해준 르노 람비오트Renaud Lambiotte와 미할 코진스키에게 특별한 감사의 말을 전하고 싶다. 이들은 알고리즘의 실재적 위험성과 허구적 위험성에 관하여 적절하고 합리적인 방식으로 추론하기 위한 틀을 나에게 제공해주었다. 그 입력이 없었다면, 이 책의 질은 지금보다 훨씬 더 낮아졌을 것이다.

이 책을 꼼꼼히 읽고 온갖 논평을 해준 부모님께 감사한다. 어른이 된 지금도 나는 여전히 부모님이 나를 아주 많이 지원해준다고 느낀다.

블룸스버리 출판사에서는, 이 책을 쓰기 시작한 계기였던 구글 런던 본사 방문을 주선한 레베카 손Rebecca Thorne에게 감사의 말을 전하고 싶다. 온갖 입력과 격려를 해준 애나 맥디어미드Anna MacDiarmid, 나를 신뢰해준 짐 마틴Jim Martin에게도 감사한다. 나는 이 책을 평계로 삼아 다 함께 던펌린 애슬레틱 FC 축구팀의 경기를 관람할 길을 모색해볼 생각이다.

텍스트를 면밀히 편집하고 수많은 대목을 개선해준 에밀리 컨스Emily Kearns에게도 신세를 졌다.

알렉스 소르코브스키가 톨스토이풍의 자동 작가를 연구하고, 선거 예측의 정확도를 측정하고, 틴더를 분석한 것에 특별히 감사한다. 또한 알고리즘에 대한 찬성과 반대 사이에서 내가 오랫동안 걷잡을 수 없이 헤맬 때 나의 방황을 참고 견뎌준 것도 고맙다. 마지막 감사는 웁살라 대학교의 내 연구팀에게도 돌아가야 한다. 특히 나의 박사과정 학생들(어니스트Ernest, 비에른Björn, 린네아Linnea)에게 고맙다는 말을 전한다. 이들은 내가 이 책을 쓰는 동안 참을성 있게 기다려주었다.

이코노미스트 그룹의 잡지 〈1843〉에 나의 칼럼 〈아웃넘버드 Outnumered〉를 연재할 것을 의뢰하고 그 칼럼에 관한 피드백을 제공한 애나 배들리Anna Baddeley에게 감사한다. 그녀는 나에게 수학에 관한 글을 쓸 때 필요한 균형과 난이도 조절에 관하여 많은 것을 가르쳐주었다.

석사학위를 위한 연구의 주제를 트위터로 삼아서 내가 트위터의 반향실을 이해하는 데 도움을 준 요아킴 요한손에게 감사한다.

이 책을 위한 아이디어는 내가 (구글을 방문한 다음 날에) 나의 에이전트 크리스 웰빌러브Chris Wellbelove와 나눈 『수학은 악이다Maths is Evil』라는 책에 관한 대화에서 싹텄다. 어쩌면 우리는 그날 수학이 꽤 악하다고 생각했지만, 알고 보니 수학은 그렇게 악하지는 않았다. 하지만 늘 그렇듯이 나는 크리스가 명확한 사고방식을 제공하는 것에 고마움을 느낀다. 나는 그에게서 많은 것을 배워왔다.

책의 제목은 나의 아내 로비사가 지었다. 내가 쓰고자 하는 바가 무엇인지 말했을 때, 그녀는 반사적으로 이 책의 제목을 댔다. 작명을 비롯한 아주 많은 것에 대해서 그녀에게 감사한다. 나는 로비사와 함께 사는 하루하루를 즐기고 있다.

나의 딸 엘리스와 아들 헨리의 도움이 없었다면 이 책은 만들어지지 않았을 것이다. 이것은 확실한데, 아이들은 우리의 온라인 생활을 나보다 훨씬 더 잘 알기 때문이다. 그들이 역사를 통틀어 최고의 아이들인 것에 대해서도 무척 감사한다.

진짜 전문가의
차분한 알고리즘 논평

코로나바이러스가 창궐한 지난 2년 동안, 우리 사회에서 가장 약진한 분야는 플랫폼 경제와 정보통신기술이 아닐까 싶다. 웬일인지, 나의 눈에 두드러지는 것은 부정적 측면이다. 몸과 몸으로 만나는 학교생활을 유예당하거나 사실상 박탈당한 청소년들은 그야말로 갈망하듯 스마트폰에 매달렸고, 배움과 경험에 대한 욕구가 큰 가족 구성원은 수시로 줌 모임에 참여하여 한 가정의 물리적 통일성을 내실 없는 홑껍데기로 만들곤 했다. "배달로 돌아가는 나라가 되었어요." 엘리베이터에서 마주친 택배원에게 덕담 삼아 건넨 말에, 그 군살 없는 중년의 사내는 가쁜 숨을 몰아쉴 따름이었다.

그러나 확연한 대세는 줄곧 긍정적 측면, 필연적 측면을 부각한다. "새로운 표준New Normal!"이라는, 신선한 듯 실은 진부한 구호가 우리 다수의 태세를 대변한다. 다시금 우리는 사상 유례없는 격변기를 맞았다. 낡은 가치관에 얽매이지 말고 과감하게 변신해야 한다. 스마트폰과 융합한 인간을 가리키는 '포노 사피엔스Phono Sapiens'는 우리가 한시바삐 따라잡아야 할 미래이며, '사이보그cyborg'를 넘어 '인포그inforg'(정보와 인간의 융합)로의 진화는 인류에게 닥친 필연이다. 이 획기적인 변화는 생물학적 한계에서 벗어난 새로운 삶으로 우리를 인도할 것이다. 억만장자 사업가 일론 머스크를 비롯한 이른바 '인공지능' 전문가들이 화려한 무대 위에서 토론한다. 우리의 미래는 늘 우리의 관심사였지만 지금은 그 정도를 넘어서 언론의 인기 있는 아이템으로, 막강한 사업가들이 탐내는 신흥 시장으로 떠오르는 중이다. 컴퓨터와 알고리즘, 심지어 인공지능과 비트코인을 찬란한 깃발과 웅장한 북소리, 나팔소리로 앞세우고 말이다.

물론 일부 사람들은 불안을 털어놓는다. 이 책의 마지막 부분에서 저자는 그런 불안 앞에서 입바른 전문가의 역할을 충실히 수행하는 자신을 원망하는데, 개인적으로 그 부분이 퍽 흥미로웠다. 평범한 사교 모임에서 사람들이 여기저기에서 주워들은 소문으로 이야기꽃을 피운다. 페이스북의 음모, 옥스퍼드에 있는 무슨 회사가 미국 대선에 끼친 영향, 가짜뉴스의 위험성, 머지않아 등장할 초지능이 거론되고, 모두의 눈이 반짝인다. 그리고 눈치 없게도, 전문가인 저자가 끼어든다.

"차근차근 말씀드릴게요. 일단 첫째로," 내가 말한다. "페이스북 연구는, 부정적인 뉴스들을 실컷 읽은 사람들은 부정적인 단어를 한 달에 한 개 더 사용하게 되는 경향이 있다는 것입니다. 통계학적으로 유의미하긴 하지만 아주 미미한 효과예요. 둘째, 케임브리지 어낼리티카라는 회사는 트럼프의 선거 승리와 아무 상관이 없어요. 그 회사의 최고경영자는 자사의 능력에 관해서 검증 불가능한 주장을 여러 번 했습니다. 셋째, 맞아요. 우리의 언어를 훈련받은 컴퓨터들은 실제로 성차별적인 연상과 인종차별적 연상을 내놓습니다. 하지만 그것은 우리 사회가 암묵적인 선입견을 지녔기 때문이에요. 대다수의 구글 검색은 더없이 무미건조하고 정확한 결과를 제공합니다. 그 서비스의 가장 큰 문제는, 여러분을 아마존으로 데려가서 더 많은 잡동사니를 사게 만들도록 설정한 무의미한 링크들이 그 서비스를 압도하고 있다는 점이에요. 마지막으로, 최근에 신경망 연구에서 몇몇 흥미로운 발전들이 이뤄지기는 했지만, 범용 인공지능을 제작할 수 있는지는 여전히 매우 불확실합니다. 우리는 〈미즈 팩맨〉을 학습해서 제대로 플레이하는 컴퓨터조차 제작할 수 없어요."

저자 자신이 고백하듯이, 그의 발언은 현장의 분위기를 싸늘하게 만들었다. 사람들은 흔히 뚜렷하고 선명하고 간단명료한 진실을 원하지만, 전문가라면 누구나 아는 진짜 진실은 항상 세부적이고 복잡하며 가변적이기 때문에 대중 앞에서 인기가 없으며 주가 상승에 도움이 되기 어렵다.

하루가 멀다고 울려 퍼지는 인공지능 찬양 앞에서, 또한 가끔 들려오는 기술 혐오자들의 비관적 음모론 앞에서, 나는 진짜 인공지능 전문가의 비판적 논평을 듣고 싶었다. 그리고 운 좋게도 이 책의 저자 데이비드 섬프터를 만났다. 그는 알고리즘을 천사나 악마로 낙인찍지 않는다. "이제 나는 알고리즘이 과거에 내가 생각한 것처럼 무시무시하지 않다는 사실을 안다. 알고리즘이 성차별과 인종차별에 관한 우리 사회의 문제들을 해결하지 못한 것은 슬프지만, 그렇다고 알고리즘이 그 문제들을 악화시킨 것도 아니다." 알고리즘은 알고리즘이다. 즉, 우리가 개발한 계산 절차다. 계산이 우리 삶의 전부이거나 주요 부분이라면, 알고리즘의 발전은 인류의 미래에 막대한 영향을 미칠 것이 틀림없다. 그러나 나는 과거 라이프니츠 등의 합리주의에 맞서서 저 전제를 단호히 부정한다. 삶은 삶이며, 계산은 삶 속에 녹아들어야만 의미와 효용을 가진다. 아마도 몸을 아는 축구 애호가여서인지, 저자도 계산이 삶의 전부가 아님을 잘 아는 사람이다. 그는 알고리즘 만능주의자가 아니며, 그 만능주의를 주요 위험으로 지목한다.

내가 알고리즘을 연구하면서 발견한 가장 큰 위험은, 우리가 알고리즘의 영향력을 합리적으로 평가하지 못할 때, 우리가 과학 허구 시나리오들에 휘둘릴 때 들이닥친다.

그렇다, 저자는 냉정하고 차분하라고 권고한다. 우리의 최강 로봇 축구팀은 아직 초등학교 팀의 수준에도 훨씬 못 미친다는 점을 주목하라고 말한다. 로봇 축구선수의 어눌한 뒤뚱거림이 웅변하듯이, 인공지능은 우리가 개발 중인 불완전한 기술이며, 그 기술이 완벽해질 날은 적어도 현장의 연구자에게는 부지하세월이다. 물론 사업가들은 당장 2024년 파리 올림픽에도 로봇 장대높이뛰기 선수가 출전할 '가능성을 배제할 수 없다'고 주장할 테고, 그들은 그럴 자격과 정당성을 갖췄다. 달리 사업가이겠는가?

그러나 누군가 전문 지식과 미래에 대한 혜안을 자랑하며 나서서 인류는 곧 '알고리즘의 지배를 받게 될 것이다'라고 주장한다면 어떨까? 인류가 신의 지배를 받는다는 주장은 인류의 역사만큼 오래되었다. 알고리즘은 신의 다른 이름일까? 아마도 저자 섬프터가 가장 배척하고 싶은 견해가 바로 이것일 것이다. 모든 알고리즘 뒤에는 반드시 알고리즘을 제작한 인간이 있다. 알고리즘이 우리를 지배한다면, 그것은 알고리즘을 제작한 인간이 우리를 지배한다는 뜻이다. 그러니 질문을 바꾸자. '최신 알고리즘과 디지털화는 우리를 행복하게 할 수 있을까?'라는 질문 대신에 이렇게 묻자. 우리는 우리 자신을 행복하게 할 수 있을까?

찾아보기

옮긴이 **전대호**

서울대학교 물리학과와 동 대학원 철학과에서 박사과정을 수료했다. 독일 퀼른 대학교에서 철학을 공부했다. 1993년 조선일보 신춘문예 시 부문에 당선되어 등단했으며, 현재는 과학 및 철학 분야의 전문번역가로 활동 중이다. 저서로『철학은 뿔이다』, 시집으로『가끔 중세를 꿈꾼다』『성찰』등이 있다. 번역서로는『물은 H2O인가?』『로지코믹스』『위험한 설계』『스티븐 호킹의 청소년을 위한 시간의 역사』『기억을 찾아서』『생명이란 무엇인가』『수학의 언어』『아인슈타인의 베일』『푸앵카레의 추측』『초월적 관념론 체계』『동물 상식을 뒤집는 책』등이 있다.

알고리즘이 지배한다는 착각

1판 1쇄	2022년 2월 28일
1판 2쇄	2022년 4월 8일

지은이	데이비드 섬프터
옮긴이	전대호
펴낸이	김정순
편집	조장현 허영수
디자인	이강효
마케팅	이보민 양혜림 이다영

펴낸곳	(주)북하우스 퍼블리셔스
출판등록	1997년 9월 23일 제406-2003-055호
주소	04043 서울시 마포구 양화로 12길 16-9(서교동 북앤빌딩)
전자우편	henamu@hotmail.com
홈페이지	www.bookhouse.co.kr
전화번호	02-3144-3123
팩스	02-3144-3121

ISBN	979-11-6405-155-7 03410

해나무는 (주)북하우스 퍼블리셔스의 과학·인문 브랜드입니다.